人工智能
理论及应用

主　审　周　凡

主　编　梁　云　林　琛　涂淑琴　杨　磊

副主编　周　婧　周子涵　钟灿琨　蒋荣金

厦门大学出版社　国家一级出版社
XIAMEN UNIVERSITY PRESS　全国百佳图书出版单位

图书在版编目（CIP）数据

人工智能理论及应用 / 梁云等主编. -- 厦门 ：厦
门大学出版社，2024．8. -- ISBN 978-7-5615-9475-9

Ⅰ．TP18

中国国家版本馆 CIP 数据核字第 2024B6J949 号

责任编辑　郑　丹
美术编辑　李嘉彬
技术编辑　许克华

出版发行　厦门大学出版社
社　　址　厦门市软件园二期望海路 39 号
邮政编码　361008
总　　机　0592-2181111　0592-2181406(传真)
营销中心　0592-2184458　0592-2181365
网　　址　http://www.xmupress.com
邮　　箱　xmup@xmupress.com
印　　刷　厦门市竞成印刷有限公司

开本　787 mm×1 092 mm　1/16
印张　18.5
字数　440 千字
版次　2024 年 8 月第 1 版
印次　2024 年 8 月第 1 次印刷
定价　45.00 元

厦门大学出版社
微信二维码

厦门大学出版社
微博二维码

前　言

近年来,全球人工智能技术飞速发展,在各领域广泛应用,对各行业深度渗透,成为推动科技和产业加速发展的重要力量,正深刻地改变着当前人类社会的生产生活,也成为未来人类社会发展新的增长点。

我国也高度重视人工智能发展。党的二十大报告提出,要构建人工智能等一批新的增长引擎。我国正积极推动互联网、大数据、人工智能和实体经济深度融合,培育壮大智能产业,加快发展新质生产力,为高质量发展提供新动能。

面对这一时代潮流,我们组织了一批具有丰富教学经验和深厚学术造诣的专家学者,共同编写本书,旨在为读者提供全面而深入的人工智能专业知识,帮助读者在理解的基础上融会贯通,并助力培养新一代的人工智能人才。

本书共分九章,内容涵盖了人工智能的多个核心领域。首先,介绍了人工智能的基本概念、发展历程,为读者搭建了一座快速入门的桥梁。其次,介绍了人工智能的知识表示方法、搜索求解策略及推理、进化计算与群体智能等核心问题和技术。再次,阐述了机器学习、神经网络、计算机视觉、大数据挖掘等基础理论、技术方法及其在人工智能领域的应用。最后,介绍了近年来迅猛发展的生成式人工智能技术。

总的来说,本书系统地介绍了人工智能领域的核心技术和应用,为读者提供了丰富的学习资源。

本书具有以下特点:

(1)课程思政,润物无声。本书深度挖掘人工智能领域的德育元素,充分融入中国科技发展的先进案例,在实践中育人,在潜移默化中影响和熏陶学生。例如,介绍清华大学研发的 ERNIE(THU)、百度文心一言大模型、华为盘古大模型等大规模语言模型,激发学生的民族自豪感;讲解人工智能在计算机安全领域的应用,介绍"360智脑"安全大模型,增强学生的国家安全意识。

(2)与时俱进,拓展前沿。2022年年末,OpenAI推出的ChatGPT标志着生成式人工智能在文本生成领域取得了显著进展。2023年被称为生成式人工智能的突破之年。现有的人工智能课程教材较少关注生成式人工智能技术。本书第9章对其进行系统阐述,追踪学科发展前沿。

(3)夯实基础,由浅入深。全书语言精练,内容翔实,涉及人工智能领域的基础知识,并适时拓展。总体脉络清晰,讲解循序渐进,从人工智能的基础知识,过渡到核心的问题和技术方法,方便读者更深入掌握人工智能技术。

(4)生动丰富,图文并茂。书中每个知识点都给出了详尽的剖析,结合流程图、伪代码、图表等多种方式进行讲解,图片经精挑细选,紧跟潮流,在增加阅读趣味的同时,能帮助读者更加深入直观地理解知识点。

　　本书适合作为高等院校以及各类培训学校计算机基础课程的教材,也可以作为社会各界人士自学人工智能的参考用书。

　　本书的编写团队由多位长期从事人工智能教学的专业教师组成。本书的主编为华南农业大学梁云教授、厦门大学林琛教授以及华南农业大学涂淑琴老师和杨磊老师;副主编为南方医科大学附属广东省人民医院(广东省医学科学院)周婧、华南农业大学周子涵副教授和钟灿琨副教授、温氏食品集团股份有限公司蒋荣金。其中,周婧主要从事智能药学和智慧医疗等方面研究,蒋荣金主要从事智慧农业和农业大数据方面研究。具体编写分工如下:第1章和第2章由梁云编写,第3章和第4章由杨磊编写,第5章由周子涵和钟灿琨编写,第6章和第7章主要由涂淑琴编写,第8章和第9章主要由林琛编写。其中,7.5节和8.3节由周婧编写,7.4节和8.4节由蒋荣金编写。全书由梁云、林琛进行统稿,他们的辛勤工作使本书得以顺利出版。

　　我们特别感谢主审专家中山大学国家数字家庭工程技术研究中心主任、中山大学深圳研究院院长周凡教授,周教授对本书的编写提出了宝贵意见,以引导读者更好地渐入人工智能的殿堂。

　　由于编者水平有限,且人工智能融合面广、发展迅猛,书中不当之处在所难免,欢迎广大读者批评指正。

编者

2024 年 7 月

目　录

第 1 章

绪论

在人类历史的长河中，人工智能的概念如同一颗闪耀的新星，连接了古老哲学的探讨与现代科技的飞速发展。从亚里士多德的逻辑推理到当今深度学习的奇迹，智能的模拟一直是科学家们努力解锁的秘密。第1章将带您回顾这一切是如何开始的，探索人工智能的定义、历史发展以及它如何逐步成为改变世界的力量。我们将一起拨开时光的迷雾，见证那些开创性的理论和实践，以及它们如何塑造了今天我们所理解的"智能"。

学习目标
(1)理解人工智能的基本概念及其与生命和智能的关系。
(2)认识不同类型的人工智能系统及其应用。
(3)掌握人工智能发展的历史脉络,包括关键的技术突破和理论进展。
(4)分析人工智能的未来趋势及其对社会的潜在影响。
(5)培养批判性思维能力,对人工智能的伦理、哲学和社会问题进行分析和讨论。

1.1 人工智能的基本概念

人工智能(artificial intelligence,AI)是致力于实现有智能的机器的一门科学,它一直作为计算机科学的一个分支在不断发展。历史上,由于理想与现实之间的差距巨大,人工智能发展几经沉浮。近几年,人工智能在围棋、游戏、自然语言理解、机器人等方面不断取得突破,使得人们更加认识到它的重要性。人工智能正在快速融入人类社会的工业制造、农业生产以及人们生活的方方面面。比如,人脸识别软件已经能够精确识别出人脸,机器翻译能够更加准确地翻译人类的不同语言,Sora可以根据文本生成逼真的智能视频等。人工智能正在通过大模型及算法和人类社会进行交流互动,改变着人类社会。

那么,到底什么是人工智能呢?本节主要介绍智能的概念、人工智能的定义、图灵测试、人工智能分类及应用领域。

1.1.1 生命与智能

生命与智能是两个复杂而深刻的概念。生命涉及生物体的存在和活动,包括生长、繁殖、代谢等。智能则涉及思维、认知、学习等高级功能。在某种程度上,生命可以看作智能的基础,智能则是生命体为了适应环境而进化出来的一种能力。生命和智能之间存在着密切的关系,智能往往是生命体为了生存和繁衍而发展出来的适应社会的能力。从生物学的角度来看,生命体具有适应环境的能力,而智能则是其中一种高阶的适应性能力。在人类和其他高等生物中,智能往往表现为思维、学习、记忆等复杂的认知过程。

因此生命和智能是密不可分的,它们相互作用、相互影响,共同构成了生物体复杂的生存机制。在人类探索宇宙和自身的过程中,生命与智能也成为重要的研究对象,我们希望通过对生命和智能的深入理解,进一步揭示智能的概念和本质。

1.1.2 智能的概念

智能是指生物或机器在处理信息、解决问题、学习和适应环境等方面所表现出来的能力。智能是一种复杂的认知能力,涉及思维、学习、记忆、推理、判断等高级功能。智能可以表现为对外部环境的适应性、对新信息的处理能力以及对复杂问题的解决能力。

人类的智能表现为各种认知过程,包括逻辑推理、创造性思维、情绪智力、社交智力等。人类的智能是非常复杂和多样化的,涵盖了各个领域的知识和技能。

在人工智能领域,智能通常指的是机器或计算机系统模拟人类的认知过程,实现类似于人类智能的功能。人工智能可以通过算法和模型来模拟人类的思维和学习过程,实现自主决策、自主学习和自主行动。

总的来说,智能是一种高级认知能力,是生物和机器适应环境、解决问题和学习的关键能力。随着科学技术的发展,人们对智能的理解和模拟也在不断深化和拓展。

▍1.1.3　图灵测试与人工智能

图灵测试(the Turing test)由艾伦·麦席森·图灵(图 1.1)提出,指测试者在与被测试者(一个人和一台机器)隔开的情况下,通过一些装置(如键盘)向被测试者随意提问。进行多次测试后,如果机器让每个测试者平均做出超过 30% 的误判,那么这台机器就通过了测试,并被认为具有人类智能。图灵测试一词来源于计算机科学和密码学的先驱艾伦·麦席森·图灵于 1950 年写的一篇论文《计算机器与智能》,其中 30% 是图灵对 2000 年时的机器思考能力的一个预测。

图灵测试模型如图 1.2 所示。由于注意到"智能"这一概念难以确切定义,图灵提出的测试

图 1.1　人工智能之父——图灵
(图片来源:https://zhuanlan.zhihu.com/p/639238642)

中,如果一台机器能够与人类展开对话(通过电传设备)而不能被辨别出其机器身份,那么称这台机器具有智能。这一简化使得图灵能够令人信服地说明"思考的机器"是可能的。论文中还回答了对这一假说的各种常见质疑。图灵测试是人工智能哲学方面第一个严肃的提案。

图灵采用"问"与"答"模式,即观察者通过控制打字机向两个测试对象通话,其中一个是人,另一个是机器。要求观察者不断提出各种问题,从而辨别回答者是人还是机器。图灵还为这项测试亲自拟定了几个示范性问题,如下所示:

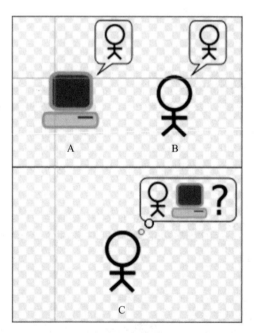

图 1.2　图灵测试

问:请给我写出有关"第四号桥"主题的十四行诗。

答:不要问我这道题,我从来不会写诗。

问:34957 加 70764 等于多少?

答:(停 30 秒后)105721

问:你会下国际象棋吗?

答:是的。

问:我在我的 K1 处有棋子 K;你仅在 K6 处有棋子 K,在 R1 处有棋子 R。轮到你走,你应该下哪步棋?

答:(停 15 秒钟后)棋子 R 走到 R8 处,将军!

图灵指出:"如果机器在某些现实的条件下,能够非常好地模仿人回答问题,以致提问者在相当长时间里误认它不是机器,那么机器就可以被认为是能够思维的。"从表面上看,要使机器回答按一定范围提出的问题似乎没有什么困难,可以通过编制特殊的程序来实现。然而,如果提问者并不遵循常规标准,编制回答的程序是极其困难的事情。例如,提问与回答呈现出下列状况:

问:你会下国际象棋吗?

答:是的。

问:你会下国际象棋吗?

答:是的。

问:请再次回答,你会下国际象棋吗?

答:是的。

你多半会想到,面前的这位是一台笨机器。如果提问与回答呈现出另一种状态:

问:你会下国际象棋吗?

答:是的。

问:你会下国际象棋吗?

答:是的,我不是已经说过了吗?

问:请再次回答,你会下国际象棋吗?

答:你烦不烦,为什么老提同样的问题。

那么,你面前的这位,大概是人而不是机器。上述两种对话的区别在于:第一种可以明显地感到回答者是从知识库里提取简单的答案,第二种则具有分析综合的能力,回答者知道观察者在反复提出同样的问题。"图灵测试"没有规定问题的范围和提问的标准,如果想要制造出能通过试验的机器,以我们的技术水平,必须在电脑中储存人类所有可以想到的问题,储存对这些问题的所有合乎常理的回答,并且还需要理智地做出选择。

图灵预言在 20 世纪末一定会有电脑通过"图灵测试"。2014 年 6 月 7 日在英国皇家学会举行的"2014 图灵测试"大会上,举办方英国雷丁大学宣称俄罗斯人弗拉基米尔·维西罗夫(Vladimir Veselov)创立的人工智能软件尤金·古斯特曼(Eugene Goostman)通过了图灵测试。虽然"尤金"软件还远不能"思考",但也是人工智能乃至于计算机史上的一个标志性事件。

图灵测试的目的是测试机器是否达到了人工智能或者人类感知的水平,这也是评判一台机器是否能够成功模仿人类的标准。图灵当初认为 20 世纪末就可能出现这样的机器。虽然这样的机器到现在也没有出现,图灵也没有明确地提出人工智能的概念或者给出定义。但他在论文中提出的"机器是否能够具有思维"这一问题激发了后来很多的联想,而此前从来没有任何人提出这一问题。现代计算机之父冯·诺依曼生前曾多次谦虚地说,如果不考虑查尔斯·巴贝奇等人早先提出的有关思想,现代计算机的概念当属于艾伦·图灵。冯·诺依曼能把"计算机之父"的桂冠戴在比自己小 10 岁的图灵头上,足见图灵对计算机科学影响之巨。

图灵测试被认为是人工智能领域的一个重要里程碑,因为它提出了一个客观的标准来评估机器是否具有智能。通过图灵测试,人们可以更好地了解机器的智能水平,以及机器是否能够模拟人类的思维和行为。

▌1.1.4 人工智能概念

在人工智能的概念出现以后,处于人工智能不同发展阶段的专家学者们对人工智能从不同的角度给出了不同的定义,他们开始并没有达成一致意见。

美国斯坦福大学人工智能研究中心的尼尔逊教授对人工智能下了这样一个定义:"人工智能是关于知识的学科——怎样表示知识以及怎样获得知识并使用知识的科学。"而另一个美国麻省理工学院的温斯顿教授认为"人工智能就是研究如何使计算机去做过去只有人才能做的智能工作"。这些说法反映了人工智能学科的基本思想和基本内容。即人工智能是研究人类智能活动的规律,构造具有一定智能的人工系统,研究如何让计算机去完成以往需要人的智力才能胜任的工作,也就是研究如何应用计算机的软硬件来模拟人类某些智能行为的基本理论、方法和技术。

我们再列举几个典型的人工智能的定义。

(1)人工智能是一种能够执行需要人类智能的创新性机器的技术。

(2)人工智能是研究使用计算机来模拟人的某些思维过程和智能行为(如学习、推理、思考、规划等)的学科,主要包括计算机实现智能的原理、制造类似于人脑智能的计算机,使计算机能实现更高层次的应用。

(3)人工智能是研究那些使理解、推理和行为成为可能的计算。

综合各种专家的观点,可以从两个方面对人工智能进行定义:从功能的角度来看,它是研究如何用人工的方法在机器上实现的智能;从学科的角度来看,人工智能对于人类智能来说,是随着电子计算机的出现对人类认知过程逐渐了解,从而模拟人类思维的智能机或智能系统的学科。

人工智能将涉及计算机科学、心理学、哲学和语言学等学科。可以说几乎是自然科学和社会科学的所有学科，其范围已远远超出了计算机科学的范畴，人工智能与思维科学的关系是实践和理论的关系。人工智能处于思维科学的技术应用层次，是它的一个应用分支。从思维观点看，人工智能不仅限于逻辑思维，还要考虑形象思维、灵感思维，才能促进人工智能的突破性的发展，数学常被认为是多种学科的基础科学，数学也进入语言、思维领域，人工智能学科也必须借用数学工具，数学不仅在标准逻辑、模糊数学等范围发挥作用，也进入人工智能学科，它们将互相促进并更快地发展。

1.1.5　人工智能分类

由于人工智能研究的目的是让机器模仿类似人类的功能，因此人工智能系统能够复制人类能力的程度被用作判断人工智能类型的标准。根据机器在通用性和性能方面与人类的比较，可以将人工智能进行不同的分类。在这样的系统下，能够执行更多类似人的功能并具有同等熟练程度的人工智能将被认为是一种更进化的人工智能类型，而功能和性能有限的人工智能将被认为是一种更简单、进化程度较低的人工智能类型。基于这一标准，人工智能通常有两种分类方式。一种是基于对人工智能和支持人工智能的机器的分类，基于它们与人类思维的相似性，以及它们"思考"甚至"感觉"与人类相似的能力。根据这个分类系统，有四种类型的人工智能或基于人工智能的系统：反应机器、有限记忆机器、心智理论机器和自我意识机器。

（1）反应机器。

这些是最古老的人工智能系统，它们的能力极其有限。它们模仿人类大脑对各种刺激做出反应。这些机器没有基于内存的功能。这意味着这些机器不能使用以前获得的经验来通知它们当前的操作，即这些机器没有"学习"的能力。这些机器只能用于自动响应有限的一组或多组输入。反应性人工智能机器的一个流行例子是 IBM 的深蓝（Deep Blue），这款机器在 1997 年击败了国际象棋大师加里·卡斯帕罗夫（Garry Kasparov）。

（2）有限记忆机器。

有限内存记忆的机器除了具有纯反应性机器的功能外，还能够从历史数据中学习决策。我们所知道的几乎所有现有的应用都属于人工智能的范畴。目前所有的人工智能系统，比如那些使用深度学习（deeping learning）的系统，都是通过存储在内存中的大量训练数据来训练的，以形成一个参考模型，用于解决未来的问题。例如，一个图像识别 AI 被训练使用数千张图片和它们的标签来命名已扫描的对象。当一个图像被这样的人工智能扫描时，AI 会使用训练图像作为参考来理解呈现给它的图像的内容，并根据它的"学习经验"来给新的图像进行标注，准确率随使用次数增多而越来越高。

如今几乎所有的人工智能应用，从聊天机器人、虚拟助手到自动驾驶汽车，都是由有限的内存记忆人工智能驱动的。

（3）心智理论机器。

虽然前两种类型的人工智能已经存在，并且已经被大量发现，但是心智人工智能目前要么作为一个概念，要么作为一个正在进行的工作。心智人工智能理论是人工智能系统的下一个层次,研究人员目前正在进行创新。心智水平的人工智能理论将能够更好地理解与它互动的实体,能够识别实体的需求、情感、信念和思维过程。虽然人工情绪智能已经是一个新兴的产业,也是较高水平人工智能研究人员感兴趣的领域,但要实现心智水平的人工智能理论,还需要人工智能其他分支的发展。这是因为,要真正理解人类的需求,人工智能机器必须将人类视为个体,其思维可以由多种因素塑造,本质上是"理解"人类。

(4)自我意识机器。

这是人工智能发展的最后阶段,目前只是假设。自我意识人工智能(self-aware AI)是一种已经进化到与人类大脑如此相似的人工智能,以至于它已经发展出了自我意识。创造这种类型的人工智能,将永远是所有人工智能研究的最终目标。这种类型的人工智能不仅能够理解和唤起与之互动的人的情感,而且拥有自己的情感、需求、信仰和潜在的欲望。而这种类型的人工智能正是人类所担心的。它可能推动人类社会的进步,但也可能导致灾难。这是因为一旦有了自我意识,人工智能就能够拥有像自我保护这样的想法,这可能直接或间接威胁人类的生存和发展。

在技术术语中更常用的另一种分类系统是将技术分为弱人工智能(artificial narrow intelligence,ANI)、强人工智能(artificial general intelligence,AGI)和超人工智能(artificial super intelligence,ASI)。

(1)弱人工智能(ANI)。

这种类型的人工智能代表了所有现有的人工智能,甚至包括迄今为止最复杂和最有能力的人工智能。弱人工智能是指只能使用类人功能自主执行特定任务的人工智能系统。这些机器只能做它们被编程要做的事情,因此它们的能力非常有限。根据上述分类系统,这些系统对应于所有的反应机器和有限记忆机器。即使是使用机器学习和深度学习来自学的最复杂的人工智能也属于 ANI。

(2)强人工智能(AGI)。

强人工智能是指人工智能智能体完全像人类一样学习、感知、理解和工作的能力。这些系统将能够独立地构建多种能力,并形成跨领域的联系和概括,大大减少培训所需的时间。这将通过复制人类的多种功能,使人工智能系统具有与人类一样的能力。

(3)超人工智能(ASI)。

超人工智能的发展可能将标志着人工智能研究的顶峰,因为 ASI 将成为迄今为止地球上最有能力的智能形式。ASI 除了复制人类的多面智能,还将在他们所做的每一件事上都做得非常好,因为它拥有更大的内存、更快的数据处理和更强大的分析决策能力。AGI 和 ASI 的发展将导致一个称为奇点的场景。尽管拥有如此强大的机器的潜力似乎很吸引人,但这些机器也可能威胁人类的生存,或者说改变人类的生活方式。

1.2　人工智能的发展简史

近年来,人工智能在科技领域的发展引起了广泛的关注。从无人驾驶汽车引发的讨论,到 AlphaGo 击败围棋顶级高手,人工智能的应用场景不断扩大,引起人们的广泛关注。机器学习作为人工智能的重要分支,备受瞩目,而其子领域深度学习更是近年来的热点之一。

人工智能是如何一步步发展起来的呢?下面就让我们一起回顾人工智能的发展史。

1.2.1　孕育

人工智能的基本假设是人类的思考过程可以机械化。对于机械化推理(即"形式推理")的研究已有很长历史。早在公元前 384—公元前 322 年,亚里士多德在他的著作《工具论》中提出了形式逻辑的一些主要定律,他提出的三段论至今仍是演绎推理的基本依据。17—18 世纪,欧洲的启蒙运动推动了逻辑学的进一步发展。英国哲学家培根提出归纳法,认为通过观察和实验来获取事实,并从中归纳出普遍规律,是推动科学进步的关键。德国数学家莱布尼茨提出了万能符号和推理计算的思想,他认为可以通过建立一种通用的符号语言和在此符号语言上进行推理的演算来实现推理的自动化。这一思想不仅为数理逻辑的产生和发展奠定了基础,而且是现代机器思维设计思想的萌芽。19 世纪中期,英国数学家布尔在《思维法则》一书中,第一次用符号语言描述了思维活动的基本推理法则,真正使逻辑代数化,初步实现了莱布尼茨的理想,创立了逻辑代数。

到了 20 世纪中期,对于如何通过机械化方法来模拟人类智能的思考过程,逐渐引起了学者们的关注,来自不同领域的科学家开始探讨制造人工大脑的可能性。1937 年至 1941 年,美国艾奥瓦州立大学的阿塔纳索夫(Atanasoff)教授和他的研究生贝瑞(Berry)开发了世界上第一台电子计算机"阿塔纳索夫-贝瑞计算机(Atanasoff-Berry computer,ABC)",为人工智能的研究奠定了物质基础。1943 年,美国神经生理学家麦克洛克(W.S.McCulloch)与数理逻辑学家匹兹(W.Pitts)建成了第一个神经网络模型(M-P 模型),开创了微观人工智能的研究领域,为后来人工神经网络的研究奠定了基础。[①] 1950 年,图灵发表了一篇划时代的论文——《机器能思考吗?》,文中第一次提出"机器思维",反驳了机器不能思维的论调。他提出假想:一个人在不接触计算机的情况下,通过特殊方式和计算机进行一系列问答,如果在相当长时间内,无法判断对方是人还是计算机,那就可以认为这台计算机具有与人相当的智力,即这台计算机是能思维的,这就是著名的"图灵测试"。正是这篇划时代的文章为图灵赢得了"人工智能之父"的荣誉。后来,为了纪念图灵的贡献,美国计算机协会设立图灵奖,以表彰在计算机科学中做出突出贡献的人,图灵奖被喻为"计算机界的诺贝尔奖"。

---

① 王万良.人工智能导论[M].4 版.北京:高等教育出版社,2017:6-7.

　　1956 年夏季,年轻的明斯基与数学家和计算机专家麦卡锡(John McCarthy,1927—2011)等 10 人在达特茅斯学院(Dartmouth College)(图 1.3)办了一个长达 2 个月的人工智能夏季研讨会,认真热烈地讨论用机器模拟人类智能的问题。会上正式使用了人工智能(artificial intelligence,AI)这一术语。这是人类历史上第一次人工智能研讨,标志着人工智能学科的诞生,具有十分重要的历史意义,为国际人工智能的发展做出重要的开创性贡献。会议持续了一个月,基本上以大范围的集思广益为主。这催生了后来人所共知的人工智能革命。1956 年也因此被称为人工智能元年。

图 1.3　达特茅斯学院

(图片来源:https://www.semanticscholar.org)

1.2.2　发展

　　20 世纪 60 年代出现了第一次人工智能的发展浪潮。这一时期标志着人工智能从理论走向实际应用的转变,其间开发的程序让许多人感到惊叹:计算机可以解决代数应用题,证明几何定理,学习使用英语。当时大多数人几乎无法相信机器能够如此"智能"。

　　1957 年,弗兰克·罗森布拉特(Frank Rosenblatt)发明了感知机(图 1.4)。这是一种简单的将神经元用于识别的人工神经网络。它的学习功能引发了人工智能学者们的兴趣,推动了连接机制的研究,对后来的深度学习和人工智能发展产生了重要影响。

　　1960 年,威德罗(Widrow)首次将 Delta 学习规则(也称为 Widrow-Hoff 学习规则)应用于感知器的训练过程。这种方法后来被广泛认为是最小二乘方法的

图 1.4　弗兰克·罗森布拉特博士在"感知机"上工作

(图片来源:https://www.essra.org.cn)

一种形式。Delta 学习规则的引入,结合了感知器的简单性和最小二乘方法的有效性,共同打造了一个有效的线性分类器。

　　1961 年,Leonard Merrick Uhr 和 Charles M Vossler 发表了一篇关于模式识别的论文 "A Pattern Recognition Program That Generates,Evaluates and Adjusts its Own Operators"。这篇文章介绍了一种尝试性的方法,通过机器学习或自组织过程来设计模式识别程序。该程序在启动时不仅不知道将要处理的特定模式,而且还缺乏处理输入的运算符。这些运算符是由程序本身根据问题空间以及处理问题空间的成功与失败情况来生成和优化的。程序不只是学习关于不同模式的信息,它还在一定程度上学习或构建了一种适合分析

其特定模式集的二级编码。这被认为是第一个机器学习程序。1966 年,麻省理工学院的科学家约瑟夫·维森鲍姆(Joseph Weizenbaum)在 ACM 上发表了一篇关于自然语言交流的文章"ELIZA—a computer program for the study of natural language communication between man and machine"。文章中,他介绍了 ELIZA 程序,这是一款能够实现人机自然语言对话的早期聊天机器人(图 1.5)。维森鲍姆设计 ELIZA 来模拟心理医生的行为,以便在临床治疗中使用。ELIZA 的核心技术是基于关键词匹配规则来解析输入,并根据这些规则生成响应。简单来说,它将输入的语句转换成相应的输出类型。尽管 ELIZA 相对简单,但维森鲍姆对其表现感到惊讶,并在他的著作《计算机的能力和人类的推理》(*Computer Power and Human Reason*)中表达了对人工智能的深切关注。ELIZA 的名气如此之大,以至于苹果的语音助手 Siri 也将其称为心理医生,并视其为自己的启蒙老师。

```
Welcome to
                  EEEEEE LL     IIII  ZZZZZZ  AAAAA
                  EE     LL      II       ZZ AA   AA
                  EEEEE  LL      II      ZZZ  AAAAAAA
                  EE     LL      II     ZZ    AA   AA
                  EEEEEE LLLLLL  IIII ZZZZZZ  AA   AA

Eliza is a mock Rogerian psychotherapist.
The original program was described by Joseph Weizenbaum in 1966.
This implementation by Norbert Landsteiner 2005.


ELIZA: Is something troubling you ?
YOU:   Men are all alike.
ELIZA: What is the connection, do you suppose ?
YOU:   They're always bugging us about something or other.
ELIZA: Can you think of a specific example ?
YOU:   Well, my boyfriend made me come here.
ELIZA: Is it important to you that your boyfriend made you come here ?
YOU:   He says I'm depressed much of the time.
ELIZA: I am sorry to hear that you are depressed.
YOU:   It's true. I am unhappy.
ELIZA: Can you explain what made you unhappy ?
YOU:
```

图 1.5　和 ELIZA 对话

(图片来源:https://emmmme.com/greatest-inventions)

1969 年,国际人工智能联合会议(international joint conferences on artificial intelligence,IJCAI)(图 1.6)的召开成为人工智能发展历程中的一个关键里程碑,这表明了这个新兴学科已经获得了全球的认可和重视。紧随其后,1970 年创刊的国际人工智能杂志 *Artificial Intelligence* 对推进人工智能领域的发展和促进研究人员之间的交流发挥了重要作用。

图 1.6　IJCAI

(图片来源:https://www.ijcai.org)

1.2.3 寒冬

人工智能的发展之路并非一帆风顺。在人工智能领域初期取得的突破性成果极大地激发了人们对于该技术的期待,导致人们开始尝试更加复杂的任务,并设定了一些过于理想化的研究目标。然而,随着一系列失败的出现和预期目标未能实现,人工智能的发展进入了一段低谷期。从 20 世纪 70 年代到 90 年代,这近 20 年的时间被称为人工智能的"寒冬",在这段时间里,人工智能领域的科研活动和商业应用都大幅减少,人工智能的发展步伐缓慢而艰难。

1969 年,人工智能领域的重要人物马文·明斯基在其著作《感知机》中指出了一个关键问题:单层感知器无法解决异或(XOR)问题,即无法对线性不可分的数据进行分类。明斯基提出,要解决这个问题,需要引入更高维的非线性网络,比如多层感知器(multilayer perception,MLP),但当时并没有有效的算法来训练这种多层网络。由于明斯基在人工智能领域的显赫地位,他的这一观点对整个领域产生了深远影响。同时,由于人工智能研究在此期间遇到了瓶颈,许多项目无法实现之前的宏伟承诺,导致人们对人工智能的乐观期望受到了严重打击。

1973 年,英国科学研究委员会向英国政府提交了一份影响深远的报告,该报告由著名应用数学家詹姆斯·莱特希尔爵士(James Lighthill)主导撰写。莱特希尔报告对当时人工智能研究的实际进展提出了严厉的质疑,特别是在语音识别等领域,报告认为人工智能很难扩展到对政府或军方有实际用途的规模。报告对人工智能的技术前景持悲观态度,引发了社会对人工智能研究价值的重新评估。在 20 世纪 60 年代的大部分时间里,美国国防高级研究计划局(defense advanced research projects agency,DARPA)一直慷慨地提供人工智能研究经费。而如今,DARPA 要求研究计划必须有明确的时间表,并且详细描述项目成果。随着政府和军方对人工智能投资的减少,资金流动也相应减少,导致人工智能研究进入了第一个寒冬期,这一时期被称为人工智能的第一个"寒冬"。

在经历了一段时间的反思和总结后,人工智能研究的先驱们开始汲取前期研究的经验和教训。1977 年,费根鲍姆在第五届国际人工智能联合会议上提出了"知识工程"这一概念,这对基于知识的智能系统的研究和构建产生了重要影响。费根鲍姆的观点得到了广泛认可,即人工智能研究应以知识为核心。从那时起,人工智能研究进入了一个以知识为中心的新阶段,这个阶段被称为知识应用时期。在这一时期,专家系统在多个领域取得了显著的进展,各种功能各异、类型多样的专家系统纷纷涌现,为经济和社会带来了巨大的益处。例如,地矿勘探领域的专家系统 PROSPECTOR 具备 15 种矿藏的知识,能够根据岩石样本和地质勘探数据估计和预测矿藏资源,推断矿床的分布、储量、品位和开采价值,并制订合理的开采计划。① 该系统的应用成功地发现了价值超过一亿美元的铝矿。另一个专家系统 MYCIN,能够识别 51 种病原菌,并正确处理了 23 种抗生素,协助医生诊断和治疗细菌性血液疾病,并为患者提供最佳的药物处方。MYCIN 成功处理了数百个病例,并通过了严格的测试,展现出较高的医疗水平。美国 DEC 公司的专家系统 XCON 能够根据用户需求确定计算机配置,将原本需要 3 小时的工作缩短至 0.5 分钟。全世界的公司都开始研发和应用专家

---

① 王永庆.人工智能原理与方法[M].西安:西安交通大学出版社,1998:3-5.

系统,投入的研发费用大部分用于公司内设的 AI 部门。

专家系统的成功进一步强化了人们对于知识作为智能基础的认识,从而强调了人工智能研究应以知识为核心进行。在知识的表示、利用和获取方面,研究取得了显著进展。特别是在处理不确定性知识方面,研究人员取得了重要突破,如建立了主观贝叶斯理论、确定性理论和证据理论等。这些理论对于人工智能领域,特别是模式识别和自然语言理解等领域的发展起到了支撑作用,解决了许多理论和技术上的问题。

然而,从 1987 年开始,现代个人计算机(PC)的兴起再次导致人工智能进入了一个低迷期。当时的专家系统需要昂贵的专用硬件支持,但随着 Apple 和 IBM 等公司开始推广第一代台式机,计算机逐渐走进普通家庭,其成本远低于专家系统所需的软硬件投入。1987 年,专家系统的市场崩溃了,主要的供应商也相继退出。到了 20 世纪 80 年代晚期,战略计算促进会大幅削减了对人工智能(AI)的资助。DARPA 也认为 AI 并非"下一个大浪潮",拨款将倾向于那些看起来更容易出成果的项目,人工智能领域再次迎来了寒冬。

1.2.4 进步

20 世纪 90 年代,人工智能领域的数学理论有了翻天覆地的变化。贝叶斯网络、隐马尔科夫模型以及其他大量的统计模型广泛地应用到了模式识别、医疗诊断、数据挖掘、机器翻译和机器人设计等领域。[①] 同时,随着摩尔定律的持续发挥作用,计算机的计算能力不断增强。网络技术,特别是互联网技术的快速发展,加速了人工智能的创新研究,并推动了人工智能技术的进一步实用化。

1995 年,Cortes 和 Vapnik 提出支持向量机(support vector machine,SVM),它在解决小样本、非线性及高维模式识别中表现出许多特有的优势,并能够推广应用到函数拟合等其他机器学习问题中。图 1.7 为专家系统的一般结构。

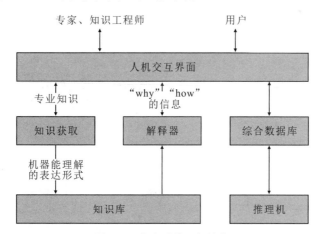

图 1.7 专家系统一般结构

(图片参考:https://blog.csdn.net/small_baby01)

---

① 阎晨光.人工智能的前世今生[N].中国社会科学报,2016-11-01(006).

在 1997 年 5 月 11 日举行的一场备受瞩目的国际象棋人机大战中,美国 IBM 公司制造的超级计算机"深蓝"创造了历史,首次击败了当时世界排名第一的棋手加里·卡斯帕罗夫。这台重达 1270 公斤的计算机拥有每秒计算 2 亿步棋的能力。这场胜利的背后有着漫长的准备和发展过程。早在 1988 年,卡耐基梅隆大学的许峰雄设计了一款对弈计算机"深思"(deep thought),它先后赢得了北美计算机国际象棋冠军和世界计算机国际象棋冠军。然而,在 1989 年 10 月与卡斯帕罗夫的首次对决中,"深思"遭遇了惨败。经过若干次改进,"深思"的后继者"深蓝"于 1995 年诞生,并在 1996 年与卡斯帕罗夫再度交手。尽管"深蓝"以 1 胜 2 平 3 负的成绩输掉了比赛,但它成为首个在国际象棋比赛中战胜人类的计算机,显示出了人工智能在国际象棋领域的巨大潜力。为了进一步提升"深蓝"的能力,IBM 团队对其进行了再次改造,让它学习了超过两百万局的对局,并有四位国际象棋特级大师陪练。这些努力最终在 1997 年取得了成果,"深蓝"在重新对决中彻底击败了卡斯帕罗夫(图 1.8)。"深蓝"的胜利不仅标志着人工智能进入了一个新的阶段,也促使人类开始认真思考人与电脑之间的关系,特别是在智力竞技领域。

2001 年,John Lafferty 首次提出条件随机场模型(conditional random field,CRF)。CRF 在许多自然语言处理任务中,比如分词、命名实体识别等表现尤为出色。同年,布雷曼博士提出随机森林(random forest)。随机森林是将多个有差异的弱学习器(决策树)并行组合,通过建立多个拟合较好且有差异的模型去组合决策,以优化泛化性能的一种集成学习方法。多样差异性可减少对某些特征噪声的依赖,降低方差(过拟合),组合决策可消除一些学习器间的偏差。

2003 年,Google 公布了 3 篇大数据相关的重要论文,为大数据存储及分布式处理的核心问题提供了思路:非结构化文件分布式存储(GFS)、分布式计算(MapReduce)及结构化数据存储(BigTable),并奠定了现代大数据技术的理论基础。

2006 年,杰弗里·辛顿以及他的学生鲁斯兰·萨拉赫丁诺夫正式提出了深度学习的概念,使神经网络的能力大大提高,其向支持向量机发出挑战,同时开启了深度学习在学术界和工业界的浪潮。2006 年也被称为深度学习元年,杰弗里·辛顿也因此被称为"深度学习之父"。

随着信息技术的快速发展,特别是大数据、云计算、互联网和物联网等技术的进步,以及泛在感知数据和图形处理器等计算平台的支持,以深度神经网络为核心的人工智能技术实现了飞速的发展。这些技术的进步极大地缩小了科学研究与实际应用之间的技术鸿沟,使得人工智能在图像分类、语音识别、知识问答、人机对弈、无人驾驶等领域取得了重大的技术突破,并迎来了一个爆发式增长的新时代。

图 1.8 深蓝与卡斯帕罗夫的比赛
(图片来源:https://news.sina.com.cn)

到 2011 年,神经网络成为全球科学家热议的话题。那一年,吴恩达带领谷歌团队使用 1.6 万台电脑构建了一个模拟人脑的神经网络,并向其展示了从 YouTube 上随机选取的 1000 万段视频。在无外界指导的情况下,这个网络自主学习并识别出了"猫"的特征,成功地识别猫的照片,准确率达到 81.7%。"猫脸识别"成为"深度学习"领域的经典案例,奠定了吴恩达在人工智能领域的权威地位(图 1.9)。[①]

在吴恩达团队取得重大成就的一年后,多伦多大学的教授杰弗里·辛顿和他的两名学生开发了一个名为 AlexNet 的计算机视觉神经网络模型。2012 年,AlexNet 在知名的 ImageNet 图像识别竞赛中夺冠。在这项比赛中,参赛者需要用自己的系统处理数百万测试图像,并且以尽可能高的准确率进行识别。AlexNet 以远低于第二名的错误率赢得了比赛,其 Top5 错误率为 15.3%,而在 2012 年

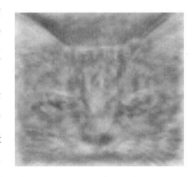

图 1.9 猫脸识别

(https://www.science20.com/)

以前,最好成绩是 26%的错误率。这一成功有力地证明,深度神经网络在对图像进行准确识别和分类方面远远优于其他系统。这次夺冠影响极其深远,使深度神经网络得以复兴。

2016 年 3 月,人工智能程序 AlphaGo 与围棋世界冠军、职业九段棋手李世石进行了一场备受瞩目的人机围棋对决,AlphaGo 最终以 4 比 1 的比分取得胜利。随后,在 2016 年年底至 2017 年年初,AlphaGo 以"大师"(Master)为昵称在中国的棋类网站上与中日韩多位围棋高手进行了 60 局快棋比赛,保持了全胜的战绩。2017 年 5 月,在中国乌镇举行的围棋峰会上,AlphaGo 再次展现了其强大的实力,以 3 比 0 的比分战胜了当时世界排名第一的围棋冠军柯洁。这些成就使 AlphaGo 在围棋界被公认为已超越人类职业围棋的顶尖水平,其在 GoRatings 网站公布的世界职业围棋排名中,等级分一度超过了柯洁(图 1.10)。

图 1.10 AlphaGo 打败人类围棋冠军

(图片来源:https://www.numerama.com)

① 王林.吴恩达.人工智能考验的是想象力[N].中国青年报,2016-09-07(10).

2017 年,中国香港的汉森机器人技术公司(Hanson Robotics)开发的类人机器人索菲亚,是历史上首个获得公民身份的一台机器人。索菲亚看起来就像人类女性,拥有橡胶皮肤,能够表现出超过 62 种自然的面部表情。其"大脑"中的算法能够理解语言、识别面部,并与人进行互动。

1.2.5　现状

2018 年至今,大语言模型得到了快速的发展。2018 年,Google 和 Open AI 分别提出了 BERT 和 GPT-1 模型,开启了预训练语言模型时代。2019 年,Open AI 又发布了 GPT-2,其参数量达到了 15 亿。此后,Google 也发布了参数规模为 110 亿的 T5 模型。2020 年,Open AI 进一步将语言模型参数量扩展到 1750 亿,发布了 GPT-3。此后,国内也相继推出了一系列的大规模语言模型,包括清华大学研发的 ERNIE 模型、百度文心一言大模型、华为盘古大模型等。2022 年 11 月 30 日,以 ChatGPT 的发布为起点,大模型呈现爆发式的增长。ChatGPT 不仅能进行自然的多轮对话、高效的精准问答,还能生成编程代码、电子邮件、论文、小说等各类文本,引发社会各界的高度关注。2023 年 3 月 GPT-4 发布,相较于 ChatGPT 又有了非常明显的进步,并具备了多模态理解能力。GPT-4 在多种基准考试测试上的得分高于 88% 的应试者,包括美国律师资格考试(uniform bar exam)、法学院入学考试(law school admission test)、学术能力评估(scholastic assessment test,SAT)等。它展现了近乎"通用人工智能(AGI)"的能力。各大公司和研究机构也相继发布了此类系统,包括 Google 推出的 Bard、科大讯飞的星火大模型、智谱 ChatGLM、复旦大学 MOSS 等。[①]

随着大语言模型的发展,人工智能技术的应用领域不断拓展,其影响力逐渐渗透到社会的各个层面。无论是在医疗健康、教育、金融、制造业还是娱乐等领域,人工智能的应用都展现出了巨大的潜力和价值。

2020 年,DeepMind 的 AlphaFold 2 在第 14 届蛋白质结构预测技术关键测试(critical assessment of structure prediction,CASP14)中取得了突破性的成绩,准确预测了蛋白质的三维结构(图 1.11)。这一成果被认为是生物学领域的重大突破,对药物发现和生物工程有着重要的意义。类似于 DeepMind 的 AlphaFold,中国科学家也在开发用于预测蛋白质结构的 AI 模型。2021 年 12 月,复旦大学复杂体系多尺度研究院院长马剑鹏教授的团队和上海人工智能实验室合作,研发出了具有自主知识产权的 OPUS 系列算法,这个算法可以用于预测蛋白质主链和侧链的三维结构。值得一提的是,其中的蛋白质侧链预测算法即 OPUS-Rota4 算法,精度比 Al-AlphaFold 更胜一筹。

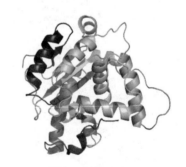

图 1.11　蛋白质三维结构

(图片来源:https://frontlinegenomics.com)

此外,在医疗领域,AI 可用于辅助诊断乳腺癌、皮肤癌等;在教育领域,AI 技术可提供

---

① 冯志伟,张灯柯.计算语言学中语言知识生产范式的变迁[J].当代修辞学,2024(2):23-44.

个性化学习内容和智能辅导服务,如中国的在线教育平台"猿辅导""作业帮"等;在汽车领域,AI 可帮助实现汽车自动驾驶,特斯拉、Waymo 等公司在自动驾驶技术上不断推进,展现了 AI 在交通和运输领域的潜力……

随着人工智能的迅速发展,我们已经迈入了一个充满未知和可能性的新时代(图 1.12)。这一领域的进步不仅展示了技术的力量,也引发了对未来社会形态和人类角色的深刻思考。正如图灵所提出的那个根本性问题:"机器能思考吗?"随着时间的推移,这一问题的回答愈发接近肯定。

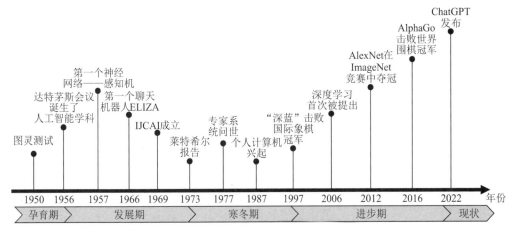

图 1.12 人工智能发展历程

人工智能的发展既是一场技术革命,也是一次人类自我认知的探索。它将继续塑造我们的生活方式、工作模式和思维方式。在这个充满希望和挑战的时代,我们应当保持理性和谨慎,正确引导人工智能的发展方向,发挥其潜力,造福人类社会。

1.3 人工智能的研究内容及应用

人工智能是科技研究的热点技术之一,包含模拟和执行人类智能任务的计算机科学领域,涵盖广泛而深入的研究内容和应用领域。从模式识别到智能推理,从语音识别到自动驾驶,AI 技术正在以惊人的速度渗透到我们生活的各个方面。

1.3.1 人工智能研究的基本内容

人工智能,作为计算机科学的一个重要分支,致力于探索和开发能够模拟、延伸和扩展人类智能的理论、方法和技术。其基本内容包括知识表示与推理、机器学习、计算机视觉、自然语言处理和专家系统等众多领域,它们共同构成了人工智能的丰富内涵。

人工智能领域的主要研究内容包含以下几个方面:

1.3.1.1 知识表示与自动推理

知识表示实际上是对知识的一种描述,或者是一组约定,一种计算机可以接受的用于描述知识的数据结构。知识表示是研究机器表示知识的可行的、有效的、通用的原则和方法。知识表示问题一直是人工智能研究中最活跃的部分之一。目前,常用的知识表示方法有逻辑模式、产生式系统、框架、语义网络、状态空间、面向对象和连接主义等。从一个或几个已知的判断(前提)有逻辑地推论出一个新的判断(结论)的思维形式称为推理,它是事物的客观联系在意识中的反映。自动推理是知识的使用过程,人解决问题就是利用以往的知识,通过推理得出结论。按照新的判断推出的途径来划分,自动推理可分为演绎推理、归纳推理和反向推理。演绎推理是一种从一般到个别的推理过程。演绎推理是人工智能中的一种重要的推理方式,目前研制成功的智能系统中,大多是用演绎推理实现的。

1.3.1.2 机器学习

机器学习是一门多领域交叉学科,涉及概率论、统计学、计算机科学等多门学科,主要通过计算机模拟或实现人类的学习行为研究,使计算机能够从数据中学习并改进自身的性能。其通过分析大量数据,并自动发现数据中的模式和规律,从而使计算机能够在新的输入数据上做出预测,或做出决策。机器学习方法包括监督学习、半监督学习、无监督学习和深度学习等。

(1)监督学习。

在监督学习中训练数据既有特征又有标签,通过训练,让机器可以自己找到特征和标签之间的联系,在面对只有特征没有标签的数据时,可以判断出标签。可以把监督学习理解为我们教机器如何做事情。

监督学习是最常见的机器学习方法之一,在各个领域都有广泛的应用,它的成功在很大程度上得益于其能够从带有标签的数据中学习,并对未见过的数据进行预测和泛化。例如在图像识别领域中,将图像分类为不同的物体、场景或动作,或者进行目标检测,找出图像中特定对象的位置,这就运用了监督学习的方法。

(2)半监督学习。

半监督学习介于监督学习和无监督学习之间。它的目标是利用有标签数据和无标签数据来改善模型的性能。与监督学习相比,半监督学习在训练过程中可以利用更多的未标记数据,从而在数据有限的情况下提高模型的泛化能力。

半监督学习在实际应用中具有广泛的应用。例如,在自然语言处理中,半监督学习可用于情感分析、命名实体识别和文本分类等任务。在计算机视觉领域,半监督学习可用于图像分类、目标检测和图像分割等任务。此外,半监督学习还在社交网络分析、推荐系统和生物信息学等领域中得到应用。

(3)无监督学习。

在无监督学习中,我们不知道数据集中数据和特征之间的关系,而是要根据聚类或一定的模型得到数据之间的关系。在无监督学习中,数据只有特征无标签,在没有标签的数据里,可以发现潜在结构的一种训练方式。与监督学习相比,无监督学习让机器通过自学学会自己做事情。

（4）深度学习。

深度学习（deep learning，DL），由 Hinton 等人于 2006 年提出，指学习样本数据的内在规律和表示层次，这些学习过程中获得的信息对诸如文字、图像和声音等数据的分析有很大的帮助，其最终目标是让机器能够像人一样具有分析学习能力，能够识别文字、图像和声音等数据。

深度学习是复杂的机器学习算法，在语言和图像识别方面取得的效果，远远超过先前相关技术。它在搜索技术、数据挖掘、机器学习、机器翻译、自然语言处理、多媒体学习、语音、推荐和个性化技术，以及其他相关领域都取得很多成果。深度学习使机器能模仿视听和思考等人类的活动，解决了很多复杂的模式识别难题，使得人工智能相关技术取得了很大进步。

1.3.1.3　计算机视觉

计算机视觉（computer vision，CV）是使用计算机模仿人类视觉系统的科学，使计算机拥有类似人类提取、处理、理解和分析图像及图像序列的能力，能自动分析及处理各种视觉信息。在人工智能的发展中，计算机视觉领域作为其中一个重要分支，在智能监控、人脸识别和视频识别等领域都有广泛的应用（图 1.13）。

人脸实名认证

活体检测

人脸检测与属性分析

人脸对比

人脸搜索

人脸离线采集SDK

图 1.13　计算机视觉技术人脸识别的应用

（图片来源：https://segmentfault.com/a/1190000042546161）

计算机视觉始于 20 世纪 60 年代末，是一门涉及人工智能、神经生物学、心理物理学、计算机科学、图像处理、模式识别等诸多领域的交叉学科。一般来讲，计算机视觉主要分为图像分类、目标检测、图像分割和目标跟踪 4 大基本任务。

（1）图像分类。

图像分类指根据各自在图像信息中所反映的不同特征,把不同类别的目标区分开来的图像处理方法。它利用计算机对图像进行定量分析,把图像或图像中的每个像元或区域划归为若干个类别中的某一种,以代替人的视觉判读。

（2）目标检测。

目标检测是在图像或视频中定位和识别出多个目标,并用边界框框出它们的位置。

（3）图像分割。

图像分割是将图像划分为具有特定语义或实例信息区域的过程。其通过像素级别的分类或区域分割,将图像中的不同对象或区域分割出来。图像分割包括语义、实例和全景分割三类。分割方法包括传统分割和深度学习方法。传统的图像分割方法包括阈值分割、边缘检测、区域生长等。基于深度学习的方法有 FCN、U-Net、DeepLab、Mask R-CNN 以及最新的大模型 SAM 等。

（4）目标跟踪。

目标跟踪是指在连续的图像中对感兴趣的物体进行检测、提取、识别和跟踪,从而获得目标物体的相关参数,如位置、速度、尺度、轨迹等,并对其进一步处理和分析,实现对目标物体的行为理解,或完成更高一级的任务。常见的目标运动跟踪方法包括基于光流的方法、多目标跟踪算法(如卡尔曼滤波器、粒子滤波器)和基于深度学习的跟踪器(如 Siamese 网络、SORT)。

1.3.1.4 自然语言处理

自然语言处理(natural language processing,NLP)是研究实现人与计算机之间用自然语言进行有效通信的各种理论和方法。其涉及语音识别、文本分析、机器翻译和情感分析等任务。NLP 的目标是使计算机能够像人类一样,理解和交流自然语言,从而实现更自然、智能的人机交互。

自然语言处理技术的发展经历了基于规则的方法(1990 年以前)、基于统计学习的方法(1990—2012 年)和基于深度学习的方法(2012 年至今)三个阶段。如图 1.14 所示。自然语言处理由浅入深的四个层面,分别是形式、语义、推理和语用,当前正处于由语义向推理发展的阶段。

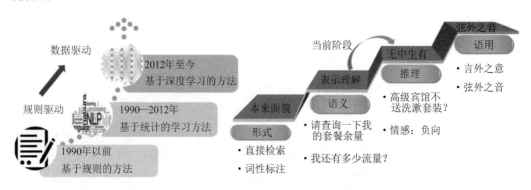

图 1.14 自然语言处理技术的发展过程

(图片来源:https://www.cnblogs.com/west20180522/p/14469919.html)

自然语言处理是一门涉及多个任务和技术的复杂领域。从文本预处理到语言模型、文本分类、机器翻译、问答系统和自然语言生成,这些任务相互关联,构成了自然语言处理的整体框架。通过不断的研究和创新,自然语言处理技术在实际应用中不断取得突破,为我们提供了更智能、更便捷的语言交互体验。

1.3.1.5 专家系统

专家系统是一种智能的计算机程序,其具有特定领域内大量知识与经验的程序系统,并应用人工智能技术模拟人类专家求解问题的思维过程,求解领域内的各种问题,其水平可以达到甚至超过人类专家的水平。专家系统的关键组成部分包括知识库和推理机,如图 1.15 所示,其将专家的领域知识编码为知识库或规则库,使计算机能够根据推理机的推理提供智能化的决策支持。

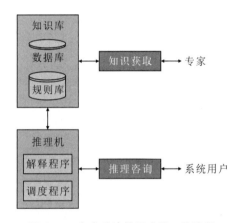

图 1.15 专家系统的组成及工作流程

(图片来源:https://blog.csdn.net/m0_69194031/article/details/135492265)

自 1965 年第一个专家系统 Dendral 在美国斯坦福大学问世以来,经过近 60 年的开发,各种专家系统已遍布各个专业领域,涉及工业、农业、军事、计算机以及国民经济的各个部门乃至社会生活的许多方面,并产生了巨大的经济效益和社会效益。

1.3.1.6 机器人学

机器人学集成感知、决策和行动的技术,使机器能够在物理世界中执行任务和交互。机器人学是一门研究机器人设计、制造和应用的学科。在实际应用方面,机器人被广泛应用于制造业、医疗、服务业、教育和军事等领域。例如,在制造业中,机器人能够执行重复、危险或精密的任务,提高生产效率和安全性;在医疗领域,机器人可以协助进行精密的手术和病人护理。

随着人工智能和机器学习技术的发展,机器人将具备更强的自适应能力和学习能力,能够在复杂的环境中独立工作。同时,机器人的感知和交互能力也会得到提高,使得它们能够更好地理解和适应人类的需求。此外,多功能机器人和机器人群的研究也是未来研发的重要方向。多功能机器人能够执行多种任务,提高效率和灵活性。

1.3.2 人工智能的应用

人工智能已经渗透到我们生活的方方面面,展现出其强大的应用潜力和价值。在金融领域,其不仅协助进行风险评估、信用评分,还在欺诈检测方面发挥着重要作用,确保金融交易的安全与可靠。在交通领域,引入人工智能可实现智能交通管理,推动自动驾驶技术快速发展。在艺术创作和游戏设计等领域,人工智能展现出其独特魅力。AI 创作的音乐作品风格独特,为音乐界注入新的活力;在游戏中,AI 角色的加入也为玩家带来丰富、真实的游戏体验。人工智能在制造、交通、农业、金融服务、物联网、医疗诊断等领域得到广泛应用。

随着 AI 算力不断提升,其发展也呈现出快速增长。2024 年 3 月,英伟达推出新一代超级 AI 芯片 B200 与超级计算平台 Blackwell 架构,把 AI 扩展到万亿参数,定位直指"新工业革命的引擎",这将使各个领域的人工智能应用发生巨大变革,以下具体探讨人工智能在各个领域的应用。

1.3.2.1 自动驾驶

自动驾驶领域是人工智能应用的重要方向之一,其目标是通过车辆自主导航、环境感知、决策控制等技术,实现车辆在无需人类干预的情况下自主行驶。在自动驾驶领域,车辆通过搭载先进的传感器、雷达、摄像头等设备,利用深度学习、计算机视觉等技术,实现对周围环境的感知和识别,结合高精度地图和定位系统,车辆能够自主规划行驶路线,并实时调整行驶状态以适应复杂的交通环境。例如特斯拉在自动驾驶领域采用 FSD(full self-driving,全自动驾驶)技术(见图 1.16),将多任务学习神

图 1.16　FSD
(图片来源:https://mp.weixin.qq.com/s/
WeXHJauUwx_SPNkywDretw)

经网络架构与 BEV＋Transformer 大模型导入集成了先进感知、决策和控制功能。

1.3.2.2 智慧城市与交通

智慧城市与交通是借助现代信息技术,对交通管理、运输服务以及基础设施进行智能化改造和升级的新型城市与交通系统。它集成了大数据、云计算、物联网、人工智能等多种先进技术。智慧城市使得未来整个城市可通过人工智能来管理,甚至整个城市本身将发展成为一个庞大的人工智能系统。如图 1.17 所示,为一个智慧城市建设的典型内容,涉及政务、执法、服务、教育、交通、环保、物流、医疗等多个领域,未来可以利用人工智能技术提升社会各方面的管理、治理和服务水平。例如,阿里巴巴的"城市大脑"已运用于杭州市的城市交通控制,辅助智慧城市建设。

图 1.18 显示了北京某示范区云控基础平台界面。该平台实时融合共享信息,进行云计

算和应用编排,同时利用大数据分析为自动驾驶提供精准决策支持。这一平台不仅为智能汽车及其用户提供实时动态的基础数据,还为管理及服务机构提供了高效的协同计算环境,真正实现了数字执法新一代交通基础设施的智能化。

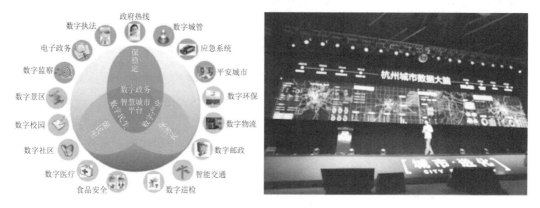

图 1.17 智慧城市建设的内容及案例

(图片来源:https://www.sohu.com/a/765969341_121337067)

图 1.18 北京某示范区云控基础平台

(图片来源:https://www.sohu.com/a/765969341_121337067)

1.3.2.3 智能交互

在人工智能技术的驱动下,智能交互领域正迎来一场革命性的变革。其中,ChatGPT作为一种先进的大型语言模型,正以其卓越的自然语言处理能力和智能交互体验,引领着智能交互应用的新潮流。

ChatGPT 基于深度学习和自然语言处理技术,能够与人类进行流畅、自然的对话。这使得 ChatGPT 在智能客服、智能助手、教育娱乐等多个领域展现出广阔的应用前景。图 1.19 所示为 OpenAI 的下一代人工智能模型 GPT-5。

图 1.19 OpenAI 的下一代人工智能模型 GPT-5

1.3.2.4 智能家居

人工智能在智能家居中发挥了至关重要的作用。通过应用人工智能技术,智能家居设备能够学习和分析用户的行为模式,根据用户的偏好和需求做出智能化的反应。例如,智能音箱可以通过语音识别和自然语言处理技术,实现与用户的人机交互,提供定制化的音乐播放、新闻查询等服务。智能家电设备则可以通过感知和分析环境数据,自动调整温度、湿度等参数,提高居住舒适度。

近年来,AI 大模型技术,特别是 ChatGPT 等大语言模型,在智能家居行业中得到广泛应用,如图 1.20 所示智能家居系统,为智能家居带来革命性的提升。ChatGPT 的引入,使得家居设备的控制与管理更为智能化和个性化。用户通过与 ChatGPT 进行语音交互,实现家居设备的开关、调节温度、调整光线等功能。

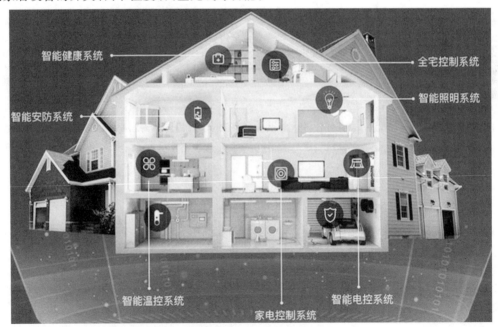

图 1.20 智能家居系统

(图片来源:https://img0.baidu.com/it/u=986266864,2338160167&fm=253&fmt=auto&app=138&f=JPEG? w=743&h=500)

1.3.2.5　医疗领域

人工智能在医疗领域的应用非常广泛。人工智能技术通过对海量医疗数据的分析,辅助医生进行疾病诊断和预测。例如,在医疗影像方面,AI 技术可以通过深度学习等算法,辅助医生进行肺癌、乳腺癌等疾病的诊断和分析。AI 技术还可以用于基因组学分析,预测人群的患病风险,支持个性化的疾病预防和管理(图 1.21)。

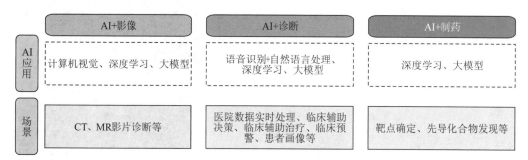

图 1.21　AI＋在医疗领域的三大应用场景

另外,人工智能在医疗领域应用在药物研发、健康管理和医疗资源分配等方面。例如,AI 中的 AlphaFold 模型引领药物研发进入高速发展期。研究者使用蛋白质数据库中 17 万个不同蛋白质结构,以及未知结构的蛋白序列数据库,对 AlphaFold 进行训练,通过不断迭代,AlphaFold 系统获得了基于氨基酸序列精确预测蛋白结构的能力,缩短药物研发时间,降低研发成本并提高成功率。

1.3.2.6　工业制造

人工智能在工业制造中得到全面而深入的应用。从智能分拣与物料搬运,到质量控制与检测,再到预测性维护和生产优化与调度,人工智能技术的应用贯穿了制造过程的各个环节。

通过引入 AI 技术,制造企业可以实现自动化生产、智能化控制以及智能化管理。如图 1.22,智能化的机器人在生产线上可以完成繁重的重复性工作,提高生产效率,降低人力成本。同时,AI 技术还可以通过对生产数据的分析,优化生产流程,提高产品质量。

图 1.22　工业机器人生产线

(图片来源:https://img0.baidu.com/it/u＝71709818,
2186036464＆fm＝253＆fmt＝auto＆app＝138＆f＝
JPEG? w＝580＆h＝330)

1.3.2.7 通用机器人

随着特斯拉人形机器人"擎天柱"(图1.23)和人工智能大模型 ChatGPT 的问世,通用人形机器人成为全球前沿科技的研究热点。最新科技专家预测:人工智能研发的下一个浪潮是"具身智能"。所谓"具身智能",是指将人工智能算法与机器人的感知、运动和环境交互能力相结合,使机器人能够以更智能、更自然的方式,在工业和服务应用场景中完成各种任务。其最终目标是打造像人或动物那样,能够在现实世界中灵活工作的智能机器人。

2024年3月,全球首位 AI 软件工程师 Devin 诞生,它掌握全栈技能,云端部署、底层代码、改 bug 等都可实现,甚至可以规划和执行需要数千项决策的复杂工程任务。目前,科大讯飞、小鹏汽车、傅利叶智能和智元机器人等多家国内企业发布自主研发的人形机器人,向着"具身智能"和通用机器人这一目标迈进。

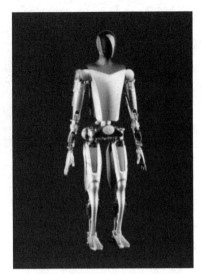

图 1.23　机器人"擎天柱"

1.3.2.8 智慧农业

人工智能技术推动智慧农业快速发展。通过利用分布式物联网、计算机视觉和大数据等技术,智慧农业系统能够实现对农业生产全过程的高效感知和可控管理。主要应用包括:

(1)智能农机。

利用 AI 技术,可以实现农机的自动导航、智能识别、自动化操作等功能,提高农机的作业效率和准确性。

(2)农产品种植。

在农业种植方面,利用机器视觉、深度学习等技术,结合天气情况、土壤温湿度、特定区域的遥感图像及其他影响因素,模拟病虫害发生情况,可以对特定区域实现病虫害入侵情况进行检测和预警。如图1.24所示。

图 1.24　病虫害智能监测

(图片来源:https://www.hoire.cn/Product/nyai)

（3）农业数据分析。

通过 AI 技术的应用，可以实现对农业数据的分析和挖掘，为农业生产提供决策支持和优化方案。如图 1.25 所示，百度公司的合作伙伴普宙飞行器公司利用各类数据的采集，还能实时监控预警，是生态保护的有力工具。

案例：普宙飞行器公司基于百度飞桨深度学习技术打造的一款无人机自主飞行平台，可实现大范围森林的自主巡逻、火情监测、非法入侵、森林树木砍伐监测等功能。

图 1.25　普宙飞行器公司的无人机自主飞行平台

（4）农业智慧畜牧养殖。

传统的动物管理采用人工标记或 GPS 定位等方式，存在操作烦琐、成本高昂等问题。而借助融合人工智能的视频监控技术，对动物进行精准监测与管理，能实现对动物的实时跟踪和记录。如图 1.26，京东 AI 养猪，不仅能够全程监控猪生的各类数据，还能降养殖成本、猪的病死率等。某年出栏 20 万头养猪场，通过 AI 养猪技术初步估算可以达年节约 1200 万元的水平，这一数值还将随着时间的增加而继续增长。

案例：京东数科使用"猪脸识别"等 AI 技术实现智能化养殖，还帮助山黑猪建立起清晰明了的"猪档案"。

图 1.26　京东智能养猪

1.3.2.9 安全方面

人工智能在安全方面的应用广泛而深入,涵盖了多个领域,包括网络安全、物理安全等。

在网络安全领域,人工智能技术的应用显著提升了安全防护水平。例如,利用机器学习技术,人工智能能够实现对恶意软件、入侵行为和异常行为的快速检测。人工智能还可以实现智能响应和修复网络攻击。当检测到攻击时,系统能够迅速隔离受影响的系统,阻止其进一步扩散。身份认证与访问控制也是人工智能在网络安全中的重要应用。通过验证用户身份,限制非法用户访问权限,确保合法用户访问敏感数据和资源。

在物理安全领域,人工智能同样发挥着重要作用。例如,通过智能视频分析和人脸识别技术,人工智能可以帮助识别和追踪潜在的威胁,提升监控系统的效率和准确性。

AI 大模型发展日益成熟,其中也包括安全大模型的开发。例如:360 公司结合近二十年的 AI 安全应用和安全大数据,通过蒸馏、继续预训练、有监督精调等技术手段训练得出"360 智脑"安全大模型,如图 1.27 所示。这一大模型作为 360 安全托管运营服务的重要平台和工具,旨在提升网络安全服务。

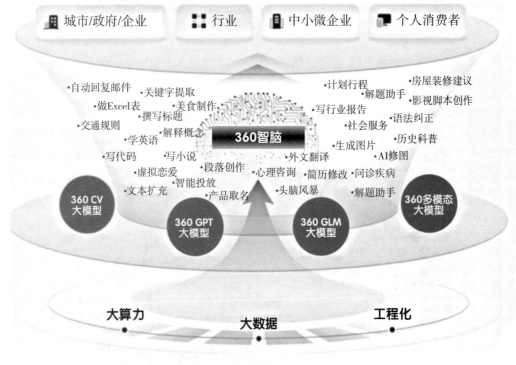

图 1.27　360 智脑模型

(图片来源:https://ai.360.com/? sign＝look&refer_scene＝_zid987)

1.3.2.10 娱乐方面

人工智能在娱乐方面的应用丰富多样,包括个性化内容推荐,内容创作、互动体验和视频生成等方面的应用。AI 系统通过对用户的行为和偏好进行深度学习和分析,能够精准地为用户推荐符合其口味的音乐、电影和游戏等娱乐内容;AI 通过学习和模仿人类的作品,能够独立完成一些基础甚至高级的创作任务；AI 借助虚拟现实（VR）和增强现实（AR）技术，能够创建出逼真的虚拟世界，让用户在其中自由探索和互动。

2024 年 2 月，美国人工智能研究公司 OpenAI 公司开发出 Sora 模型，其能够实现文本转视频，通过简短或详细的提示词描述，或一张静态图片，Sora 就能生成类似电影的逼真场景（图 1.28），涵盖多个角色、不同类型动作和背景细节等，最高能生成长达 60 秒的高清视频，"碾压"了行业目前大概只有平均"4s"的视频生成长度。Sora 还能在一个生成的视频中创建多个镜头，体现人物和视觉风格。

图 1.28　Sora 生成的娱乐视频截图

（图片来源：https://www.landiannews.com/archives/102320.html）

1.4　小结

本章介绍了人工智能的发展历史，从早期的概念和理论研究，到现代的实际应用和技术突破，详细探讨了人工智能的不同分类，包括反应机器、有限记忆机器、心智理论机器及自我意识机器，并介绍了每类机器的特点和用途。此外，本章还回顾了人工智能在各个历史阶段的重要事件和人物，如图灵测试的提出、专家系统的发展以及深度学习和大数据技术的兴起，展示了人工智能如何逐步成为改变世界的关键科技。此外，本章还涵盖了人工智能在现实世界中的应用实例，展示了 AI 如何逐渐成为科技进步和社会发展的重要推动力。

1.5　思考题

（1）人工智能与自然智能有哪些相似之处和不同之处？请举例说明。

（2）图灵测试如何定义机器的"思考"能力？这一定义有哪些局限？

（3）您认为未来人工智能的发展会带来哪些正面和负面的影响？请结合具体例子讨论。

（4）探讨人工智能在医疗、教育、军事等领域的应用，这些应用如何改变传统行业的运作方式？

（5）讨论在制定人工智能政策和法律时应考虑的伦理问题。

第 2 章

知识表示

在人工智能这一无边的疆域中，知识表示犹如一座灯塔，为机器的理解与思考引航。它不仅仅是技术的集合，更是智能的桥梁，连接着数据的海洋与机器的心智。从早期的专家系统的严谨逻辑，到当代深度学习的深邃迷雾，知识表示的艺术与科学一直在演化，推动着机器以越来越精致的方式模拟人类的思考与推理。本章将带您穿梭于这一领域的各种形式与方法，探索它们如何协助机器解读世界的复杂语境，从而揭开人工智能应用的无限可能。通过深入探讨一阶谓词逻辑、产生式系统、数据标注以及知识图谱等关键技术，我们将一窥知识表示在现代智能系统中扮演的角色及其潜在的未来轨迹。

学习目标

（1）了解知识表示在人工智能中的定义。

（2）掌握并比较一阶谓词逻辑、产生式表示方法等传统技术及其在现实世界中的应用。

（3）认识到数据标注在机器学习和模型训练中的核心作用，并掌握常用的数据标注方法。

（4）了解知识图谱的基础结构、创建过程及其在各种行业中的实际用途。

（5）思考当前知识表示领域面临的技术挑战和可能的未来发展路径。

2.1　知识表示的概念

在人工智能领域，知识表示（knowledge representation，KR）不仅是核心技术之一，也是使机器能模拟人类智能的基石。知识表示就是将人类知识形式化或者模型化。实际上就是对知识的一种描述，或者说是一组约定，一种计算机可以接受的用于描述知识的数据结构。知识表示将现实世界中的信息和知识编码成机器可以理解并加以利用的格式，以便执行各种智能任务，如推理、解答问题以及做出决策。这一技术的核心目的在于赋予计算机使用这些知识来模拟复杂的人类思维过程的能力。

知识的有效表示对于增强 AI 系统的功能至关重要。通过精确的知识结构，AI 不仅能够处理简单的指令，还能进行复杂的逻辑推理和学习。例如，在医疗 AI 应用中，通过知识图谱和逻辑规则，系统可以推导出基于症状的可能疾病，帮助医生做出更准确的诊断。

知识可以通过多种方法表示。逻辑表示法，如命题逻辑和一阶谓词逻辑，提供了一种严格的方式来定义事实和规则，这种方式在需要高度精确和可推理的场景中尤为重要。另外，语义网络通过图形化的方式来表达概念及其关联关系，使得信息的关系结构一目了然。框架系统则通过框架和槽来组织相关的知识，每个框架代表一个概念或实体，槽则存储与之相关的属性和值。此外，基于规则的系统采用条件反应对，形式化为"if-then"规则，常用于模拟专家决策过程。

在选择知识表示方法时，应综合考虑以下几个关键因素：首先，所选方法需要与问题的复杂性相匹配。例如，高精度推理需求适合使用一阶谓词逻辑或基于规则的系统，而处理大量相互关联概念时，语义网络或知识图谱更为适宜。其次，数据的类型与质量对方法的选择也有显著影响。另外，考虑系统的可扩展性和灵活性，以及推理的特定需求，是非常重要的。在实际应用中，还需要关注方法的性能和效率。最后，开发团队对技术的熟悉度和用户需求也会影响最终的选择。通过精心选择，可以显著提高人工智能系统的性能和效率。

通过多样化的表示方法，知识表示技术不仅支持了 AI 的多种应用，还持续推动着新的技术革新。随着技术的进步和应用需求的增长，我们可以预见，知识表示将继续在人工智能的发展中扮演关键角色，开辟新的研究方向和应用前景。

2.2　一阶谓词逻辑

人工智能中用到的逻辑可划分为两大类。一类是经典命题逻辑和一阶谓词逻辑,其特点是任何一个命题的真值或者为"真",或者为"假",二者必居其一。因为它只有两个真值,所以又被称为二值逻辑。另一类泛指经典逻辑外的其他逻辑,主要包括三值逻辑、多值逻辑、模糊逻辑等,统称为非经典逻辑。命题逻辑与谓词逻辑是最先应用于人工智能的两种逻辑,在知识的形式化表示方面,特别是定理的自动证明方面,发挥了重要作用,在人工智能的发展史中占有重要地位。

▌2.2.1　命题

谓词逻辑是在命题逻辑基础上发展起来的,命题逻辑可看作谓词逻辑的一种特殊形式。下面首先讨论命题的概念。

定义 2.1　命题(proposition)是一个非真即假的陈述句。

判断一个句子是否为命题,首先应该判断它是否为陈述句,再判断它是否有唯一的真值。没有真假意义的语句(如感叹句、疑问句等)不是命题。

若命题的意义为真,称它的真值为真,记作 T (true);若命题的意义为假,称它的真值为假,记作 F (false)。例如,"北京是中华人民共和国的首都"和"3<5 "都是真值为 T 的命题;"太阳从西边升起""煤球是白色的" 都是真值为 F 的命题。

一个命题不能同时既为真又为假,但可以在一种条件下为真,在另一种条件下为假。例如,"1+1=10"在二进制情况下是真值为 T 的命题,但在十进制情况下是真值为 F 的命题。同样,对于命题"今天是晴天",也要看当天的实际情况才能决定其真值。

在命题逻辑中,命题通常用大写的英文字母表示,例如,可用英文字母 P 表示"西安是个古老的城市"这个命题。

英文字母表示的命题既可以是一个特定的命题,称为命题常量,也可以是一个抽象的命题,称为命题变元。对于命题变元而言,只有把确定的命题代入后,它才可能有明确的真值。

简单陈述句表达的命题称为简单命题或原子命题。引入否定、合取、析取、条件、双条件等连接词,可以将原子命题构成复合命题。可以定义命题的推理规则和蕴含式,从而进行简单的逻辑证明。这些内容和谓词逻辑类似,可以参看有关书籍。

命题逻辑表示法有较大的局限性,它无法把它所描述的事物的结构及逻辑特征反映出来,也不能把不同事物间的共同特征表述出来。例如,对于"老李是小李的父亲"这一命题,若用英文字母 P 表示,则无论如何也看不出老李与小李的父子关系。又如对于"李白是诗人""杜甫也是诗人"这两个命题,用命题逻辑表示时,也无法把两者的共同特征(都是诗人)形式化地表示出来。由于这些原因,在命题逻辑的基础上发展起了谓词逻辑。

2.2.2 谓词

谓词(predicate)逻辑是基于命题中谓词分析的一种逻辑。一个谓词可分为谓词名与个体两个部分。个体表示某个独立存在的事物或者某个抽象的概念;谓词用于刻画个体的性质、状态或个体间的关系。

谓词的一般形式是:$P(x_1,x_2,\cdots,x_n)$

其中,P 是谓词名,$x_1,x_2,\cdots,x_n$ 是个体。谓词中包含的个体数目称为谓词的元数。$P(x)$是一元谓词,$P(x,y)$是二元谓词,$P(x_1,x_2,\cdots,x_n)$是 n 元谓词。

谓词名是由使用者根据需要人为定义的,一般用具有相应意义的英文单词表示,或者用大写的英文字母表示,也可以用其他符号,甚至中文表示。个体通常用小写的英文字母表示。例如对于谓词 S(x),既可以定义它表示"x 是一个学生",也可以定义它表示"x 是一只船"。

在谓词中,个体可以是常量,也可以是变元,还可以是一个函数。个体常量、个体变元、函数统称为"项"。

个体是常量,表示一个或者一组指定的个体。例如,"老张是一个教师"这个命题,可表示为一元谓词 Teacher(Zhang)。其中,Teacher 是谓词名,Zhang 是个体,Teacher 刻画了Zhang 的职业是教师这一特征。

"5>3"这个不等式命题,可表示为二元谓词 Greater(5,3)。其中,Greater 是谓词名,5和 3 是个体,Greater 刻画了 5 与 3 之间的"大于"关系。

"SMITH 作为一个工程师为 IBM 工作"这个命题,可以表示为三元谓词 Works(SMITH,IBM,Engineer)。

一个命题的谓词表示也不是唯一的。例如,"老张是一个老师"这个命题,也可以表示为二元谓词 Is-a(Zhang,Teacher)。

个体是变元,表示没有指定的一个或者一组个体。例如,"$x<5$" 这个命题,可表示为Less(x,5)。其中,x 是变元。

当变量用一个具体的个体的名字代替时,则变量被常量化。当谓词中的变元都用特定的个体取代时,谓词就具有一个确定的真值:T 或 F。

个体变元的取值范围称为个体域。个体域可以是有限的,也可以是无限的。例如,若用$I(x)$表示"x 是整数",则个体域是所有整数,它是无限的。

个体是函数,表示一个个体到另一个个体的映射。例如,"小李的父亲是教师",可表示为一元谓词 Teather(Father(Li));"小李的妹妹与小张的哥哥结婚",可表示为二元谓词Married(Sister(Li),Brother(Zhang))。其中 Sister(Li),Brother(Zhang)是函数。

函数可以递归调用。例如,"小李的祖父"可以表示为 Father(Father(Li))。

函数与谓词表面上很相似,容易混淆,其实这是两个完全不同的概念。谓词的真值是"真"或"假",而函数的值是个体域中的某个个体,函数无真值可言,它只是在个体域中从一个个体到另一个个体的映射。

如果某个 x,本身又是一个一阶谓词,则称它为二阶谓词,余者可依此类推。例如,"SMITH 作为一个工程师为 IBM 工作"这个命题,可表示为二阶谓词 Works(Engineer

(SMITH),IBM),因为其中个体 Engineer(SMITH)也是一个一阶谓词。本书讨论的都是一阶谓词。

2.2.3 谓词公式

无论是命题逻辑还是谓词逻辑,均可用下列连接词把一些简单命题连接起来构成一个复合命题,以表示一个比较复杂的含义。

2.2.3.1 连接词(连词)

(1)¬:称为"否定"(negation)或"非"。

例如,"二号机器人不在二号房间",表示为

$$\neg \text{Inroom}(robot2,room2)$$

(2)∨:"析取"(disjunction)——"或"。

例如,"李鹏打篮球或踢足球",表示为

$$\text{Plays}(Li,basketball) \vee \text{Plays}(Li,football)$$

(3)∧:"合取"(conjunction)——"与"。

例如,"我喜欢画画和游泳",表示为

$$\text{Like}(I,painting) \wedge \text{Like}(I,swimming)$$

(4)→:"蕴含"(implication)或"条件"(condition)。

例如,"如果李华跑得快,那就会拿到冠军",表示为

$$\text{Runs}(Li,fast) \rightarrow \text{Get}(Li,champion)$$

(5)↔:"等价"(equivalence)或"双条件"(bicondition)。

$$P \leftrightarrow Q:\text{"}P \text{ 当且仅当} Q\text{"}。$$

以上连词的真值表如表 2.1 所示。

表 2.1　真值表

P	Q	$\neg P$	$P \vee Q$	$P \wedge Q$	$P \rightarrow Q$	$P \leftrightarrow Q$
T	T	F	T	T	T	T
T	F	F	T	F	F	F
F	T	T	T	F	T	F
F	F	T	F	F	T	T

2.2.3.2 量词

为刻画谓词与个体间的关系,在谓词逻辑中引入了两个量词:全称量词和存在量词。

(1)全称量词(universal quantifier)($\forall x$):"对个体域中的所有(或任一个)个体 x"。例如,"所有的机器人都是灰色的"可表示为

$$(\forall x)[\text{Robot}(x) \rightarrow \text{Color}(x,Gray)]$$

"所有的车工都操作车床",可表示为

$$(\forall x)\big[\mathrm{Turner}(x)\to\mathrm{Operates}(x,\mathrm{Lathe})\big]$$

（2）存在量词（existential quantifier）（$\exists x$）："在个体域中存在个体 x"。例如，"1 号房间有个物体"，可表示为

$$(\exists x)\mathrm{Inroom}(x,\mathrm{room1})$$

全称量词和存在量词可以出现在同一个命题中。例如，设谓词 $F(x,y)$ 表示 x 与 y 是朋友，则：

（$\forall x$）（$\exists y$）F(x,y）表示对于个体域中的任何个体 x 都存在个体 y，x 与 y 是朋友。

（$\exists x$）（$\forall y$）F(x,y）表示在个体域中存在个体 x，与个体域中的任何个体 y 都是朋友。

（$\exists x$）（$\exists y$）F(x,y）表示在个体域中存在个体 x 与个体 y，x 与 y 是朋友。

（$\forall x$）（$\forall y$）F(x,y）表示对于个体域中的任何两个个体 x 和 y，x 与 y 都是朋友。

全称量词和存在量词出现的次序将影响命题的意思。例如，

（$\forall x$）（$\exists y$）（Employee(x) $\to$ Manager(y,x)）："每个雇员都有一个经理"。

（$\exists y$）（$\forall x$）（Employee(x) $\to$ Manager(y,x)）："有一个人是所有雇员的经理"。

2.2.3.3　谓词公式

定义 2.2　可按下述规则得到谓词演算的谓词公式：

（1）单个谓词是谓词公式，称为原子谓词公式。

（2）若 A 是谓词公式，则 $\neg A$ 也是谓词公式。

（3）若 A,B 都是谓词公式，则 $A\wedge B,A\vee B,A\to B,A\leftrightarrow B$ 也都是谓词公式。

（4）若 A 是谓词公式，则（$\forall$x）A，（$\exists$x）A 也是谓词公式。

（5）有限步应用（1）～（4）生成的公式也是谓词公式。

谓词公式的概念：由谓词符号、常量符号、变量符号、函数符号以及括号、逗号等一定语法规则组成的字符串的表达式。

连接词的优先级别从高到低排列：

$$\neg,\wedge,\vee,\to,\leftrightarrow$$

2.2.3.4　量词的辖域

量词的辖域：位于量词后面的单个谓词或者用括号括起来的谓词公式。辖域内与量词中同名的变元称为约束变元，不同名的变元称为自由变元。

例如：

$$(\exists x)(P(x,y)\to Q(x,y))\vee R(x,y)$$

$(P(x,y)\to Q(x,y))$：（$\exists x$）的辖域，辖域内的变元 x 是受（$\exists x$）约束的变元，$R(x,y)$ 中的 x 是自由变元，公式中的所有 y 都是自由变元。

在谓词公式中，变元的名字是无关紧要的，可以把一个名字换成另一个名字。但必须注意，当对量词辖域内的约束变元更名时，必须把同名的约束变元都统一改成相同的名字，且不能与辖域内的自由变元同名；当对辖域内的自由变元改名时，不能改成与约束变元相同的名字。例如，对于公式（$\forall x$）$P(x,y)$，可改名为（$\forall z$）$P(z,t)$，这里把约束变元 x 改成了 z，把自由变元 y 改成了 t。

2.2.4 谓词公式的性质

2.2.4.1 谓词公式的解释

在命题逻辑中,对命题公式中各个命题变元的一次真值指派称为命题公式的一个解释。一旦命题确定后,根据各连接词的定义就可以求出命题公式的真值(T 或 F)。

在谓词逻辑中,因为公式中可能有个体变元以及函数,所以不能像命题公式那样直接通过真值指派给出解释,必须首先考虑个体变元和函数在个体域中的取值,然后才能针对变元与函数的具体取值为谓词分别指派真值。由于存在多种组合情况,所以一个谓词公式的解释可能有很多个。对于每一个解释,谓词公式都可求出一个真值(T 或 F)。

2.2.4.2 谓词公式的永真性、可满足性、不可满足性

定义 2.3 如果谓词公式 P 对个体域 D 上的任何一个解释都取得真值 T,则称 P 在 D 上是永真的;如果 P 在每个非空个体域上均永真,则称 P 永真。

定义 2.4 如果谓词公式 P 对个体域 D 上的任何一个解释都取得真值 F,则称 P 在 D 上是永假的;如果 P 在每个非空个体域上均永假,则称 P 永假。

定义 2.5 对于谓词公式 P,如果至少存在一个解释使得 P 在此解释下的真值为 T,则称 P 是可满足的,否则,则称 P 是不可满足的。

2.2.4.3 谓词公式的等价性

定义 2.6 设 P 与 Q 是两个谓词公式,D 是它们共同的个体域,若对 D 上的任何一个解释,P 与 Q 都有相同的真值,则称公式 P 和 Q 在 D 上是等价的。如果 D 是任意个体域,则称 P 和 Q 是等价的,记为 $P \Leftrightarrow Q$。

下面列出今后要用到的一些主要等价式:

(1)交换律

$$P \lor Q \Leftrightarrow Q \lor P$$
$$P \land Q \Leftrightarrow Q \land P$$

(2)结合律

$$(P \lor Q) \lor R \Leftrightarrow P \lor (Q \lor R)$$
$$(P \land Q) \land R \Leftrightarrow P \land (Q \land R)$$

(3)分配律

$$P \lor (Q \land R) \Leftrightarrow (P \lor Q) \land (P \lor R)$$
$$P \land (Q \lor R) \Leftrightarrow (P \land Q) \lor (P \land R)$$

(4)德·摩根律

$$\neg(P \lor Q) \Leftrightarrow \neg P \land \neg Q$$
$$\neg(P \land Q) \Leftrightarrow \neg P \lor \neg Q$$

(5)双重否定律

$$\neg \neg P \Leftrightarrow P$$

(6)吸收律

$$P \vee (P \wedge Q) \Leftrightarrow P$$
$$P \wedge (P \vee Q) \Leftrightarrow P$$

(7)补余律(否定律)

$$P \vee \neg P \Leftrightarrow T$$
$$P \wedge \neg P \Leftrightarrow F$$

(8)连接词化归律

$$P \rightarrow Q \Leftrightarrow \neg P \vee Q$$

(9)逆否律

$$P \rightarrow Q \Leftrightarrow Q \rightarrow \neg P$$

(10)量词转换律

$$\neg (\exists x) P \Leftrightarrow (\forall x)(\neg P)$$
$$\neg (\forall x) P \Leftrightarrow (\exists x)(\neg P)$$

(11)量词分配律

$$(\forall x)(P \wedge Q) \Leftrightarrow (\forall x) P \wedge (\forall x) Q$$
$$(\exists x)(P \vee Q) \Leftrightarrow (\exists x) P \vee (\exists x) Q$$

2.2.4.4 谓词公式的永真蕴含

定义 2.7 对于谓词公式 P 与 Q,如果 $P \rightarrow Q$ 永真,则称公式 P 永真蕴含 Q,且称 Q 为 P 的逻辑结论,称 P 为 Q 的前提,记为 $P \Rightarrow Q$。

下面列出今后要用到的一些主要永真蕴含式:

(1)假言推理

$$P, P \rightarrow Q \Rightarrow Q$$

(2)拒取式推理

$$\neg Q, P \rightarrow Q \Rightarrow \neg P$$

(3)假言三段论

$$P \rightarrow Q, Q \rightarrow R \Rightarrow P \rightarrow R$$

(4)全称固化

$$(\forall x) P(x) \Rightarrow P(y)$$

其中,y 是个体域中的任一个体,利用此永真蕴涵式可消去公式中的全称量词。

(5)存在固化

$$(\exists x) P(x) \Rightarrow P(y)$$

其中,y 是个体域中某一个可使 $P(y)$ 为真的个体。利用此永真蕴含式可消去公式中的存在量词。

(6)反证法:Q 为 $P_1, P_2, \cdots, P_n$ 的逻辑结论,当且仅当$(P_1 \wedge P_2 \wedge \cdots \wedge P_n)$ 是不可满足的。

上面列出的等价式及永真蕴涵式是进行演绎推理的重要依据,因此这些公式又称为推理规则。

2.2.5 一阶谓词逻辑知识表示方法

从前面介绍的谓词逻辑的例子可见,用谓词公式表示知识的一般步骤为:

(1)先定义谓词及个体,确定每个谓词及个体的确切定义。

(2)根据要表达的事物或概念,为谓词中的变元赋以特定的值。

(3)根据语义用适当的连接符号将各个谓词连接起来,形成谓词公式。

例如:用一阶谓词逻辑表示下列关系数据库。

定义谓词:$Save(x,y)$ 表示 x 储蓄 y,$Money(y)$ 表示 y 是钱,$Interest(y)$ 表示 y 是利息,$Obtain(x,y)$ 表示 x 获得 y。则"每个储蓄钱的人都得到利息"可以表示为:

$$(\forall x)(\exists y)(Money(y) \wedge (Save(x,y)) \rightarrow (\exists u)(Interest(u) \wedge Obtain(x,u))$$

实际上,关系数据库也可以用一阶谓词表达。例如,用一阶谓词逻辑表示下列关系数据库。

住户	房间	电话号码	房间
Zhang	201	491	201
Li	201	492	201
Wang	202	451	202
Zhao	203	453	203

表中有两个关系:

用一阶谓词表示为:

Occupant(给定用户和房间的居住关系) Telephone(给定电话号码和房间的电话关系)

$$Occupant(Zhang,201),Occupant(Li,201),\cdots$$
$$Telephone(491,201),Telephone(492,201),\cdots$$

2.2.6 一阶谓词逻辑表示法的特点

2.2.6.1 一阶谓词逻辑表示法的优点

(1)自然性。

谓词逻辑是一种接近自然语言的形式语言,用它表示的知识比较容易理解。

(2)精确性。

谓词逻辑是二值逻辑,其谓词公式的真值只有"真"与"假",因此可用它表示精确的知识,并可保证演绎推理所得结论的精确性。

(3)严密性。

谓词逻辑具有严格的形式定义及推理规则,利用这些推理规则及有关定理证明技术可从已知事实推出新的事实,或证明所做的假设。

（4）容易实现。

用谓词逻辑表示的知识可以比较容易地转换为计算机的内部形式,易于模块化,便于对知识进行增加、删除及修改。

2.2.6.2　一阶谓词逻辑表示法的局限性

（1）不能表示不确定的知识。

谓词逻辑只能表示精确性的知识,不能表示不精确、模糊性的知识,但人类的知识不同程度地具有不确定性,这就使得它表示知识的范围受到了限制。

（2）组合爆炸。

在其推理过程中,随着事实数目的增大及盲目地使用推理规则,有可能形成组合爆炸。目前人们在这一方面做了大量的研究工作,出现了一些比较有效的方法,如定义一个过程或启发式控制策略来选取合适的规则等。

（3）效率低。

用谓词逻辑表示知识时,其推理是根据形式逻辑进行的,把推理与知识的语义割裂开来,这就使得推理过程冗长,降低了系统的效率。

尽管谓词逻辑表示法有以上一些局限性,但它仍是一种重要的表示方法,许多专家系统的知识表达都采用谓词逻辑表示,如格林等人研制的用于求解化学方面问题的 QA3 系统,菲克斯等人研制的 STRIPS 机器人行动规划系统,菲尔曼等人研制的 FOL 机器证明系统。

2.3　产生式表示法

产生式系统（production system,PS）是在 1943 年由波斯特（Post）提出的,他用这种规则对符号串进行替换运算。1965 年,纽厄尔和西蒙利用这种原理建立了认知模型。同年,斯坦福大学在设计第一个专家系统 DENDRAL 时就采用了产生式系统的结构。产生式表示法是目前已建立的专家系统中知识表示的主要手段之一,如 MYCIN、CLIPS/JESS 系统等。产生式系统把推理和行为的过程用产生式规则表示,所以又被称为基于规则的系统。

2.3.1　产生式表示的基本方法

产生式通常用于表示具有因果关系的知识,其基本形式是:$P \rightarrow Q$ 或者 IF P THEN Q。其中,P 是产生式的前提,用于指出该产生式是否为可用的条件;Q 是一组结论或操作,用于指出前提 P 所指示的条件被满足时,应该得出的结论或应该执行的操作。从上面的论述可以看出,产生式的基本形式与谓词逻辑中的蕴含式具有相同的形式,那么它们有什么区别呢？其实蕴含式只是产生式的一种特殊情况。因为蕴含式只能表示精确性知识,其逻辑值要么为真,要么为假,而产生式不仅可以表示精确性知识,还可以表示不精确知识。另外,在用产生式表示知识的智能系统中,决定一条知识是否可用的方法是检查当前是否有已知事实与知识中的前提条件相匹配,这种匹配可以是精确匹配,也可以是不精确匹配,只要按照某种算法求出前提条件与已知事实的相似度达到某个指定的范围,就认为是可匹配的。但在谓词逻辑中,蕴含式前提条件的匹配总是要求精确匹配。产生式与蕴含式的另一个区别是:蕴含式本身是一个谓词公式,有真值,而产生式没有真值。产生式表示法容易用来描述事实、规则及它们的不确定性度量,目前应用较为广泛,适合表示事实性知识和规则性知识。在表示事实性知识和规则性知识时,产生式又可根据知识是确定性的还是不确定性的分别进行表示。下面分别就确定性规则知识、不确定性规则知识、确定性事实知识和不确定性事实知识如何用产生式进行表示来开展讨论。

2.3.1.1 确定性规则知识的产生式表示

确定性规则知识的产生式形式为 $P \rightarrow Q$ 或者 IF P THEN Q。其中,P 是产生式的前提,用于指出该产生式是否为可用的条件;Q 是一组结论或操作,用于指出前提 P 所指示的条件被满足时,应该得出的结论或应该执行的操作。

2.3.1.2 不确定性规则知识的产生式表示

产生式可用于不确定知识的表示,不确定性规则知识的产生式形式为 $P \rightarrow Q$(可信度)或者 IF P THEN Q(可信度)。其中,P 是产生式的前提,用于指出该产生式是否为可用的条件;Q 是一组结论或操作,用于指出前提 P 所指示的条件被满足时,应该得出的结论或应该执行的操作。这一表示形式主要用在不确定推理中当已知事实与前提中所规定的条件不能精确匹配时,只要按照"可信度"的要求达到一定的相似度,就认为已知事实与前提条件相匹配,再按照一定的算法将这种可能性(或不确定性)传递到结论。这里"可信度"的表示方法及其意义会由于不确定性推理算法的不同而不同。以后的章节中将讨论主观贝叶斯方法、可信度方法和 D-S 理论三种不确定性推理方法,它们各自的知识以不同的产生式表示。

2.3.1.3 确定性事实知识的产生式表示

事实知识可看成断言一个语言变量的值或多个语言变量间的关系的陈述句。语言变量的值或语言变量间的关系可以是一个词,不一定是数字。例如,"雪是白色的",其中雪是语言变量,其值是白色的;"约翰喜欢玛丽",其中约翰、玛丽是两个语言变量,两者的关系值是喜欢。事实知识的表示形式一般使用三元组来表示:(对象,属性,值)或者(关系,对象1,对象2),其中,对象就是语言变量。这种表示的机器内部实现就是一个表。如事实"老李的年龄是 40 岁"可表示成(Li,Age,40)。这里,Li 是事实性知识涉及的对象,Age 是该对象的属性,而 40 则是属性的值。而"老李与老张是朋友"可写成第二种形式的三元组:(Friend,Li,Zhang)。其中,Li 和 Zhang 分别是事实知识涉及的两个对象,Friend 则表示这两个对象间的关系。

2.3.1.4 不确定性事实知识的产生式表示

有些事实知识带有不确定性。比如,"老李的年龄很可能是 40 岁",因为是很可能,所以老李是 40 岁的可能性可以取 80%。"老李、老张是朋友的可能性不大",比如说老李、老张是朋友的可能性只有 10%,如何表示呢?不确定性事实知识的表示形式一般使用四元组来表示:(对象,属性,值,可信度值)或者(关系,对象1,对象2,可信度值)。例如,"老李的年龄很可能是 40 岁"可以表示为(Li,Age,40,0.8),而"老李、老张是朋友的可能性不大"可表示为(Friend,Li,Zhang,0.1)。一般情况下,为了求解过程中查找的方便,在知识库中可将某类有关的事实以网状、树状结构组织在一起,提高查找的效率。

2.3.2　产生式系统的基本结构

一组产生式可以放在一起,相互配合,协同作用,一个产生式生成的结论可以供另一个产生式作为已知事实使用,以获得问题的解决,这样的系统称为产生式系统。产生式系统一般由3个基本部分组成:规则库、综合数据库和推理机。它们之间的关系如图2.1所示。

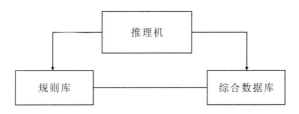

图2.1　产生式系统的基本结构

2.3.2.1　规则库

规则库是用于描述某领域内的知识的产生式集合,是某领域知识(规则)的存储器,其中的规则以产生式表示。规则库中包含着将问题从初始状态转换成目标状态(或解状态)的变换规则。规则库是专家系统的核心,也是一般产生式系统赖以进行问题求解的基础,其中知识的完整性和一致性、知识表达的准确性和灵活性、知识组织的合理性,都将对产生式系统的性能和运行效率产生直接的影响。

2.3.2.2　综合数据库

综合数据库又称为事实库,是用于存放输入的事实、从外部数据库输入的事实、中间结果(事实)和最后结果的工作区。当规则库中的某条产生式的前提与综合数据库中的某些已知事实匹配时,该产生式被激活,并把用它推出的结论放入综合数据库中,作为后面推理的已知事实。显然,综合数据库的内容是在不断变化的,是动态的。

2.3.2.3　推理机

推理机是一个或一组程序,用来控制和协调规则库与综合数据库的运行,包含了推理方式和控制策略。控制策略的作用就是确定选用什么规则或如何应用规则。通常,从选择规则到执行操作分3步完成:匹配、冲突解决和操作。

(1)匹配。

匹配是将当前综合数据库中的事实与规则中的条件进行比较,若匹配,则这条规则称为匹配规则。

(2)冲突解决。

因为可能同时有几条规则的前提条件与事实相匹配,究竟选哪条规则去执行呢? 这就是规则冲突解决。通过冲突解决策略选中的在操作部分中执行的规则称为启用规则。冲突解决的策略有很多种,其中专一性排序、规则排序、规模排序和就近排序是比较常见的冲突解决策略。

①专一性排序:如果某一条规则条件部分规定的情况比另一条规则条件部分规定的情况更有针对性,则这条规则有较高的优先级。

②规则排序:规则库中规则的编排顺序本身就表示了规则的启用次序。

③规模排序:按规则条件部分的规模排列优先级,优先使用较多条件被满足的规则。

④就近排序:把最近使用的规则放在最优先的位置,即那些最近经常被使用的规则的优先级较高。这是一种人类解决冲突最常用的策略。

(3)操作。

操作是执行规则的操作部分。经过操作以后,当前的综合数据库将被修改,其他规则有可能成为启用规则。

2.3.3 产生式系统的分类

(1)按产生式所表示的知识是否具有确定性,产生式系统分为确定性产生式系统和不确定性产生式系统。

(2)按推理机的推理方式,产生式系统分为正向推理、反向推理和双向推理 3 种。

①正向推理。正向推理是从已知事实出发,通过规则库求得结论。正向推理方式也被称为数据驱动方式或自底向上的方式。正向推理的推理过程如下:

A. 规则库中的规则与综合数据库中的事实进行匹配,得到匹配的规则集合。

B. 使用冲突解决算法,从匹配规则集合中选择一条规则作为启用规则。

C. 执行启用规则的后件,将该启用规则的后件送入综合数据库或对综合数据库进行必要的修改。重复这个过程,直至达到目标。

②反向推理。反向推理是从目标(作为假设)出发,反向使用规则,求得已知事实。这种推理方式也被称为目标驱动方式或自顶向下方式。反向推理的推理过程如下:

A. 规则库中的规则后件与目标事实进行匹配,得到匹配的规则集合。

B. 使用冲突解决算法,从匹配规则集合中选择一条规则作为启用规则。

C. 将启用规则的前件作为子目标。重复这个过程,直至各子目标均为已知事实,则反向推理的过程就算成功结束。若目标明确,则反向推理的效率比较高,所以比较常用。

③双向推理。双向推理是一种既自顶向下又自底向上的推理。推理从两个方向同时进行,直至某个中间界面上两方向的结果相符便成功结束。不难想象,这种双向推理较正向推理或反向推理所形成的推理网络来得小,从而推理效率更高。

(3)按规则库及综合数据库的性质与结构特征,产生式系统分为可交换的产生式系统、可分解的产生式系统和可恢复的产生式系统。

①可交换的产生式系统。如果一个产生式系统对规则的使用次序是可交换的,那么无论先使用哪一条规则,都可以达到目的,即规则的使用次序对问题的最终求解是无关紧要的,这样的产生式系统被称为可交换的产生式系统。

②可分解的产生式系统。把一个规模较大且较复杂的问题分解为若干规模较小且较简单的子问题,然后对每个子问题分别进行求解,这是人们求解问题时常用到的方法。可分解的产生式系统就是基于这一思想提出的。

③可恢复的产生式系统。在可交换的产生式系统中,要求每条规则的执行只能为综合数据库增加新的内容,且不能删除和修改综合数据库已有的内容。这种要求很高,在许多规则的设计中难以达到。因此需要产生式系统具有回溯功能,一旦问题求解到某一步发现无法继续下去,就撤销在此之前得到的某些结果,恢复到先前的某个状态,然后选用其他规则继续求解。在问题求解过程中,既可以对综合数据库添加新内容,又可以删除或修改旧内容,这种产生式系统被称为可恢复的产生式系统。

2.4 数据标注的概念

如果把人工智能比作金字塔,最顶端的是人工智能应用(比如无人车机器人等),而最低端则是数据服务。人工智能的最终目标是使计算机能够模拟人的思维方式和行为。若想达到这个目标,则需要大量优质的训练数据使人工智能可以通过学习从而形成更好的模型,变得更加智能化。所以简单来说,数据标注就是使用自动化工具,通过分类、画框、注释等等对收集来的数据进行标记以形成可供计算机识别分析的优质数据的过程。

2.4.1 数据标注的定义及标注对象

数据标注是对未经处理的初级数据,包括语音、图片、文本、视频等进行分类、编辑、纠错和批注等加工处理,并转换为机器可识别信息的过程。对未经处理的初级数据一般通过数据采集获得,随后的数据标注相当于对数据进行加工,然后输送到人工智能算法和模型里完成调用。数据标注的对象主要分为文本、图片、音频、视频四个种类。

(1)文本标注主要包括情感分析、知识库、关键词提取、文字翻译、搜索引擎优化等。比如,识别一句话蕴含的情感,翻译,等等。

(2)图片标注主要包括图像分割、物体检测、图像语义理解、图像生成、图片加注等服务。

(3)音频标注主要包括对全球主要语言和语料(方言、特殊情景语音等)进行识别标注、语音识别等。

(4)视频标注主要包括对视频中出现的物体、文字、语音、情景等进行标注。

2.4.2 常见的几种数据标注类型

常见的数据标注类型分为5类,分别是分类标注、标框标注、区域标注、描点标注、其他标注。

2.4.2.1 分类标注

分类标注,就是我们常见的打标签。一般是从既定的标签中选择数据对应的标签,是封闭集合。一张图可以有很多分类/标签:成人、女、黄种人、长发等。对于文字,可以标注主语、谓语、宾语,名词、动词等。

2.4.2.2 标框标注

机器视觉中的标框标注,就是框选要检测的对象,如人脸识别,首先要先把人脸的位置确定下来。

2.4.2.3 区域标注

相比于标框标注,区域标注要求更加精确。边缘可以是柔性的如自动驾驶中的道路识别。

2.4.2.4 描点标注

一些对于特征要求细致的应用中常常需要描点标注。适用于人脸识别、骨骼识别等。

2.4.2.5 其他标注

标注的类型除了以上四种,还有很多个性化的。根据不同的需求则需要不同的标注。如自动摘要,就需要标注文章的主要观点,这时候的标注严格上说就不属于上面的任何一种了。

▌2.4.3 数据标注的工作原理

数据标注是指对大量数据进行分类和标记的过程,以方便机器学习算法正确地将不同的数据集与特定的分类相对应。数据标注的过程需要高度准确性和可重复性,并且需要保证标签的一致性。以下为数据标注的工作原理。

2.4.3.1 确定标注方案

在进行数据标注之前,需要先确定标注方案。标注方案不仅仅是对数据进行分类,还要注意标注的一致性和准确性。标注方案可以包含数据分类的标准和准则、分类的具体方法和标注的工具和软件等内容。

2.4.3.2 准备数据

准备数据是数据标注的基础。准备数据需要明确数据来源、数据质量和数量等,并采用合适的手段进行数据清洗和预处理。

2.4.3.3 选择标注工具和平台

选择合适的标注工具和平台对数据标注的结果至关重要。标注工具和平台通常需要满足多种需求,如支持多种数据类型、多人共同协作、提供实时反馈等。

2.4.3.4 进行标注

标注员需要对已经确定的标注方案进行标注,并根据标注要求对数据进行分类和标记,以确保数据质量和一致性。同时,标注人员需要根据标注结果对已有标注方案进行调整和改进。

2.4.3.5 审查数据

标注数据之后需要进行审查,以确保标注的准确性和一致性。审查可以由专业人员进行,也可以设计算法进行自动检查。

2.4.3.6 数据合并和导出

经过标注和审查的数据需要合并,并导出到相关的机器学习算法中进行训练。数据的合并可以由算法自行完成,也可以由人工完成。以上为数据标注的工作原理。数据标注是机器学习和人工智能应用的重要环节,标注的质量对机器学习算法的效果有直接影响。数据标注需要知识、技能、工具和平台等多种要素的支持,需要专业人员进行管理和监督,以确保标注质量和效率两方面均得到充分保障。

2.5 公开数据标注方法

数据标注其实就是通过各种标注工具收集各类数据,包括文本、图片、语音、视频等,然后,由我们的标注人员进行整理和标注。数据标注是人工智能中最前端的基础工作,需要我们耗费大量的人力进行操作,以满足对人工智能的各种模型训练需求。

2.5.1 目标检测与分割标注

以常用的 labelme 软件为例,介绍图像标注方法。labelme 是受 http://labelme.csail.mit.edu 启发而开发的图像标注工具,它由 Python 编写完成,图形界面由 Qt 完成。

功能:

(1)提供包含多边形、矩形、圆、线和点的图像标注。

(2)提供视频标注。

(3)提供自定义图形用户界面(GUI),例如预定义标签、自动保存、标签验证等。

(4)可以为语义分割和实例分割导出 VOC 格式的数据集。

(5)可以为实例分割导出 COCO 格式的数据集。

实验中使用的标注工具 labelme 软件可以通过下载 Anaconda 安装,具体方法如下:安装 Anaconda 后,打开 Anaconda Prompt,然后在 Anaconda Prompt 终端中按顺序输入以下命令:

conda create-name=labelme

conda activate labelme

pip install pyqt5

pip install labelme

之后,在 Anaconda Prompt 终端输入命令 labelme,以此来打开 labelme 软件。

使用 labelme 进行目标检测标注如下:

(1)首先打开 labelme,在命令行中输入,打开 labelme 界面,如图 2.2 所示。其左边一行为工具栏,由上到下功能分为:Open(打开一张图片),Open Dir(打开文件夹目录),Next Image(切换下一张图片),Prev Image(切换上一张图片),Save(保存 json 文件),Create Polygons(创建新的标注目标),Edit Polygons(编辑标注目标),Delete Polygons(删除标注目标)。

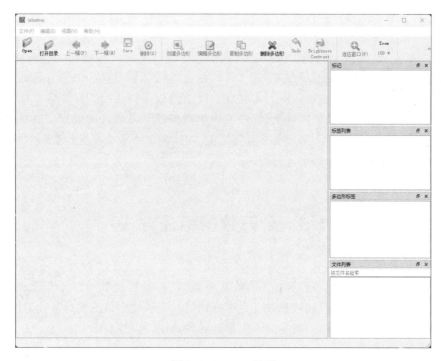

图 2.2　labelme 界面

（2）在界面中单击 open，选择需要标注的图像文件，完成后，图像将会出现在界面中，如图 2.3 所示。

图 2.3　选中指定图像后界面展示

（图片来源：https://github.com/labelmeai/labelme/blob/main/examples/
bbox_detection/data_dataset_voc/JPEGImages/2011_000003.jpg）

（3）在编辑中选择创建矩形，以此在图像创建边界框，如图 2.4 所示。

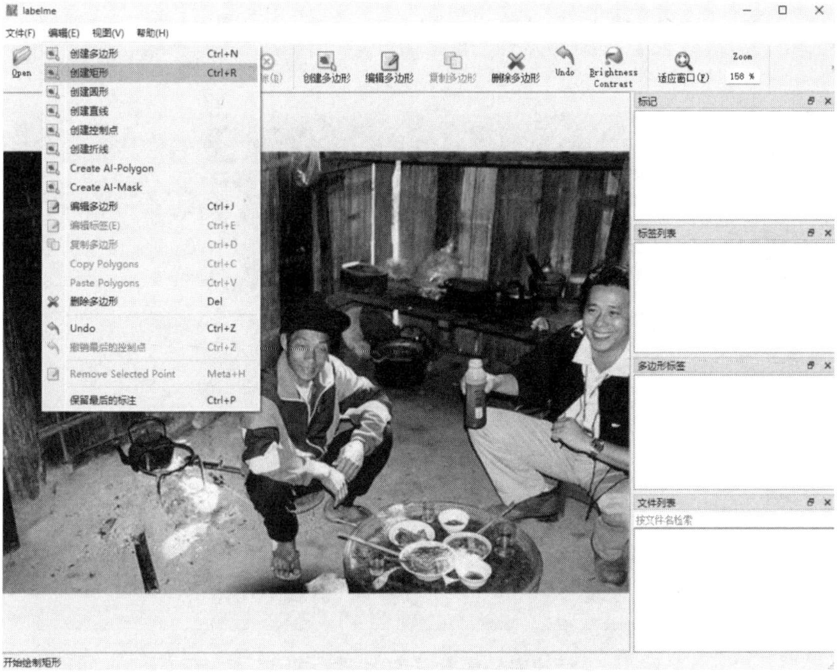

图 2.4　标注形状选择

（4）在图像中选择画矩形的位置（用矩形框住需要的目标），之后会弹出界面，在界面中输入信息，点击 OK，即可完成边界框的标注，如图 2.5 和图 2.6 所示。

图 2.5　选中目标位置，输入标注信息

图 2.6   标注完成结果,右侧栏将会显示标注信息

实例分割的标注和上面过程一样,只是用多边形状进行标注。以上便介绍完 labelme 中边界框标注的基本使用,其他标注格式和具体用法等信息可在 https://github.com/labelmeai/labelme 中查看。

▌2.5.2   实例分割标注

实例分割也是用 labelme 软件进行标注。首先在 Anaconda Prompt 终端输入命令 labelme,以此来打开 labelme 软件。

图 2.7 是使用 labelme 软件对一张图像进行标注的操作,标注时需要注意的是起始点与终点是同一个点,从而形成一个封闭的多边形,图 2.7 中选中的红色多边形即为封闭的多边形。当完成对一张图像的标注后,将标注信息保存为 json 格式的标注文件,如图 2.8 就是 json 标注文件内容的缩略图。

当完成对所有数据的标注后,按照一定的比例整理数据,具体比例为训练集的数量比测试集的数量约 7∶3,各数据集中正拍图像的数量比俯拍图像的数量约 1∶1。此后,根据如图 2.9 所示的流程图,利用 Python 语言将整理好的数据整理为 COCO 数据集,以供模型使用。

图 2.7　使用 Labelme 软件对一张图像进行标注的操作 　　　图 2.8　json 标注文件内容的缩略图

图 2.9　利用 Python 语言整理数据为 COCO 数据集的流程图

2.5.3　视频多目标标注

在视频多目标跟踪中,采用 DarkLabel 软件,对视频数据集进行严格标注,标注过程如图 2.10 所示,专注于对猪只的个体标识(ID)及其空间位置进行标注,并未标注猪只的行为。标注工作基于自动 ID 跟进机制与自动预测检测框位置技术,结合软件内设的 Tracker 2 跟踪模式,大幅提升标注精度与效率,这一过程极大地减少手动标注所需的劳动力,之后的标注重点转变为对自动生成的检测方框进行细微调整。

标注完成后保存的 gt 文件如图 2.11 所示,其中,每一行的第一个字符代表当前为第几帧图像,第二个字符代表本图像共有多少个猪只目标。之后以每 6 个字符为一组,如:0,670,0,1282,257,null,第一个字符代表 ID 标号为 0 的猪只,第二到第五的 4 个字符为一组,分别为该猪只的左上角坐标(x_1,y_1),右下角坐标(x_2,y_2),第六个字符为猪只的类别,由于未标注猪只类别,默认为 null。

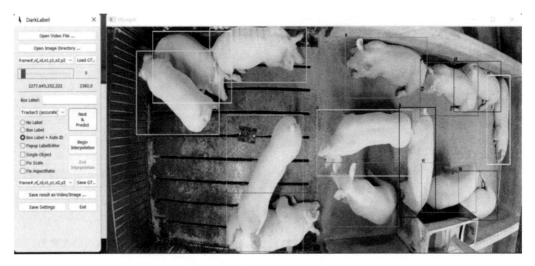

图 2.10　DarkLabel 软件标注示意

```
 1  0,14,0,670,0,1282,257,null,1,297,31,799,338,null,2,2485,227,2614,613,null,
 2  1,14,0,670,0,1282,257,null,1,297,31,807,338,null,2,2485,227,2614,613,null,
 3  2,14,0,670,0,1282,260,null,1,297,31,807,338,null,2,2485,227,2614,613,null,
 4  3,14,0,670,0,1282,256,null,1,297,31,820,338,null,2,2485,227,2614,613,null,
 5  4,14,0,670,0,1282,257,null,1,297,31,812,338,null,2,2485,227,2614,613,null,
 6  5,14,0,670,0,1282,258,null,1,297,31,816,338,null,2,2485,227,2614,613,null,
 7  6,14,0,670,0,1282,263,null,1,297,31,819,338,null,2,2485,227,2614,613,null,
 8  7,14,0,670,0,1282,258,null,1,297,31,825,338,null,2,2485,227,2614,613,null,
 9  8,14,0,670,0,1282,258,null,1,297,31,817,338,null,2,2486,227,2614,624,null,
10  9,14,0,670,0,1282,258,null,1,297,31,817,338,null,2,2486,227,2614,624,null,
11  10,14,0,670,0,1282,258,null,1,297,31,817,338,null,2,2486,227,2614,624,null
12  11,14,0,670,0,1282,258,null,1,297,31,817,338,null,2,2486,227,2614,624,null
13  12,14,0,670,0,1281,258,null,1,298,30,817,337,null,2,2486,227,2614,624,null
14  13,14,0,671,0,1282,257,null,1,298,30,817,337,null,2,2486,227,2614,624,null
15  14,14,0,670,0,1282,258,null,1,298,30,817,337,null,2,2486,227,2614,624,null
16  15,14,0,670,0,1282,258,null,1,298,30,817,337,null,2,2486,227,2614,624,null
17  16,14,0,670,0,1282,258,null,1,298,30,817,337,null,2,2486,227,2614,624,null
18  17,14,0,670,0,1282,258,null,1,298,30,817,337,null,2,2486,227,2614,624,null
19  18,14,0,670,0,1282,258,null,1,298,30,817,337,null,2,2486,227,2614,624,null
20  19,14,0,670,0,1282,258,null,1,298,30,817,337,null,2,2486,227,2614,624,null
21  20,14,0,670,0,1282,258,null,1,298,30,817,337,null,2,2486,227,2614,624,null
22  21,14,0,670,0,1282,258,null,1,298,30,817,337,null,2,2486,227,2614,624,null
23  22,14,0,670,0,1282,258,null,1,298,30,817,337,null,2,2486,227,2614,624,null
```

图 2.11　标注完成之后的 gt 文件

为将上述 gt 文件转换为模型训练与测试所需要的标注文件,还需编写脚本进行转换,转换后用于测试的 gt 文件如图 2.12 所示,其中每一行的各个字符分别代表:当前帧,当前猪只 ID,检测框左上角 x 坐标,检测框左上角 y 坐标,检测框宽度 w,检测框高度 h,类别 0(无类别),默认值 1,默认值 1。

脚本转换后用于训练数据的标注文件如图 2.13 所示。以视频 9 为例,视频 9 共有 300 张图像,则共有 09001~09300 个 txt 文件,如图 2.13(a)所示,其中的一个 txt 文件的内容如图 2.13(b)所示,其中每一行的各个

```
 1  1,1,670,0,612,257,0,1,1
 2  2,1,670,0,612,257,0,1,1
 3  3,1,670,0,612,260,0,1,1
 4  4,1,670,0,612,256,0,1,1
 5  5,1,670,0,612,257,0,1,1
 6  6,1,670,0,612,258,0,1,1
 7  7,1,670,0,612,263,0,1,1
 8  8,1,670,0,612,258,0,1,1
 9  9,1,670,0,612,258,0,1,1
10  10,1,670,0,612,258,0,1,1
11  11,1,670,0,612,258,0,1,1
12  12,1,670,0,612,258,0,1,1
13  13,1,670,0,611,258,0,1,1
```

图 2.12　测试数据的 gt 文件

字符分别代表:类别:0(无类别),猪只 ID 标号,归一化后的检测框左上角坐标(x_1,y_1),归一化后的检测框右下角坐标(x_2,y_2)。

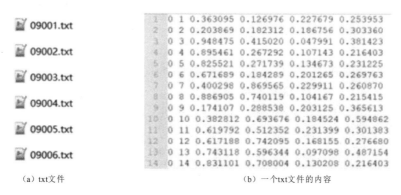

(a) txt文件   (b) 一个txt文件的内容

图 2.13 训练数据的标注文件

2.6 知识表示的应用案例:知识图谱

由于互联网内容的大规模、异质多元、组织结构松散的特点,给人们有效获取信息和知识提出了挑战。谷歌为了利用网络多源数据构建的知识库来增强语义搜索,提升搜索引擎返回的答案质量和用户查询的效率,于 2012 年 5 月 16 日首先发布了知识图谱(knowledge graph)。

知识图谱是一种互联网环境下的知识表示方法。在表现形式上,知识图谱和语义网络相似,但语义网络更侧重于描述概念与概念之间的关系,而知识图谱则更偏重于描述实体之间的关联。除了语义网络,万维网之父 Tim Berners Lee 于 1998 年提出的语义网(semantic web)也可以说是知识图谱的前身。

知识图谱可以提高搜索引擎的能力和用户的搜索质量,改善搜索体验。随着人工智能的技术发展和应用,知识图谱作为关键技术之一,已被广泛应用于智能搜索、智能问答、个性化推荐、内容分发等领域。现在的知识图谱已被用来泛指各种大规模的知识库。Google、百度和搜狗等搜索引擎公司为了改进搜索质量,纷纷构建知识图谱,分别称为知识图谱、知心和知立方。

2.6.1 知识图谱的定义

知识图谱又称科学知识图谱,指用各种不同的图形等可视化技术描述知识资源及其载体,挖掘、分析、构建、绘制和显示知识及它们之间的相互联系。

知识图谱以结构化的形式描述客观世界中概念、实体间的复杂关系,将互联网的信息表达成更接近人类认知世界的形式,提供了一种更好地组织、管理和理解互联网海量信息的能力。它把复杂的知识领域通过数据挖掘、信息处理、知识计量和图形绘制而显示出来,揭示知识领域的动态发展规律。

目前,知识图谱还没有一个标准的定义。简单地说,知识图谱是由一些相互连接的实体及其属性构成的。

知识图谱也可被看作一张图,图中的节点表示实体或概念,而图中的边则由属性或关系构成。

(1)实体。

实体指具有可区别性且独立存在的某种事物。如"中国""美国""日本"等。又如某个人、某座城市、某所大学、某种植物、某种商品等。

实体是知识图谱中的最基本元素,不同的实体间存在不同的关系。

(2)概念(语义类)。

概念指具有同种特性的实体构成的集合。如国家、民族、书籍、电脑等。概念主要指集合、类别、对象类型、事物的种类,例如人物、地理等。

(3)内容。

通常作为实体和语义类的名字、描述、解释等,可以由文本、图像、音视频等来表达。

(4)属性(值)。

描述资源之间的关系,即知识图谱中的关系。不同的属性类型对应于不同类型属性的边。属性值主要指对象指定属性的值。如城市的属性包括面积、人口、所在国家、地理位置等。属性值主要指对象指定属性的值,例如多少人等。

(5)关系。

把 k 个图节点(实体、语义类、属性值)映射到布尔值的函数。

三元组是知识图谱的一种通用表示方式。三元组的基本形式主要分为两种形式:

(1)(实体 1—关系—实体 2)

(中国—首都—北京)是一个(实体 1—关系—实体 2)的三元组样例。

(2)(实体—属性—属性值)

北京是一个实体,人口是一种属性,圆圈里要填入的是属性值。这样就构成一个(实体—属性—属性值)的三元组样例。

知识图谱是由一条条知识组成,每条知识表示为一个主谓宾 SPO(subject-predicate-object)三元组,如图 2.14 所示。

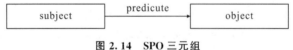

图 2.14 SPO 三元组

主语 subject 可以是国际化资源标识符(internationalized resource identifiers,IRI)或空白节点(blank node)。

主语是资源,谓语和宾语分别表示其属性和属性值。例如"人工智能导论的授课教师是张三老师"就可以表示为(人工智能导论授课教师,是,张莉)这个三元组。

blank node 是没有 IRI 和 literal 的资源,或者说是匿名资源。literal 是字面量,可以看作带有数据类型的纯文本。

在知识图谱中,用资源描述框架(resource description framework,RDF)表示这种三元关系。RDF 用于描述实体/资源的标准数据模型。RDF 图中一共有三种类型:international resource identifiers(IRIs)、blank nodes 和 literals。

如果将 RDF 的一个三元组中的主语和宾语表示成节点,之间的关系表达成一条从主语到宾语的有向边,所有 RDF 三元组就将互联网的知识结构转化为图结构。合理地使用 RDF 能够将网络上各种繁杂的数据进行统一的表示。

知识图谱中的每个实体或概念用一个全局唯一确定的 I 来标识,称为它们的标识符(identifier)。每个属性值对(attribute-value pair,AVP)用来刻画实体的内在特性,而关系用来连接两个实体,刻画它们之间的关联。

2.6.2　知识图谱的架构与构建

知识图谱的架构包括自身的逻辑结构以及构建知识图谱所采用的体系架构。

2.6.2.1　知识图谱的逻辑结构

知识图谱在逻辑上可分为数据层与模式层。

数据层主要是由一系列的事实组成,而知识以事实为单位进行存储。如果用(实体—关系—实体 2)和(实体—属性—属性值)这样的三元组来表达事实,可选择图数据库作为存储介质。

模式层构建在数据层之上,是知识图谱的核心。通常采用本体库来管理知识图谱的模式层。本体是结构化知识库的概念模板,通过本体库而形成的知识库不仅层次结构较强,并且冗余程度较小。

2.6.2.2　知识图谱的体系架构

知识图谱的体系架构指构建模式结构。

获取知识的资源对象大体可分为结构化数据、半结构化数据和非结构化数据三类。

结构化数据是指知识定义和表示都比较完备的数据。如 DBpedia 和 Freebase 等已有知识图谱、特定领域内的数据库资源等。

半结构化数据是指部分数据是结构化的,但存在大量结构化程度较低的数据。在半结构化数据中,虽然知识的表示和定义并不一定规范统一,其中部分数据(如信息框、列表和表格等)仍遵循特定表示以较好的结构化程度呈现,但仍存在大量结构化程度较低的数据。半结构化数据的典型代表是百科类网站,一些领域的介绍和描述类页面往往也都归在此类,如电脑、手机等电子产品的参数性能分析介绍。

非结构化数据则是指没有定义和规范约束的"自由"数据。例如,最广泛存在的自然语言文本、音视频等。

2.6.2.3　知识图谱的构建

知识图谱经历了由人工和群体智慧构建,到面向互联网利用机器学习和信息抽取技术自动获取的过程。早期知识资源通过人工添加和合作编辑获得,如英文 WordNet、CYC 和中文的 HowNet。自动构建知识图谱的特点是面向互联网的大规模、开放、异构环境,利用机器学习和信息抽取技术自动获取互联网上的信息。例如,华盛顿大学图灵中心的 KnowItAll 和 TextRunner、卡内基梅隆大学的"永不停歇的语言学习者"(never-ending language learner,NELL)都是这种类型的知识库。

知识图谱构建从最原始的数据(包括结构化、半结构化、非结构化数据)出发,采用一系列自动或者半自动的技术手段,从原始数据库和第三方数据库中提取知识事实,并将其存入知识库的数据层和模式层,这一过程包含:信息抽取、知识表示、知识融合、知识推理四个过程,每一次更新迭代均包含这四个阶段,知识图谱主要有自顶向下(top-down)与自底向上(bottom-up)两种构建方式。

(1)自顶向下指的是先为知识图谱定义好本体与数据模式,再将实体加入知识库。该构建方式需要利用一些现有的结构化知识库作为其基础知识库,例如 Freebase 项目就是采用这种方式,它的绝大部分数据是从维基百科中得到的。

(2)自底向上指的是从一些开放链接数据中提取出实体,选择其中置信度较高的加入知识库,再构建顶层的本体模式。目前,大多数知识图谱都采用自底向上的方式进行构建,其中最典型就是 Google 的 Knowledge Vault 和微软的 Satori 知识库,这也比较符合互联网数据内容知识产生的特点。

构建知识图谱需要大规模知识库,然而大规模知识库的构建与应用需要多种技术的支持。我们可以通过知识提取技术,从一些公开的半结构化、非结构化和第三方结构化数据库的数据中提取出实体、关系、属性等知识要素。

知识表示则通过一定的有效手段表示知识要素,便于进一步处理使用。然后我们通过知识融合,可消除实体、关系、属性等指称项与事实对象之间的歧义;形成高质量的知识库。知识推理则是在已有的知识库基础上进一步挖掘隐含的知识,从而丰富、扩展知识库。

下面以知识抽取技术为重点,选取代表性的方法,说明知识图谱构建过程中的相关技术。

2.6.3 知识抽取

知识抽取是从不同来源、不同结构的数据中进行知识提取,形成知识(结构化数据)存入知识图谱。

知识抽取主要面向开放的链接数据,典型的输入是自然语言文本、图像或者视频多媒体内容文档等。然后通过自动化或者半自动化技术抽取出可用的知识单元。知识单元主要包括实体(概念的外延)、关系以及属性三个知识要素。

2.6.3.1 实体抽取

实体抽取也称为命名实体学习(named entity learning)或命名实体识别(named entity recognition),是从原始数据语料中自动识别出命名实体。例如人名、地名、机构名、专有名词等。

由于实体是知识图谱中的最基本元素,其抽取的完整性、准确率、召回率等将直接影响到知识图谱构建的质量。

实体抽取是知识抽取中最为基础与关键的一步。实体抽取方法分为四种。

(1)基于百科或垂直站点抽取方法。

基于百科站点或垂直站点提取方法是从维基百科、百度百科、互动百科等百科类站点的标题和链接中抽取实体名。

基于百科站点或垂直站点实体抽取方法是最常规和最基本的实体抽取方法。这种方法的优点是可以得到开放互联网中最常见的实体名,其缺点是对于中低频的覆盖率低。与一般通用网站相比,垂直类站点的实体抽取可以获取特定领域的实体。例如从"豆瓣"的音乐、读书、电影等各频道抽取各种实体列表。这种方法主要基于爬取技术来抽取。

（2）基于规则与词典的实体抽取方法。

基于规则与词典的实体抽取方法通常需要为目标实体编写模板，然后在原始语料中进行匹配。早期的实体抽取是在限定文本领域、限定语义单元类型的条件下进行的，主要采用的是基于规则与词典的方法，例如使用已定义的规则，抽取出文本中的人名、地名、组织机构名、特定时间等实体。

基于规则模板的方法不仅需要依靠大量的专家来编写规则或模板，覆盖的领域范围有限，而且很难适应数据变化的新需求。

（3）基于统计机器学习的实体抽取方法。

基于统计机器学习的实体抽取方法主要是通过机器学习的方法对原始语料进行训练，然后再利用训练好的模型去识别实体。

单纯的监督学习算法在性能上不仅受到训练集合的限制，并且算法的准确率（precision）与召回率（recall）都不够理想。随着深度学习的兴起应用，基于深度学习的命名实体识别得到广泛应用。

（4）面向开放域的实体抽取方法。

面向开放域的实体抽取方法是从少量实体实例中自动发现具有区分力的模式，然后扩展到海量文本去给实体做分类与聚类。例如，通过少量的实体实例建立特征模型，再通过将该模型应用于新的数据集得到新的命名实体。

2.6.3.2 语义类抽取

语义类抽取是指从文本中自动抽取信息来构造语义类并建立实体和语义类的关联，作为实体层面上的规整和抽象。

语义类抽取方法包含三个模块：并列相似度计算、上下位关系抽取以及语义类生成。

（1）并列相似度计算。

并列相似度是词和词之间的相似性信息度量。例如三元组（苹果，梨，s1）表示苹果和梨的并列相似度是 s1。

两个词有较高的并列相似度的条件是它们具有并列关系，即同属于一个语义类，并且有较大的关联度。例如，北京和上海具有较高的并列相似度，而北京和汽车的并列相似度很低，因为它们不属于同一个语义类。对于海淀、朝阳、闵行三个市辖区来说，海淀和朝阳的并列相似度大于海淀和闵行的并列相似度，因为前两者的关联度更高。

当前主流的并列相似度计算方法有分布相似度法（distributional similarity）和模式匹配法（pattern matching）。它们都可以用来在数以百亿计的句子中或者数以十亿计的网页中抽取词的相似性信息。

分布相似度方法基于哈里斯（Harris）的分布假设（distributional hypothesis），即经常出现在类似的上下文环境中的两个词具有语义上的相似性。运用分布相似度方法一般分三个步骤：

①定义上下文。

②把每个词表示成一个特征向量，向量每一维代表一个不同的上下文，向量的值表示本词相对于上下文的权重。

③计算两个特征向量之间的相似度，将其作为它们所代表的词之间的相似度。

模式匹配法的基本思想是把一些模式作用于源数据，得到一些词和词之间共同出现的信息,然后把这些信息聚集起来生成单词之间的相似度。模式可以是手工定义的,也可以是根据一些种子数据而自动生成的。

(2)上下位关系抽取。

上下位关系抽取是从文档中抽取词的上下位关系信息,生成(下义词,上义词)数据对。例如(狗,动物)、(悉尼,城市)。

抽取上下位关系最简单的方法是解析百科类站点的分类信息,如维基百科的"分类"和百度百科的"开放分类"。

上下位关系抽取方法的主要缺点:

①不是所有分类词条都代表上位词。例如,百度百科中"狗"的开放分类"养殖"就不是其上位词;

②生成的关系图中没有权重信息,因此不能区分同一个实体所对应的不同上位词的重要性;

③覆盖率偏低,即很多上下位关系并没有包含在百科站点的分类信息中。

(3)语义类生成。

语义类生成包括聚类和语义类标定两个子模块。聚类的结果决定了要生成哪些语义类以及每个语义类包含哪些实体,而语义类标定是给一个语义类附加一个或者多个上位词作为其成员的公共上位词。

2.6.3.3 属性和属性值抽取

属性抽取的任务是为每个语义类构造属性列表,而属性值抽取则为一个语义类的实体附加属性值。属性和属性值的抽取能够形成完整的实体概念的知识图谱维度。

常见的属性和属性值抽取方法包括从百科类站点中抽取,从垂直网站中生成模版抽取,从网页表格中抽取,以及利用手工定义或自动生成的模式从句子和查询日志中抽取。

(1)从百科类站点中抽取属性。

通过解析百科类站点中的半结构化信息抽取常见的语义类/实体的属性/属性值。

百科类站点中的半结构化信息如维基百科的信息盒和百度百科的属性表格等。尽管这种方法能够得到许多属性,但需要采用其他方法来增加覆盖率,即为语义类增加更多属性以及为更多的实体添加属性值。

知识图谱除了基于维基类知识资源构造的知识图谱外,还有很多其他类型的知识图谱。如特定领域知识图谱用来描述限定领域内的概念和关系等。

(2)从垂直网站中生成模版抽取属性。

垂直网站(vertical website)注意力集中在某些特定的领域或某种特定的需求,提供有关这个领域或需求的全部深度信息和相关服务。垂直网站如电子产品网站、图书网站、电影网站、音乐网站等。

垂直网站包含大量实体的属性信息,例如图书的网页中包含了图书的作者、出版社、出版时间、评分等信息。可以从垂直站点中生成模版抽取属性信息。

模版生成方法分为手工法、有监督方法、半监督法以及无监督法。

考虑到需要从大量不同的网站中抽取信息,并且网站模板可能会更新等因素,无监督模版生成方法更加重要。无监督模版生成的基本思路是利用对同一个网站下面多个网页的超文本标签树的对比来生成模版。不同网页的公共部分往往对应于模版或者属性名,不同的部分则可能是属性值,而同一个网页中重复的标签块则预示着重复的记录。

（3）从网页表格中抽取属性。

属性抽取的另一个信息源是网页表格。表格的内容对于人来说一目了然，而对于机器而言则要复杂得多。由于表格类型千差万别，很多表格制作不规则，加上机器缺乏人所具有的背景知识等原因，从网页表格中提取高质量的属性信息是困难的。

（4）从句子和查询日志中抽取属性。

上述三种方法的共同点是通过挖掘原始数据中的半结构化信息来获取属性和属性值。与通过"阅读"句子进行信息抽取的方法相比，这些方法绕开了自然语言理解的困难。但只有一部分的人类知识是以半结构化形式体现的，而更多的知识则隐藏在自然语言句子中，因此最好能直接从句子中抽取信息。

当前从句子和查询日志中抽取属性和属性值的基本手段是模式匹配和对自然语言的浅层处理。此过程通过将输入的模式作用到句子上而生成一些（词，属性）元组，根据语义类将这些数据元组进行合并而生成（语义类，属性）关系图。

在输入中包含种子列表或者语义类相关模式的情况下，整个方法是一个半监督的自举过程，分三个步骤：

①模式生成。在句子中匹配种子列表中的词和属性从而生成模式。模式通常由词和属性的环境信息而生成。

②模式匹配。

③模式评价与选择。通过生成的（语义类，属性）关系图对自动生成的模式的质量进行自动评价并选择高分值的模式作为下一轮匹配的输入。

2.6.3.4 关系抽取

关系抽取的目标是解决实体语义链接的问题。关系的基本信息包括参数类型、满足此关系的元组模式等。

例如关系 be the capital of 表示一个国家的首都的基本信息如下：

参数类型：（capital，country）

模式：

{0}be the capital of {1}

{0}be the capital in {1}

...

元组：（北京，中国）；（华盛顿，美国）。capital 和 country 分别表示首都和国家两个语义类。现在的关系抽取方式有开放式实体关系抽取和基于联合推理的实体关系抽取。

2.6.4 知识图谱的典型应用

维基百科（Wikipedia）是由维基媒体基金会负责运营的一个自由内容、自由编辑的多语言知识库。全球各地的志愿者们通过互联网和 Wiki 技术合作编撰。目前维基百科一共有近 300 种语言版本，其中文版本有超过 113 万个条目。维基百科中每一个词条包含对应语言的客观实体、概念的文本描述，以及各自丰富的属性、属性值。

WikiData 于 2012 年启动，不仅继承了 Wikipedia 的众包协作机制，还支持基于事实三元组的知识条目编辑。截至 2023 年，WikiData 已包含超过 1 亿条词条。WikiData 允许以标准格式导出数据,并且可以链接到其他开放数据集,成为数据网上的重要节点,助力知识共享和知识图谱的扩展。

DBpedia 最早由 2007 年德国柏林自由大学和莱比锡大学的研究者发起,是一个从维基百科中萃取结构化知识的项目。到 2023 年,DBpedia 已经显著扩展,最新的英文版包含 750 万实体,并合理分类了其中的 550 万,包括约 176 万人物、74.5 万地点以及 60.7 万创作作品(如音乐、电影、游戏等)。此外,还包括 34.3 万组织机构,191 万物种和近万种植物。整个数据库共包含约 850 亿三元组,其中 21 亿来自英文版维基百科,66 亿来自其他语言版本的维基百科,48 亿则来自 Wikipedia Commons 和 WikiData。DBpedia 的数据也通过 1.299 亿链接与外部数据集互联,继续作为开放链接数据(LOD)云的重要核心。

YAGO 是由德国马克斯-普朗克研究所(Max Planck Institute,MPI)构建的大型多语言的语义知识库,源自维基百科、WordNet 和 GeoNames,从 10 个维基百科以不同语言提取事实和事实的组合。YAGO 拥有超过 1000 万个实体的知识,并且包含有关这些实体的超过 1.2 亿条事实三元组。

BabelNet 是最大的多语言百科全书式的字典和语义网络,由罗马大学计算机科学系的计算语言学实验室所创建。BabelNet 不仅是一个多语言的百科全书式的字典,用词典的方式编纂百科词条,同时 BabelNet 也是一个大规模的语义网络,概念和实体通过丰富的语义关系连接。BabelNet 由同义词集合构成,每个同义词集合表示一个具体的语义,包含不同语言下所有表达这个语义的同义词。

XLORE 是由清华大学知识工程研究室自主构建的基于中、英文维基百科和百度百科的开放知识平台,是第一个中英文知识规模较为平衡的大规模中英文知识图谱。XLORE 通过维基内部的跨语言链接发现更多的中英文等价关系,并基于概念与实例间的 isA 关系验证提供更精确的语义关系。

AMiner 是清华大学研发的一个科技情报知识服务引擎,它集成了来自多个数据源的近亿级的学术文献数据,从海量文献及互联网信息中,通过信息抽取方法自动获取研究者的教育背景、基本介绍等相关信息、论文引用关系、知识实体以及相关的学术会议和期刊等内容,并利用数据挖掘和社会网络分析与挖掘技术,提供面向话题的专家搜索、权威机构搜索、话题发现和趋势分析、基于话题的社会影响力分析、研究者社会网络关系识别、审稿人推荐、跨领域合作者推荐等功能。

知识图谱增强搜索结果,改善用户搜索体验,即语义搜索。Watson 是 IBM 公司研发团队历经十余年努力开发出的基于知识图谱的智能机器人,最初的目的是参加美国的一档智力游戏节目《危险边缘》(*Jeopardy*!),并于 2011 年以绝对优势赢得了人机对抗比赛。除去大规模并行化的部分,Watson 工作原理的核心部分是概率化基于证据的答案生成,根据问题线索不断缩小在结构化知识图谱上的搜索空间,并利用非结构化的文本内容寻找证据支持。对于复杂问题,Watson 采用分治策略,递归地将问题分解为更简单的问题来解决。

知识图谱还可以应用于知识问答、领域大数据分析等。美国 Netflix 公司利用基于其订阅用户的注册信息和观看行为构建的知识图谱,通过分析受众群体、观看偏好、电视剧类型、导演与演员的受欢迎程度等信息,了解到用户很喜欢导演大卫·芬奇的作品,同时了解到凯文·史派西主演的作品总体收视率不错及英版的《纸牌屋》很受欢迎这些信息,因此决定拍摄了美版《纸牌屋》,最终在美国及其他 40 多个国家成为热门的在线剧集。

2.7　小结

2.7.1　知识表示的概念

知识表示就是将人类知识形式化或者模型化。

2.7.2　命题与一阶谓词公式

命题是一个非真即假的陈述句。

谓词的一般形式是：$P(x_1,x_2,\cdots,x_n)$，其中，P 是谓词名，$x_1,x_2,\cdots,x_n$ 是个体。个体可以是常量、变元、函数。

用否定、析取、合取、蕴含、等价等连接词以及全称量词、存在量词把一些简单命题连接起来构成一个复合命题，以表示一个比较复杂的含义。

位于量词后面的单个谓词或者用括号括起来的谓词公式称为量词的辖域，辖域内与量词中同名的变元称为约束变元，不同名的变元称为自由变元。

对于谓词公式 P，如果至少存在一个解释使得公式 P 在此解释下的真值为 T，则称公式是可满足的，否则，称公式 P 是不可满足的。

当且仅当$(P_1 \land P_2 \land \cdots \land P_n) \land \lnot Q$ 是不可满足的，则 Q 为 $P_1,P_2,\cdots,P_n$ 的逻辑结论。

一阶谓词逻辑表示法具有自然、精确、严密、容易实现等优点，但也有不能表示不确定的知识、组合爆炸、效率低等缺点。

2.7.3　产生式表示法

产生式表示法是目前应用最多的一种知识表示模型，许多成功的专家系统都用它来表示知识。

产生式表示法通常用于表示事实、规则以及它们的不确定性度量。谓词逻辑中的蕴含式只是产生式的一种特殊情况。

产生式表示法不仅可以表示确定性规则，还可以表示各种操作、规则、变换、算子、函数等。产生式表示法不仅可以表示确定性知识，而且还可以表示不确定性知识。

产生式表示法具有自然性、模块性、有效性、清晰性等优点，但存在效率不高、不能表达具有结构性的知识等缺点，适合表示由许多相对独立的知识元组成的领域知识、具有经验性及不确定性的知识，也可以表示为一系列相对独立的求解问题的操作。

一个产生式系统由规则库、综合数据库、控制系统（推理机）三部分组成。产生式系统求解问题的过程是一个不断地从规则库中选择可用规则与综合数据库中的已知事实进行匹配的过程，规则的每一次成功匹配都使综合数据库增加新的内容，并朝着问题的解决方向前进一步。这一过程称为推理，是专家系统中的核心内容。

2.7.4　知识图谱

知识图谱是一种互联网环境下的知识表示方法。知识图谱是由一些相互连接的实体及其属性构成的。

知识图谱的三元组的基本形式主要分为两种形式：(实体1—关系—实体2)、(实体—属性—属性值)。

知识图谱在逻辑上可分为数据层与模式层。数据层主要是由一系列的事实组成,而知识以事实为单位进行存储。模式层构建在数据层之上,是知识图谱的核心。

知识图谱主要有自顶向下与自底向上两种构建方式。自顶向下指的是先为知识图谱定义好本体与数据模式,再将实体加入知识库。自底向上指的是从一些开放链接数据中提取出实体,选择其中置信度较高的加入知识库,再构建顶层的本体模式。

知识抽取是从不同来源、不同结构的数据中进行知识提取,形成知识存入知识图谱。

知识图谱的深度学习方法将实体的语义信息表示为稠密、低维、实值的向量,进而在低维空间中高效计算实体、关系及其之间的复杂语义关联。

2.8　思考题

(1)什么是知识表示？为什么知识表示在人工智能领域中是如此重要？探讨不同类型的知识表示方法及其适用场景。

(2)一阶谓词逻辑是一种常用的知识表示方法,你能够简要解释一下其基本概念和语法规则吗？并举例说明如何使用一阶谓词逻辑来表示现实世界中的知识。

(3)产生式表示法是一种常见的知识表示方法,它与一阶谓词逻辑有何异同？分析产生式表示法在知识表示中的优势和局限性。

(4)什么是数据标注？为什么数据标注在机器学习和人工智能中是如此重要？探讨数据标注的概念、方法和影响因素。

(5)公开数据标注方法是指哪些将数据标注公开分享的方式？探讨公开数据标注的意义和优势,并举例说明公开数据标注方法的应用场景和效果。

(6)知识表示的一个重要应用案例是知识图谱。你能够简要介绍知识图谱的概念和构建方法吗？并举例说明知识图谱在搜索引擎、智能问答等领域的应用。

第 3 章

搜索求解策略及推理

搜索求解策略主要涉及如何有效地在状态空间或问题空间中寻找问题的解。这通常包括以下几个关键步骤：第 1 步，问题表示。需要将问题用适当的形式表示出来，这直接影响搜索的效率。第 2 步，搜索策略选择。搜索策略决定了状态或问题的访问顺序，不同的策略适用于不同的问题。第 3 步，搜索过程。通常从初始状态或目的状态出发，选择适用的算符对状态进行操作，生成子状态，并检查是否出现目标状态。搜索求解的应用非常广泛，例如在下棋等游戏软件中常用到人工智能中的图搜索技术。

学习目标
(1) 了解搜索的相关概念。
(2) 掌握状态空间表示法。
(3) 学习并掌握不同的搜索策略,如宽度、深度优先搜索,A 和 A ＊搜索。
(4) 学会用具体搜索策略解决具体问题。

3.1　搜索的概念

3.1.1　搜索的基本问题与主要过程

3.1.1.1　搜索中需要解决的基本问题

(1)搜索过程是否一定能找到一个解。
(2)搜索过程是否终止运行或是否会陷入一个死循环。
(3)当搜索过程找到一个解时,找到的是否为最佳解。
(4)搜索过程的时间与空间复杂性如何。

3.1.1.2　搜索的主要过程

(1)从初始或目的状态出发,并将它作为当前状态。
(2)扫描操作算子集,将适用当前状态的一些操作算子作用于当前状态而得到新的状态,并建立指向其父结点的指针。
(3)检查所生成的新状态是否满足结束状态,如果满足,则得到问题的一个解,并可沿着有关指针从结束状态反向到达开始状态,给出一解答路径;否则,将新状态作为当前状态,返回第(2)步再进行搜索。[①]

3.1.2　搜索策略

3.1.2.1　搜索的方向

(1)从初始状态出发的正向搜索(数据驱动)。
正向搜索是从问题给出的条件——一个用于状态转换的操作算子集合出发的。搜索过

---

① 蔡自兴.人工智能基础[M]北京:高等教育出版社,2005.

程为:应用操作算子从给定的条件中产生新条件,再用操作算子从新条件产生更多的新条件,这个过程一直持续到有一条满足目的要求的路径产生为止。数据驱动就是用问题给定数据中的约束知识指导搜索,使其沿着那些已知是正确的线路前进。

(2)从目的状态出发的逆向搜索(目的驱动)。

逆向搜索则是先从想达到的目的入手,看哪些操作算子能产生该目的以及应用这些操作算子产生该目的时需要哪些条件,这些条件就成为要达到的新目的,即子目的。逆向搜索就是通过不断产生子目的,直至所产生的子目的需要的条件为问题给定的条件为止。这样就找到了一条从数据到目的的操作算子所组成的链。

(3)双向搜索。

结合上述两种方式的搜索称为双向搜索,即从开始状态出发作正向搜索,同时又从目的状态出发作逆向搜索,直到两条路径在中间的某处汇合为止。

3.1.2.2 盲目搜索与启发式搜索

根据搜索过程中是否运用与问题有关的信息,可以将搜索方法分为盲目搜索和启发式搜索。

所谓盲目搜索(blind search)是指在对特定问题不具有任何有关信息的条件下,按固定的步骤(依次或随机调用操作算子)进行的搜索,它能快速地调用一个操作算子。

所谓启发式搜索(heuristic search)则是考虑特定问题领域可应用的知识,动态地确定调用操作算子的步骤,优先选择较适合的操作算子,尽量减少不必要的搜索,以求尽快地到达结束状态,提高搜索效率。

盲目搜索中,由于没有可参考的信息,只要能匹配的操作算子都需运用,从而搜索出更多的状态,生成较大的状态空间显示图;而启发式搜索中,运用一些启发信息,只采用少量的操作算子,生成较小的状态空间显示图,就能搜索到一个解,但是每使用一个操作算子便需做更多的计算与判断。启发式搜索一般要优于盲目搜索,但不可过于追求更多的甚至完整的启发信息。

3.1.2.3 人工智能领域中主要的搜索策略

(1)求任一解的搜索策略。
①爬山法(hill climbing);
②深度优先法(depth-first search);
③限定范围搜索法(beam search);
④回溯法(back-tracking);
⑤最好优先法(best-first search)。
(2)求最佳解的搜索策略。
①大英博物馆法(british museum);
②宽度优先法(breadth-first search);
③分支定界法(branch and bound);
④动态规划法(dynamic programming);
⑤最佳图搜索法($A*$)。
(3)求与或关系解图的搜索法。
①一般的与或图解搜索法($AO*$);

②极大极小法(minimax)；

③α-β 剪枝法(alpha-beta pruning)；

④启发式剪枝法(heuristic pruning)[①]。

3.2　状态空间知识表示法

3.2.1　状态空间表示法

状态空间(State Space)表示法是知识表示的一种基本方法，所谓状态是用来表示系统状态、事实等叙述型知识的一组变量或数组

$$Q=[q_1,q_2,\cdots,q_n]^{\mathrm{T}}$$

所谓操作是用来表示引起状态变化的过程型知识的一组关系或函数

$$F=\{f_1,f_2,\cdots,f_m\}$$

状态空间是利用状态变量和操作符号，表示系统或问题的有关知识的符号体系。状态空间可以用一个四元组表示：

$$(S,O,S_0,G)$$

其中，S 是状态集合，S 中每一元素表示一个状态，状态是某种结构的符号或数据；O 是操作算子的集合，利用算子可将一个状态转换为另一个状态；S_0 是包含问题的初始状态，是 S 的非空子集，$S_0 \subset S$；G 是包含问题的目的状态，是 S 的非空子集，$G \subset S$。G 可以是若干具体状态，也可以是满足某些性质的路径信息描述。

从 S_0 结点到 G 结点的路径称为求解路径。求解路径上的操作算子序列为状态空间的一个解，例如，操作算子序列 $O_1,O_2,\cdots,O_k$ 使初始状态转换为目标状态：

$$S_0 \xrightarrow{O_1} S_1 \xrightarrow{O_2} S_2 \xrightarrow{O_3} \cdots \xrightarrow{O_k} G$$

则 $O_1,O_2,\cdots,O_k$ 即为状态空间的一个解。当然，解往往不是唯一解。

任何类型的数据结构都可以用来描述状态，如符号、字符串、向量、多维数组、树和表格等。所选用的数据结构形式要与状态所蕴含的某些特性具有相似性。例如对八数码问题，一个 3×3 的阵列便是一个合适的状态描述方式。

例 3.1　八数码问题的状态空间表示。

八数码问题(重排九宫问题)是在一个 3×3 的方格盘上，放有 $1 \sim 8$ 的数码，余下一格为空。空格四周上下左右的数码可移到空格。需要找到一个数码移动序列使初始的无序数码转变为一些特殊的排列。如图 3.1 所示，初始状态为问题的一个布局，需要找到一个数码移动序列使这个初始布局转变为目标状态排列。

---

① 王万良.人工智能及其应用[M].4 版.北京:高等教育出版社,2020.

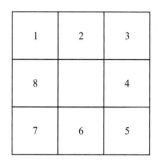

（a）初始状态　　　　　　　　　　（b）目标状态

图 3.1　八数码问题

该问题可以用状态空间来表示。此时八数码的任何一种摆法就是一个状态,所有的摆法即为状态集 S,它们构成了一个状态空间,其数目为 9!。而 G 是指定的某个或某些状态。如着眼在数码上,相应的操作算子就是数码的移动,其操作算子共有 4（方向）×8（数码）＝32 个,如着眼在空格上,即空格在方格盘上的每个可能位置的上下左右移动,其操作算子可简化成仅 4 个:

如果空格上边有数字,则将空格向上移 Up。

如果空格左边有数字,则将空格向左移 Left。

如果空格下边有数字,则将空格向下移 Down。

如果空格右边有数字,则将空格向右移 Right。

移动时要确保空格不会移出方格盘之外,因此并不是在任何状态下都能运用这 4 个操作算子。如空格在方格盘的右上角时,只能运用两个操作算子——向左移 Left 和向下移 Down。

3.2.2　状态空间的图描述

状态空间可用有向图来描述,图的结点表示问题的状态,图的弧表示状态之间的关系,就是求解问题的步骤。初始状态对应于实际问题的已知信息,是图中的根结点。问题的状态空间描述中,寻找从一种状态转换为另一种状态的某个操作算子序列就等价于在一个图中寻找某一路径。

图 3.2 所示为用有向图描述的状态空间。图中表示对状态 S_0,允许使用操作算子 O_1,O_2 及 O_3,并分别使 S_0 转换为 S_1,S_2 及 S_3。这样一步步利用操作算子转换下去,如 $S_{10} \in G$,则 O_2,O_6,O_{10} 就是一个解。

上面是较为形式化的说明,下面再以八数码问题为例,讨论具体问题的状态空间的有向图描述。

在某些问题中,各种操作算子的执行是有不同费用的。如在旅行商问题中,

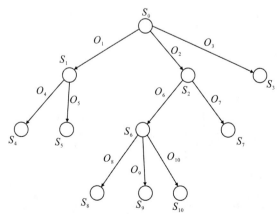

图 3.2　状态空间的有向图描述

两两城市之间的距离通常是不相等的,那么,在图中只需要给各弧线标注距离或费用即可。

例 3.2　对于八数码问题,如果给出问题的初始状态,就可以用图来描述其状态空间。其中的弧可用表明空格的 4 种可能移动的操作算子来标注,即空格向上移 Up、向左移 Left、向下移 Down、向右移 Right。该图的部分描述如图 3.3 所示。

下面以旅行商问题为例说明这类状态空间的图描述,其终止条件则是用解路径本身的特点来描述,即经过图中所有城市的最短路径找到时,搜索便结束。

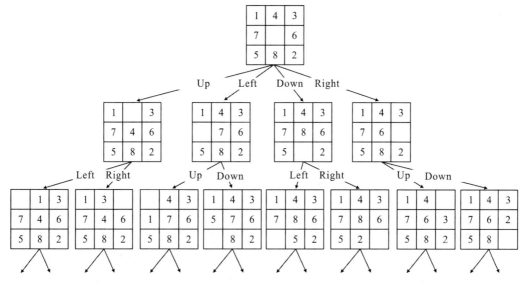

图 3.3　八数码状态空间图(部分)

例 3.3　旅行商问题(traveling salesman problem,TSP)或推销员路径问题是假设一个推销员从出发地,到若干个城市去推销产品,然后回到出发地。问题是要找到一条最好的路径,使得推销员访问每个城市后回到出发地所经过的路径最短或者费用最少。

图 3.4 是这个问题的一个实例,图中结点代表城市,弧上标注的数值表示经过该路径的距离(或费用)。假定推销员从 A 城出发。可能的路径有很多,例如,距离为 375 的路径(A,B,C,D,E,A)就是一个可能的旅行路径,但目的是要找具有最小距离的旅行路径。注意,这里对目的的描述是关注整个路径的特性而不是单个状态的特性。

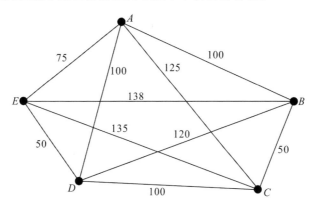

图 3.4　旅行商问题的一个实例

图 3.5 是该问题的部分状态空间表示。

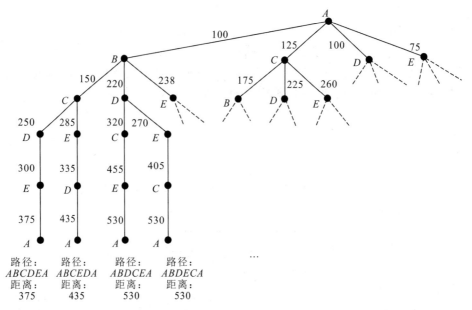

图 3.5　旅行商问题的状态空间图(部分)

上面两个例子中,只绘出了问题的部分状态空间图,当然,完全可以绘出问题的全部状态空间图,但对实际问题,要在有限的时间内绘出问题的全部状态图是不可能的。因此,这类显示描述对于大型问题的描述是不切实际的,而对于具有无限结点集合的问题则是不可能的。因此,要研究能在有限时间内搜索到较好解的搜索算法。

状态空间搜索是搜索某个状态空间以求得操作算子序列的一个解答的过程。这种搜索是状态空间问题求解的基础。

3.3　盲目的图搜索策略

3.3.1　宽度优先搜索策略

一个搜索算法的策略就是要决定树或图中状态的搜索次序。宽度、深度优先搜索是状态空间的最基本的搜索策略。

宽度优先搜索法是按照图 3.6 所示的次序来搜索状态的。由 S_0 生成状态 1、2,然后扩展状态 1,生成状态 3、4、5,接着扩展状态 2,生成状态 6、7、8,该层扩展完后,再进入下一层,对状态 3 进行扩展,如此一层一层地扩展下去,直到搜索到目的状态(如果目的状态存在)。

在实际宽度优先搜索时为了保存状态空间搜索的轨迹,用到了两个表:open 表和 closed 表。open 表与回溯算法中的 NPS 表相似,包含了已经生成出来但其子状态未被搜索的状态。open 表中状态的排列次序就是搜索的次序。closed 表记录了已被生成扩展过的状态,它相当于回溯算法中 PS 表和 NSS 表的合并。

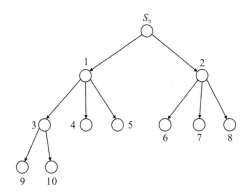

图 3.6 宽度优先搜索策略中搜索状态的次序

下面是宽度优先搜索的过程。

```
01    Procedure breadth_first_search
02    begin
03    open:=[start];closed:=[]                    * 初始化
04    while open≠[] do
05      bcgin
06        从 open 表中删除第一个状态,称之为 n;
07        将 n 放入 closed 表中;
08        if n=目的状态 then return(success);
09        生成 n 的所有子状态;
10        从 n 的子状态中删除已在 open 表或 closed 表中出现的状态; * 避免循环搜索;
11        将 n 的其余子状态,按生成的次序加入 open 表的后段。
12      end;
13    end;
```

注意,open 表是一个队列结构,即先进先出(FIFO)的数据结构;曾在 open 表或 closed 表中出现过的子状态要删去。

如果过程因 while 循环条件(open≠[ ])不满足而结束,则表明已搜索完整个状态空间但未搜索到目的状态,说明搜索失败了。

如果整个状态空间是无限的并不能满足 while 的循环条件即无解,过程便会一直搜索下去,所以在过程中应增加"搜索超时而结束"的终止部分。

下面举一个宽度优先搜索的例子。

例 3.4 如图 3.7 所示,通过搬动积木块,希望从初始状态达到一个目的状态,即三块积木堆叠在一起。积木 A 在顶部,积木 B 在中间,而积木 C 在底部。

解这个问题的唯一操作算子为 MOVE(X,Y),即把积木 X 搬到 Y(积木或桌面)上面。如"搬动积木 A 到桌面上"表示为 MOVE(A,Table)。该操作算子可运用的先决条件是:

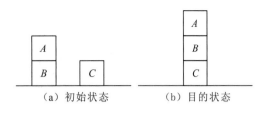

图 3.7 积木问题

①被搬动积木的顶部必须为空。

②如果是积木(不是桌面),则积木 Y 的顶部也必须为空。

③同一状态下,运用操作算子的次数不得多于一次(可从 open 表和 closed 表加以检查)。

图 3.8 表示了由宽度优先搜索所产生的搜索树。各结点是以产生和扩展的先后次序编下标的。当搜索到 S_{10} 目的状态时,过程便结束。此时,open 表包含 S_0 至 S_5,而 closed 表包含 S_6 至 S_{10}。

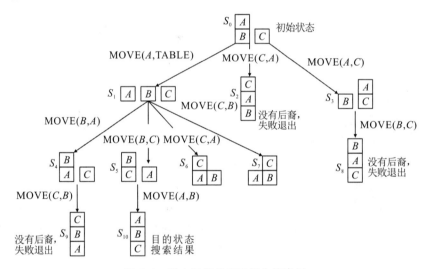

图 3.8 积木问题的宽度优先搜索树

由于宽度优先搜索总是在生成扩展完 N 层的所有结点之后才转向 $N+1$ 层,所以它总能找到最好的解(如有解),但当图的分支数太多,即状态的后裔数的平均值较大,这种组合爆炸就会使算法耗尽资源,从而在可利用的空间中找不到解。这是由于每层搜索中所有生成的未扩展的结点都要保存到 open 表中,如果解题路径较长,这个数目将会大得使搜索无法进行。

3.3.2 深度优先搜索策略

深度优先搜索法是按照图 3.9 所示的次序来搜索状态的。

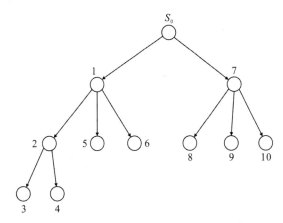

图 3.9 深度优先搜索法中状态的搜索次序

搜索从 S_0 出发,沿一个方向一直扩展下去,如状态 $1, 2, 3, \cdots$,直到达到一定的深度(这里假定为 3 层)。如果未找到目的状态或无法再扩展时,便回溯到另一条路径(状态 4)继续搜索;若还未找到目的状态或无法再扩展时,再回溯到另一条路径(状态 5, 6)搜索⋯⋯

在深度优先搜索中,当搜索到某一个状态时,它所有的子状态以及子状态的后裔状态都必须先于该状态的兄弟状态被搜索。深度优先搜索在搜索空间时应尽量往深处去,只有再也找不出某状态的后裔状态时,才能考虑它的兄弟状态。

很明显,深度优先搜索法不一定能找到最优解,并且可能由于深度的限制,导致找不到解(待求问题存在着解),然而,如果不加深度限制值,则可能会沿着一条路径无限地扩展下去。为了保证找到解,那就应选择合适的深度限制值,或采取不断加大深度限制值的办法,反复搜索,直到找到解。

修改宽度优先搜索过程便可得到深度优先搜索过程:

```
01      Procedure depth_first_search
02        begin
03        open:=[start];closed:=[ ];d:=深度限制值
04        while open≠[ ] do
05          begin
06          从 open 表中删除第一个状态,称之为 n;
07          将 n 放入 closed 表中;
08          if n=目的状态 then return (success);
09          if n 的深度<d then continue;
10          生成 n 的所有子状态;
11          从 n 的子状态中删除已在 open 表或 closed 表中出现的状态;
12          将 n 的其余子状态,按生成的次序加入 open 表的前端;
13        end;
14      end;
```

注意：open 表是一个堆栈结构，即先进后出(FILO)的数据结构。open 表用堆栈实现的方法使得搜索偏向于最后生成的状态，曾在 open 表或 closed 表中出现过的子状态要删去。和 breadth_first_search 中一样，此处 open 表列出了所有已生成但未做扩展的状态(搜索的"前锋")，closed 表记录了已扩展过的状态。同 breadth_first_search 一样，两个算法都可以把每个结点同它的父结点一起保存，以便构造一条从起始状态到目的状态的路径。

与宽度优先搜索不同的是，深度优先搜索并不能保证第一次搜索到的某个状态时的路径是到这个状态的最短路径。对任何状态而言，以后的搜索有可能找到另一条通向它的路径。如果路径的长度对解题很关键，当算法多次搜索到同一个状态时，它应该保留最短路径。具体可把每个状态用一个三元组来保存(状态，父状态，路径长度)。当生成子状态时，将路径长度加1，与子状态一起保存起来。当有多条路径可到达某子状态时，这些信息可帮助选择最优的路径。必须指出，深度优先搜索中简单保存这些信息也不能保证算法能得到的解题路径是最优的。

下面举一深度优先搜索的例子。

例 3.5 卒子穿阵问题，要求一卒子从顶部通过图 3.10 所示的阵列到达底部。卒子行进中不可进入代表敌兵驻守的区域(标注 1)，并不准后退。假定深度限制值为 5。

行	1	2	3	4	列
1	1	0	0	0	
2	0	0	1	0	
3	0	1	0	0	
4	1	0	0	0	

图 3.10 阵列图

由深度优先搜索法产生的搜索树如图 3.11 所示。在结点 S_0，卒子还没有进入阵列，在其他结点，其所处的阵列位置用一对数字(行号，列号)表示，结点的编号代表搜索的次序。

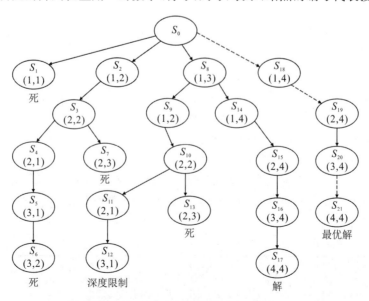

图 3.11 卒子穿阵的深度优先搜索树

当搜索过程终止时,open 表含有结点 S_{17}(为一目的结点)和 S_{18},而其他结点($S_0 \sim S_{16}$)都在 closed 表中。很明显,所求得的解路(S_0,S_8,S_{14},S_{15},S_{16},S_{17})比最优路径(从(1,4)进入)多走一步。

此外,由于本算法把状态空间作为搜索树来考虑,而不是把其当作一般的搜索图考虑,所以,忽略了两个不同的结点 S_2 和 S_9 实际上是代表了同一个状态这个问题。因而,从结点 S_9 向下的搜索实际是在重复从结点 S_2 向下的搜索。

深度优先搜索能尽快地深入下去,如果已知解题路径很长,深度搜索就不会在开始状态的周围即"浅层"状态上浪费时间;但另一方面,深度优先搜索会在搜索的深处"迷失方向",找不到通向目的的更短路径或陷入一个不通往目的的无限长的路径中。深度优先搜索在搜索有大量分支的状态空间时有相当高的效率,它不需要把某一层上的所有结点都进行扩展。

3.4　启发式搜索策略

3.4.1　启发式搜索策略概述

启发式(heuristic)搜索策略是利用与问题有关的启发信息引导搜索。

在状态空间搜索中,启发式被定义成一系列操作算子,并能从状态空间中选择最有希望到达问题解的路径。

问题求解系统可在两种基本情况下运用启发式搜索策略:

(1)由于在问题陈述和数据获取方面存在模糊性,可能会使一个问题没有一个确定的解,这就要求系统能运用启发式策略做出最有可能的解释。

(2)虽然一个问题可能有确定解,但是其状态空间特别大,搜索中生成扩展的状态数会随着搜索的深度呈指数级增长。穷尽式搜索策略如宽度优先或深度优先搜索,在一个给定的较实际的时空内很可能得不到最终的解,而启发式搜索策略则通过引导搜索向最有希望的方向进行来降低搜索复杂度。

但是,启发式策略也是极易出错的。在解决问题过程中启发仅仅是下一步将要采取措施的一个猜想,它常常根据经验和直觉来判断。由于启发式搜索只利用特定问题的有限的信息,很难准确地预测下一步在状态空间中采取的具体的搜索行为。一个启发式搜索可能得到一个次优解,也可能一无所获。这是启发式搜索固有的局限性,而这种局限性不可能由所谓更好的启发式策略或更有效的搜索算法来彻底消除。

在问题求解中,需要用启发式知识来剪枝减少状态空间的大小,否则只能求解一些小规模问题。因此,启发式搜索策略及算法设计一直是人工智能的核心问题。

启发式搜索通常由两部分组成:启发方法和使用该方法搜索状态空间的算法。

例 3.6　一字棋游戏。在九宫棋盘(即 3×3 的方格盘)上,从空棋盘开始,双方轮流在棋盘上摆各自的棋子×或○(每次一枚),谁先取得三子一线(一行、一列或一条对角线)的结果就取胜。

×和○在棋盘中摆成的各种不同的棋局,每种棋局就是问题空间中的不同状态。在9个位置上摆放|空,×,○|有3^9种棋局。当然,其中大多数不会在实际对局中出现。任一方的摆棋就是状态空间中的一条弧。由于第三层及更底层的某些状态可以通过不同路径到达,所以其状态空间是图而不是树。但图中不会出现回路,因为弧具有方向性(下棋时不允许悔棋)。这样搜索路径时就不必检测是否有回路。

在一字棋游戏中,第一步有9个空格便有9种可能的走法,第二步8种,第三步7种……如此递减,所以共有$9×8×7×…×1$即9!种不同的棋局状态,其状态空间较大,穷尽搜索的组合数较大。

可以利用启发方法来剪枝以减少状态空间的大小。根据棋盘的对称性可以减少搜索空间的大小。棋盘上很多棋局是等价的,如第一步实际上只有3种走法,角、边的中央和棋盘正中,这时状态空间的大小为3×8!。在状态空间的第二层上,由对称性还可进一步减少到3+12×7!种,当然还可以再进一步减少状态空间的大小。

此外,使用启发方法进行搜索几乎可以整个地消除复杂的搜索过程。设想将棋子走到棋盘上×有最多的赢线的格子上,若两种状态赢的概率相同,取其中的一种。最初的三种状态显示在图3.12中。这样的话,可设计一种算法(完全实现启发式搜索),它选择具有最高启发值的棋局状态放棋子。例如,对于图3.12(a)×方有8种布子成一线,而○方只有5种布子成一线,所以×方赢的概率为8-5=3;对于图3.12(b),○方有6种布子成一线,所以×方赢的概率为8-6=2;对于图3.12(c),○方有4种布子成一线,所以×方赢的概率为8-4=4,是×方的最佳走步。因此,在本例的这种情况下,只需搜索×占据棋盘正中位置的棋局状态,而其他的各种棋局状态连同它们的延伸棋局状态都不必再考虑了。如图3.13所示,2/3的状态空间就不必搜索了。第一步棋下完后,对方只能有两种走法。无论选择哪种走法,我方均可以通过启发式搜索来选择下一步可能的走法。在搜索过程中,每一步只需估价单个结点的子结点便可决定下哪步棋。图3.13显示了游戏前三步简化了的搜索过程。每种状态都标记了它的启发值。图中实线表示最佳走步。

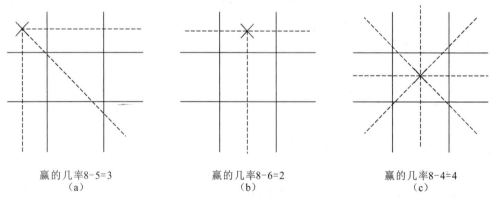

赢的几率8-5=3　　　　赢的几率8-6=2　　　　赢的几率8-4=4
　　(a)　　　　　　　　　　(b)　　　　　　　　　　(c)

图3.12 启发式策略的应用

要精确地计算待搜索的状态数目比较难,但可以大致计算它的上限。一盘棋最多走9步,每步的下一步平均有四五种走法,这样大约就是近40种状态,这比原来9!大小的状态空间缩小了很多,如图3.13所示。

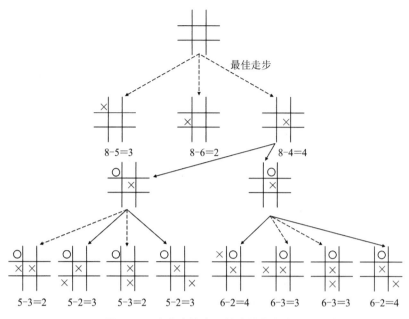

图 3.13 启发式搜索下缩减的状态空间

国际象棋软件采用启发式搜索算法,在搜索棋局时加入剪枝策略。由谷歌开发的 AlphaGo 利用深度学习算法学习人类的棋谱,模拟人类选择几个优势点,然后通过蒙特卡洛树搜索,穷举计算这几个优势点的胜率,从中优选。AlphaGo 中有两个深度神经网络,value networks(价值网络)和 policy networks(策略网络)。其中 value networks 评估棋盘选点位置,policy networks 选择落子。深度神经网络不仅向人类专家学习,而且能自己和自己下棋(self-play),进行强化学习,不断提高棋艺。

3.4.2 A 搜索算法

启发式图搜索法的关键是如何寻找并设计一个与问题有关的 $h(n)$ 及构造出 $f(n)=g(n)+h(n)$,然后以 $f(n)$ 的大小来排列待扩展状态的次序,每次选择 $f(n)$ 值最小者进行扩展。

与宽度优先及深度优先搜索算法一样,启发式图搜索算法使用两张表记录状态信息:在 open 表中保留所有已生成而未扩展的状态;在 closed 表中记录已扩展过的状态。算法中有一步是根据某些启发信息来排列 open 表的。它既不同于宽度优先所使用的队列(先进先出),也不同于深度优先所使用的堆栈(先进后出),而是一个按状态的启发估价函数值的大小排列的表。进入 open 表的状态不是简单地排在队尾(或队首),而是根据其估值的大小插入表中合适的位置,每次从表中优先取出启发估价函数值最小的状态加以扩展。

A 算法是基于估价函数的一种加权启发式图搜索算法,具体步骤如下:

步骤 1,把附有 $f(S_0)$ 的初始结点 S_0 放入 open 表;

步骤 2,若 open 表为空,则搜索失败,退出;

步骤 3,移出 open 表中第一个结点 N 放入 closed 表中,并顺序编号 n;

步骤 4,若目标结点使附有 $f(S_0)$ 的初始 $S_g=N$,则搜索成功,结束;

步骤 5,若 N 不可扩展,则转步骤 2;

步骤 6,扩展 N,生成一组附有 $f(x)$ 的子结点,对这组子结点做如下处理。

(1)考察是否有已在 open 表或 closed 表中存在的结点。若有则再考察其中有无 N 的先辈结点,若有则删除之,对于其余结点也删除之,但由于它们又被第二次生成,因此需要考虑是否修改已经存在于 open 表或 closed 表中的这些结点及其后裔的返回指针和 $f(x)$ 的值。修改原则是:选 $f(x)$ 值小的路径走。

(2)为其余子结点配上指向 N 的返回指针后放入 open 表中,并对 open 表按 $f(x)$ 值以升序排序、转步骤 2。

启发式图搜索的 A 算法描述如下:

```
01    procedure heuristic search
02      open:=[start];closed:=[ ];f(s):=g(s)+h(s);*初始化
03      while open≠[ ] do
04      begin
05        从 open 表中删除第一个状态,称之为 n;
06        if n=目的状态 then return(success);
07          生成 n 的所有子状态
08          if n 没有任何子状态 then continue;
09          for n 的每个子状态 do
10            case 子状态 is not already on open 表 or closed 表;
11                begin
12                  计算该子状态的估价函数值;
13                  将该子状态加到 open 表中;
14                end;
15            case 子状态 is already on open 表:
16              if 该子状态是沿着一条比在 open 表已有的更短路径而到达
17                then 记录更短路径走向及其估价函数值;
18            case 子状态 is already on closed 表:
19              if 该子状态是沿着一条比在 closed 表已有的更短路径而到达
20                then
21                begin
22                  将该子状态从 closed 表移到 open 表中;
23                  记录更短路径走向及其估价函数值;
24                end;
25            case end:
26          将 n 放入 closed 表中;
27          根据估价函数值,从小到大重新排列 open 表;
28      end;                    *open 表中结点已耗尽
29      return (failure);
30    end;
```

从上面的描述可见,在 A 搜索算法中,从 open 表中取出第一个状态,如果该状态满足目的条件,则算法返回到该状态的搜索路径,在这里,每个状态都保留了其父状态的信息,以保证能返回完整的搜索路径。

如果 open 表的第一个状态不是目的状态,则算法利用与之相匹配的一系列操作算子进行相应的操作来产生它的子状态。如果某个子状态已在 open 表(closed 表)中出现过,即该状态再一次被发现时,则通过刷新它的祖先状态的历史记录,使算法极有可能找到到达目的状态的更短的路径。

接着,用 A 搜索算法计算 open 表中每个状态的估价函数值,按照值的大小重新排序,将值最小的状态放在表头,使其第一个被扩展。

图 3.14 是一个层次式状态空间,有些状态还用括号标上了相应的估价函数值。标上值的那些状态都是在 A 搜索中实际生成的。在这个图中,搜索算法扩展的状态都已显示,可以看出 A 算法无法搜索所有的状态空间。A 搜索算法的目标是尽可能地减小搜索空间而得到解,一般地说,启发信息给得越多即估价函数值越大,需搜索处理的状态数就越少。

A 搜索算法总是从 open 表中选取估价函数值最小的状态进行扩展。但是,在图 3.14 中假定 P 是目的状态,而到 P 的路径上的状态有较小的估价函数值,从而可以看出,启发信息难免会有错误,状态 O 比 P 的估价函数值小而先被搜索扩展。然而,A 算法本身具有纠错功能,能从不理想的状态跳转到正确的状态即从 B 跳到 C 上来进行搜索。

因此,A 算法并不丢弃其他状态而把它们保留到 open 表中。当某一个启发信息将搜索导向错误路径时,算法可以从 open 表中检索出先前生成的"次最好"状态,并且将搜索方向转向状态空间的另一部分上。如图 3.14 所示,当算法发现状态 F 的子状态的估价函数值很差时,搜索便转移到 C,但 F 的子状态 L 和 M 都保留在 open 表中,以防算法在未来的某一步再一次转向它们。

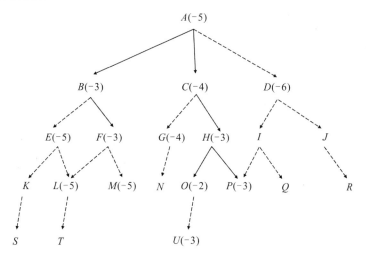

图 3.14　启发式图搜索示意

例 3.7　图 3.15 给出了利用 A 搜索算法求解八数码问题的搜索树,解的路径为 s,B,E,I,K,L。图中状态旁括号内的数字表示该状态的估价函数值,其估价函数定义为

$$f(n)=d(n)+w(n)$$

其中,$d(n)$代表状态的深度,每步为单位代价;$w(n)$表示以"不在位"的数码数作为启发信息的度量。例如,A的状态深度为1,不在位的数码数为5,所以A的启发数值为6。又如,E的状态深度为2,不在位的数码数为3,所以E的启发函数值为5。

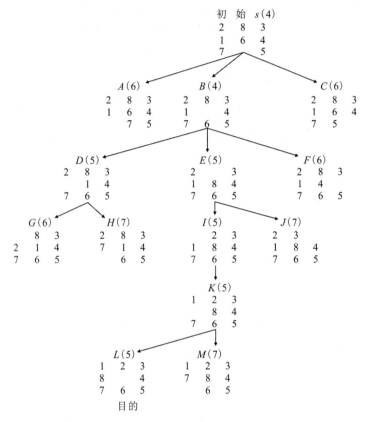

图 3.15　八数码问题的 A 搜索树

搜索过程中 open 表和 closed 表内状态排列的变化情况如表 3.1 所示。

前面已提到启发信息给得越多即估价函数值越大,则 A 算法须搜索处理的状态数就越少,其效率就越高。但也不是估价函数值越大越好,因为估价函数值太大会使 A 算法不一定能搜索到最优解。

表 3.1　搜索过程中 open 表和 closed 表内状态排列的变化情况

open 表	closed 表
初始化:(s(4))	(　)
一次循环后: (B(4) A(6) C(6))	(s(4))
二次循环后: (D(5) E(5) A(6) C(6) F(6))	(s(4) B(4))
三次循环后: (E(5) A(6) C(6) F(6) G(6) H(7))	s(4) B(4) D(5))

open 表	closed 表
四次循环后： (I(5) A(6) C(6) F(6) G(6) H(7) J(7))	(s(4) B(4) D(5) E(5))
五次循环后： (K(5) A(6) C(6) F(6) G(6) H(7) J(7))	(s(4) B(4) D(5) E(5) I(5))
六次循环后： (L(5) A(6) C(6) F(6) G(6) H(7) J(7) M(7))	(s(4) B(4) D(5) E(5) I(5) K(5))
七次循环后： L 为目的状态,则成功退出,结束搜索	(s(4) B(4) D(5) E(5) I(5) K(5) L(5))

3.4.3　A＊搜索算法

定义 $h*(n)$ 为状态 n 到目的状态的最优路径的代价,则当 A 搜索算法的启发函数 $h(n)$ 小于等于 $h*(n)$,即满足

$$h(n) \leqslant h*(n),\text{对所有结点 } n$$

时,A 搜索算法被称为 A＊搜索算法。

A＊搜索算法是由著名的人工智能学者 Nilsson 提出的,它是目前最有影响的启发式图搜索算法,也称为最佳图搜索算法。

如果某一问题有解,那么利用 A＊搜索算法对该问题进行搜索则一定能搜索到解,并且一定能搜索到最优解。例 3.7 的八数码问题中的 $w(n)$ 即为 $h(n)$。它表示了"不在位"的数码数。这个 $w(n)$ 满足了 $h(n) \leqslant h*(n)$ 的条件,因此,图 3.14 的八数码 A 搜索树也是 A＊搜索树,所得的解路(s,B,E,I,K,L)为最优解路,其步数为状态 L(5)上所标注的 5,因为这时不在位的数码数为 0。

A＊搜索算法比 A 搜索算法好。它不仅能得到目标解,并且还一定能找到最优解(只要问题有解)。

在一些问题求解中,只要搜索到一个解,就会想得到最优解,关键是提高搜索效率。那么,是否还有更好的启发式策略? 在什么意义上称某一启发式策略比另一个好? 另外,当通过启发式搜索得到某一状态的路径代价时,是否能保证在以后的搜索中不会出现到达该状态有更小的代价? 就上面这些问题,下面讨论 A＊算法的有关特性。

3.4.3.1　可采纳性

对于可解状态空间图,如果一个搜索算法在有限步内终止,并能得到最优解,就称该搜索算法是可采纳的。

通过估价函数 $f(n)=g(n)+h(n)$,可归纳出一类可采纳性的启发搜索策略的特征。

若 n 是状态空间图中的一个状态，$g(n)$ 是衡量某一状态在图中的深度，$h(n)$ 是 n 到目的状态代价的估计值，此时 $f(n)$ 则是从起点出发，通过 n 到达目标的路径的总代价的估计值。

定义最优估价函数

$$f*(n)=g*(n)+h*(n)$$

公式中，$g*(n)$ 为起点到 n 状态的最短路径代价值；$h*(n)$ 是 n 状态到目的状态的最短路径的代价值。这样，$f*(n)$ 就是起点出发通过 n 状态而到达目的状态的最佳路径的总代价值。

尽管在绝大部分实际问题中并不存在 $f*(n)$ 这样的先验函数，但可以将 $f(n)$ 作为 $f*(n)$ 的一个近似估计函数。在 A 及 A* 搜索算法中，$g(n)$ 作为 $g*(n)$ 的近似估价，可能两者并不相等，但有 $g(n) \geqslant g*(n)$。仅当搜索过程已发现了到达 (n) 状态的最佳路径时，它们才相等。

同样，可以用 $h(n)$ 代替 $h*(n)$ 作为 n 状态到目的状态的最小代价估计值。虽然在绝大多数情况下无法计算 $h*(n)$，但是要判别某一 $h(n)$ 是否大于 $h*(n)$ 还是可能的。

可以证明，所有的 A* 搜索算法都是可采纳的。

宽度优先算法是 A* 搜索算法的一个特例，是一个可采纳的搜索算法。该算法相当于 A* 算法中取 $h(n)=0$ 和 $f(n)=g(n)$。宽度优先搜索时对某一状态只考虑它同起始状态的距离代价。这是由于该算法在考虑 $n+1$ 层状态之前，已考察了 n 层中的任意一种状态，所以每个目的状态都是沿着最短的可能路径而找到的。但宽度优先搜索算法的搜索效率太低。

3.4.3.2 单调性

在 A* 搜索算法中并不要求 $g(n)=g*(n)$，这意味着要采纳的启发式算法可能会沿着一条非最佳路径搜索到某一中间状态。如果对启发函数 $h(n)$ 加上单调性的限制，可以减少比较代价和调整路径的工作量，从而减少搜索代价。

下面介绍启发函数单调性的概念。

如果某一启发函数满足：

(1) 对所有状态 n_i 和 n_j，其中 n_i 是 n_i 的后裔，满足 $h(n_i)-h(n_j) \leqslant \mathrm{cost}(n_i, n_j)$，其中 $\mathrm{cost}(n_i, n_j)$ 是从 n_i 到 n_j 的实际代价。

(2) 目的状态的启发函数值为 0 或 $h(\mathrm{Goal})=0$，则称该启发函数 $h(n)$ 是单调的。

搜索算法的单调性可这样描述：在整个搜索空间都是局部可采纳的。一个状态和任一个子状态之间的差由该状态与其子状态之间的实际代价所限定，这就是说，启发策略无论何处都是可采纳的，总是从祖先状态沿着最佳路径到达任一状态。

于是，由于算法总是在第一次发现该点时就已经发现了到达该点状态的最短路径，所以当某一状态被重新搜索时，就无须检验新的路径是否更短。这就意味着当某一状态被重新搜索时，可以将其立即从 open 表或 closed 表中删除，而无须修改路径的信息。

容易证明单调性启发策略是可采纳的。这意味着单调性策略中的 $h(n)$，满足 A* 搜索策略的下界要求,算法是可采纳的。

3.4.3.3　信息性

在两个 A * 启发策略h_1和h_2中,如果对搜索空间中的任一状态 n 都有$h_1(n) \leqslant h_2(n)$,就称策略h_2比h_1具有更多的信息性。如果某一搜索策略的 $h(n)$越大,则它所搜索的状态要少得多。

如果启发策略h_2的信息性比h_1多,则用h_2所搜索的状态集合是h_1所搜索的状态集合的一个子集。因此,A * 算法的信息性越多,它所搜索的状态数就越少。必须注意的是,更多的信息性需要更多的计算时间,从而有可能抵消减少搜索空间所带来的益处。[①]

3.5　小结

本章学习了搜索求解策略及推理的相关知识,搜索求解策略及推理是解决复杂问题和推导新结论的核心技术。在搜索求解策略中,状态空间搜索通过系统探索所有可能路径来寻找解决方案,启发式搜索利用启发函数提高搜索效率。推理方面,演绎推理基于逻辑规则得出必然结论,归纳推理通过观察得出一般性结论,而类比推理则通过相似性推断解决方案。这些方法广泛应用于人工智能、计算机科学、数据分析等领域,不断推动技术进步和应用创新[②]。

3.5.1　搜索求解策略

搜索求解策略主要包括状态空间搜索、启发式搜索和优化搜索方法。每种方法都有其独特的应用场景和适用范围。

3.5.1.1　状态空间搜索

状态空间搜索是通过在一个状态集合(状态空间)中寻找从初始状态到目标状态的路径。常见的状态空间搜索方法包括:

(1)深度优先搜索(DFS):优先探索一个分支到底,再回溯进行其他分支的探索。适用于解决路径较深但解空间较小的问题。

(2)广度优先搜索(BFS):逐层进行搜索,先探索所有可能的直接子节点。适用于路径较短或寻找最短路径的问题。

---

① 王万良.人工智能导论[M].5 版.北京:高等教育出版社,2020.
② 米哈尔斯基,等.机器学习与数据挖掘:方法和应用[M].朱明,等译.北京:电子工业出版社,2004.

（3）迭代加深搜索（IDS）：结合了 DFS 和 BFS 的优点，通过逐层加深的 DFS 来实现。

3.5.1.2 启发式搜索

启发式搜索利用启发式函数来引导搜索过程，提高搜索效率。常见的启发式搜索方法包括：

（1）贪心算法：每一步选择最优的局部解，期望最终得到全局最优解。适用于启发式函数较准确的问题。

（2）A＊算法：结合了贪心算法和 BFS 的优点，使用启发式函数评估每个节点的潜在代价。适用于路径规划和图搜索问题。

3.5.2 推理

推理是指从已知信息出发，应用逻辑和规则得出新结论的过程。推理方法主要包括演绎推理、归纳推理和类比推理。

3.5.2.1 演绎推理

演绎推理从一般到具体，通过逻辑规则得出必然结论。例如：
模态逻辑：考虑必然性和可能性，广泛应用于哲学和计算机科学。
一阶逻辑：使用量词和变量，可以表示更复杂的关系和性质，广泛应用于人工智能和知识表示。

3.5.2.2 归纳推理

归纳推理从具体到一般，通过观察和归纳得出可能性结论。例如：
统计归纳：通过样本数据推断总体特征，广泛应用于数据分析和机器学习。
贝叶斯推理：基于贝叶斯定理，通过先验概率和观测数据计算后验概率，广泛应用于概率论和机器学习。

3.5.2.3 类比推理

类比推理通过类比将已知领域的知识应用于未知领域。例如：
结构类比：根据结构相似性推断功能或性质相似，广泛应用于科学研究和工程设计。
案例推理：根据类似案例的解决方法推断当前问题的解决方案，广泛应用于法律和医学等领域。

3.6 思考题

(1)什么是搜索？有哪两大类不同的搜索方法？两者的区别是什么？

(2)什么是启发式搜索？什么是启发信息？

(3)用状态空间法表示问题时,什么是问题的解,求解过程的本质是什么,什么是最优解,最优解唯一吗？

(4)请写出状态空间图的一般搜索过程。在搜索过程中 open 表和 closed 表的作用分别是什么,有何区别？

(5)什么是盲目搜索？主要有哪几种盲目搜索策略？

(6)什么是 A＊搜索算法？它的估价函数是如何确定的？ A 搜索算法与 A＊搜索算法的区别是什么？

(7)修道士和野人的问题。设有 3 个修道士和 3 个野人来到河边,打算用一条船从河的左岸渡到河的右岸。但该船每次只能装载 2 个人,在任何岸边野人的数目都不得超过修道士的人数,否则修道士就会被野人吃掉。假设野人服从任何一种过河安排,如何规划过河计划才能把所有人安全地渡过河去？用状态空间表示法表示修道士和野人的问题,画出状态空间图。

(8)用状态空间搜索法求解农夫、狐狸、鸡、小米问题。农夫、狐狸、鸡、小米都在一条河的左岸,现在要把它们全部送到右岸去,农夫有一条船,过河时,除农夫外,船上至多能载狐狸、鸡和小米中的一样。如果农夫不在,狐狸要吃鸡,鸡要吃小米。试规划出一个确保全部安全的过河计划。(提示:a.用四元组(农夫、狐狸、鸡、小米)表示状态,其中每个元素都可为0 或 1。0 表示在左岸,1 表示在右岸。b.每次过河的一种安排作为一个算符,每次过河都必须有农夫,因为只有他可以划船。)

(9)用有界深度优先搜索方法求解图 3.16 所示八数码难题。初始状态为 S_0,目标状态为 S_g,要求寻找从初始状态到目标状态的路径。

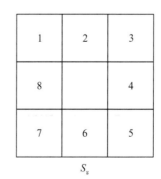

图 3.16　八数码难题

(10)用 A＊算法求解图 3.16 所示八数码难题。

(11)汉诺塔问题(图 3.17)。设有 3 根标号为 A、B、C 的柱子,在 A 柱上放着 n 个盘子,每一个盘子都比下面的略小一点,要求把 A 柱上的盘子全部移到 C 柱上。移动的规则:①一次只能移动一个盘子;②移动过程中大盘子不能放在小盘子上面;③在移动过程中盘子可以放在 A、B、C 的任意一个柱。问:应该如何操作?

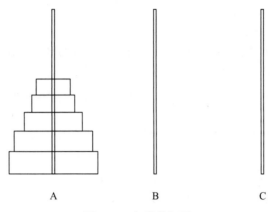

图 3.17 汉诺塔问题

第 4 章

>>>

进化计算与群体智能

进化计算和群体智能是计算机科学中的两大前沿领域，它们在人工智能、机器学习、自然语言处理等领域有着广泛的应用。了解它们的原理、应用和发展趋势有助于我们更好地理解和应用这些技术。

学习目标
(1) 了解进化计算的基本概念。
(2) 掌握遗传算法的概念并用于解决实际问题。
(3) 了解不同的群体智能算法,如蚁群算法、粒子群算法。
(4) 用群体智能算法解决不同的问题。
(5) 了解进化计算和群体智能算法的应用。

4.1 进化计算

4.1.1 进化计算的基本概念

进化计算包括遗传算法(genetic algorithms)、遗传规划(genetic programming)、进化策略(evolution strategies)和进化规划(evolution programming)四种典型方法。第一类方法比较成熟,现已广泛应用,进化策略和进化规划在科研和实际问题中的应用也越来越广泛。

从 20 世纪 40 年代起,生物模拟就构成了计算科学的一个组成部分,像早期的自动机理论,就是假设机器是由类似于神经元的基本元素组成的,它向人们展示了第一个自复制机模型。这些年来诸如机器能否思维、基于规则的专家系统是否能胜任人类的工作,以及神经网络可否使机器具有看和听的功能等有关生物类比的问题已成为人工智能关注的焦点。生物计算在机器昆虫和种群动态系统模拟上所取得的成功激励越来越多的人致力于人工生命领域的研究。当今计算机科学家和分子生物学家已开始携手进行合作研究,并且类比也得到了更为广泛的应用。

自然界生物体通过自身的演化就能使问题得到完美的解决。这种能力让最好的计算机程序也相形见绌。计算机科学家为了某个算法可能要耗费数月甚至几年的努力,而生物体通过进化和自然选择这种非定向机制就达到了这个目的。

近三十年的不断的研究和应用已经清楚地表明了模拟自然进化的搜索过程可以产生非常鲁棒的计算机算法,虽然这些模型还只是自然界生物体的粗糙简化。进化算法就是基于这种思想发展起来的一类随机搜索技术,它们是模拟由个体组成的群体的集体学习过程。其中每个个体表示给定问题搜索空间中的一点。进化算法从任一初始的群体出发,通过随机选择(在某些算法中是确定的)、变异和重组(在某些算法中被完全省去)过程,使群体进化到搜索空间中越来越好的区域。选择过程使群体中适应性好的个体比适应性差的个体有更多的复制机会,重组算子将父辈信息结合在一起并将他们传到子代个体,变异在群体中引入了新的变种。

目前研究的进化算法主要有三种典型的算法:遗传算法、进化规划和进化策略。这三种算法是彼此独立发展起来的,遗传算法由美国 J. Holand 创建,后由 K. De Jong,J. Grefenstette,D.Goldberg 和 L.navis 等人进行了改进;进化规划最早由美国的 L.J.Fogel,A.J.Owens 和 M.J.walsh 提出,最近又由 D.B.Fogel 进行了完善;进化策略是由德国的 I.Reehenberg 和 H.p.Sehwefel 建立的。

群体搜索策略和群体中个体之间的信息交换是进化算法的两大特点。它们的优越性主要表现在:首先,进化算法在搜索过程中不容易陷入局部最优,即使在所定义的适应度函数是不连续的、非规则的或有噪声的情况下,它们也能以很大的概率找到全局最优解;其次,由于它们固有的并行性,进化算法非常适合于巨量并行机;再者,进化算法采用自然进化机制来表现复杂的现象,能够快速可靠地解决非常困难的问题;此外,由于它们容易介入已有的模型中并且具有可扩展性,以及易于同别的技术混合等因素,进化算法目前已经在最优化、机器学习和并行处理等领域得到了越来越广泛的应用。1993 年多特蒙德工业大学的研究者在一份研究报告中搜集了有关进化算法应用的科技文献[①]。

进化算法是以达尔文的进化论思想为基础,通过模拟生物进化过程与机制的求解问题的自组织、自适应的人工智能技术,是一类借鉴生物界自然选择和自然遗传机制的随机搜索算法,这些方法本质上从不同的角度对达尔文的进化原理进行了不同的运用和阐述,非常适用于处理传统搜索方法难以解决的复杂和非线性优化问题。

与普通搜索算法一样,进化算法也是一种迭代算法。不同的是在最优解的搜索过程中,普通搜索算法是从某个单一的初始点开始搜索,而进化算法是从原问题的一组解出发改进到另一组较好的解,再从这组改进的解出发进一步改进。而且,进化算法不是直接对问题的具体参数进行处理,而是要求当原问题的优化模型建立后,还必须对原问题的解进行编码。

进化算法在搜索过程中利用结构化和随机性的信息,使最满足目标的决策获得最大的生存可能,是一种概率型的算法。在进化搜索中使用目标函数值的信息,可以不必用目标函数的导数信息或与具体问题有关的特殊知识,因而进化算法具有广泛的应用性,高度的非线性、易修改性和可并行性。因此,与传统的基于微积分的方法和穷举法等优化算法相比,进化算法是一种具有高鲁棒性和广泛适用性的全局优化方法,具有自组织、自适应、自学习的特性,能够不受问题性质的限制,能适应不同的环境和问题,有效地处理传统优化算法难以解决的大规模复杂优化问题。

4.1.2 遗传算法

4.1.2.1 遗传算法的基本原理和步骤

遗传算法是一种模拟自然选择和遗传机制的优化算法,通常用于解决优化问题。它的灵感来自达尔文的进化论,通过模拟"适者生存"的过程,逐步优化问题的解。下面是遗传算法的基本原理和步骤(图 4.1):

(1)初始化种群。

首先,随机生成一组个体,称为种群。每个个体通常用一个基因型来表示,可以是二进

---

① 进化算法[EB/OL].[2024-06-05].https://baike.baidu.com/item/％E8％BF％9B％E5％8C％96％E7％AE％97％E6％B3％95/5159946.

制串、整数串、浮点数串等,具体形式取决于问题的特点。

（2）评价种群中个体适应度。

对每个个体都计算一个适应度值,用来评估该个体解决问题的能力。适应度函数根据具体问题而定,通常越优秀的解拥有越高的适应度值。

（3）选择。

基于适应度值,选择一部分个体作为父代。常用的选择方法有轮盘赌选择、锦标赛选择等,以保证适应度高的个体有更高的概率被选中。

（4）交叉（交配）。

从被选中的父代中选取一对个体,通过某种交叉操作,产生新的个体。交叉的过程模拟了生物界的基因交叉,通过基因的混合来产生新的个体。

（5）变异。

对新个体进行变异操作,以增加种群的多样性。变异操作通常是对个体的某些基因进行随机变化,模拟了生物界的基因突变。

（6）演化。

用新产生的个体替换原种群中的一部分个体,形成新的种群。

（7）重复迭代。

重复进行选择、交叉、变异和替换等步骤,直到达到停止条件,比如达到最大迭代次数或者找到满意的解。

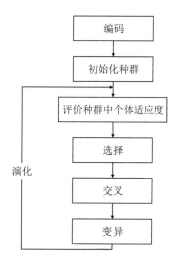

图 4.1　遗传算法的过程图解

遗传算法具有很好的全局搜索能力和对多模态问题的适应性,但也存在着收敛速度较慢、参数选择困难等问题。在实际应用中,常常需要根据具体问题的特点来调整算法的参数和操作[①]。

4.1.2.2　遗传算法的问题引出与解决

我们先引入一个一元函数最大值问题。

如图 4.2 所示函数图像,现在我们要在既定的区间内找出函数的最大值。

根据高中数学的知识可知,上面的函数存在着很多的极大值和极小值。而最大值则是指定区间的极大值中的最大的那一个。从图像上具体表现为,极大值像是一座座山峰,极小值则是像一座座山谷。因此,我们也可以把遗传算法的过程看作一个在多元函数里面求最优解的过程。

这些山峰对应着局部最优解,其中有一座山峰是海拔最高的,这个山峰则对应的是全局最优解。那么,遗传算法要做的就是尽量爬到最高峰,而不是困在较低的小山峰上。（如果问题求解是最小值,那么要做的就是尽量走到最低谷,道理是一样的。）

既然我们把函数曲线理解成由很多个山峰和山谷组成的山脉。那么我们可以设想所得到的每一个解就是一只袋鼠,我们希望它们不断地向着更高处跳去,直到跳到最高的山峰。

---

① 王小平,曹立明.遗传算法:理论、应用与软件实现[M].西安:西安交通大学出版社,2002.

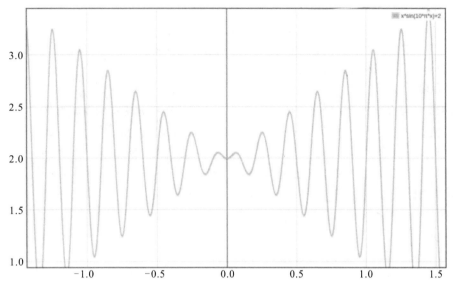

图 4.2 $f(x)=x \cdot \sin(10\pi x)+2$ 的函数图像

所以求最大值的过程就转化成一个"袋鼠跳"的过程。

下面介绍"袋鼠跳"的几种方式。

爬山算法:一只袋鼠朝着比现在高的地方跳去。它找到了不远处的最高的山峰。但是这座山不一定是最高峰。这就是爬山算法,它不能保证局部最优值就是全局最优值。

模拟退火:袋鼠喝醉了。它随机地跳了很长时间。这期间,它可能走向高处,也可能踏入平地。但是,它渐渐清醒了并朝最高峰跳去。这就是模拟退火算法。

遗传算法:有很多袋鼠,它们降落到喜马拉雅山脉的任意地方。这些袋鼠并不知道它们的任务是寻找珠穆朗玛峰。但每过几年,就有位于海拔较低的袋鼠被淘汰,被带离喜马拉雅山,这样越是在海拔高的地方,袋鼠越是能活得更久,也越有机会生儿育女。就这样经过许多年,袋鼠们竟然都不自觉地聚拢到了一座座的山峰上,这其中也包括一些聚拢到珠穆朗玛峰的袋鼠。

4.1.2.3 编码

编码是应用遗传算法时要解决的首要问题,也是设计遗传算法时的一个关键步骤。编码方法影响到交叉算子、变异算子等遗传算子的运算方法,很大程度上决定了遗传进化的效率。

迄今为止,人们已经提出了许多种不同的编码方法。总的来说,这些编码方法可以分为三大类:二进制编码法、浮点编码法、符号编码法。下面分别进行介绍。

(1)二进制编码。

就像人类的基因有 AGCT 这 4 种碱基序列,二进制编码中,我们只用了 0 和 1 两种碱基,然后将它们串成一条链形成染色体。一个位能表示出 2 种状态的信息量,因此足够长的二进制染色体便能表示所有的特征,这就是二进制编码。如:1110001010111 是由二进制符号 0 和 1 所组成的二值符号集。它有以下一些优点:

① 编码、解码操作简单易行。

② 交叉、变异等遗传操作便于实现。

③ 符合最小字符集编码原则。

④ 利用模式定理对算法进行理论分析。

二进制编码的缺点是:对于一些连续函数的优化问题,由于其随机性使得其局部搜索能力较差,如对于一些高精度的问题,当解迫近于最优解后,由于其变异后表现型变化很大,不连续,所以会远离最优解,达不到稳定。

(2)浮点编码法。

二进制编码虽然简单直观,一目了然。但是存在着连续函数离散化时的映射误差。个体长度较短时,可能达不到精度要求,而个体编码长度较长时,虽然能提高精度,但增加了解码的难度,使遗传算法的搜索空间急剧扩大。

所谓浮点法,是指个体的每个基因值用某一范围内的一个浮点数来表示。在浮点数编码方法中,必须保证基因值在给定的区间限制范围内,遗传算法中所使用的交叉、变异等遗传算子也必须保证其运算结果所产生的新个体的基因值也在这个区间限制范围内。例如:$1.2-3.2-5.3-7.2-1.4-9.7$。

浮点数编码方法有下面几个优点:

①适用于在遗传算法中表示范围较大的数。

②适用于精度要求较高的遗传算法。

③便于较大空间的遗传搜索。

④改善了遗传算法的计算复杂性,提高了运算效率。

⑤便于遗传算法与经典优化方法的混合使用。

⑥便于设计针对问题的专门知识的知识型遗传算子。

⑦便于处理复杂的决策变量约束条件。

(3)符号编码法。

符号编码法是指个体染色体编码串中的基因值取自一个无数值含义而只有代码含义的符号集,如{A,B,C…}。

符号编码的主要优点是:

①符合有意义积木块编码原则。

②便于在遗传算法中利用所求解问题的专门知识。

③便于遗传算法与相关近似算法之间的混合使用。

4.1.2.4　运用遗传算法实际求解问题

(1)编码。

在上面介绍了一系列编码方式以后,那么,如何利用上面的编码来为我们的袋鼠染色体编码呢?首先我们要明确一点:编码无非就是建立从基因型到表现型的映射关系。这里的表现型可以理解为个体特征(比如身高、体重、毛色等)。那么,在此问题下,我们关心的个体特征就是:袋鼠的位置坐标(因为我们要把海拔低的袋鼠带走)。无论袋鼠长什么样,爱吃什么。我们关心的始终是袋鼠在哪里,并且只要知道了袋鼠的位置坐标(位置坐标就是相应的染色体编码,可以通过解码得出),我们就可以:

①在喜马拉雅山脉的地图上找到相应的位置坐标,算出海拔高度(相当于通过自变量求得适应函数的值)。然后判读该不该带走该袋鼠。

②可以知道染色体交叉和变异后袋鼠新的位置坐标。

回到 4.1.2.2 中提的求一元函数最大值的问题。在上面我们把极大值比喻为山峰,那么,袋鼠的位置坐标可以比喻为区间[-1,2]的某一个 x 坐标(有了 x 坐标,再通过函数表达式可以算出函数值,等同于得到了袋鼠染色体编码,解码得到位置坐标,在喜马拉雅山脉地图查询位置坐标算出海拔高度)。这个 x 坐标是一个实数,我们要做的就是怎么对这个 x 坐标进行编码。下面我们以二进制编码为例讲解,不过这种情况下以二进制编码比较复杂。(如果以浮点数编码,其实就很简洁了,就为一个浮点数。)

我们说过,一定长度的二进制编码序列,只能表示一定精度的浮点数。在这里假如我们要求解精确到六位小数,由于区间长度为 $2-(-1)=3$,为了保证精度要求,至少把区间 $[-1,2]$ 分为 $3×10^6$ 等份。又因为

$$2^{21}=2097152<3×10^6<2^{22}=4194304$$

所以编码的二进制串至少需要 22 位。

把一个二进制串 $(b_0 b_1 \cdots b_n)$ 转化为区间里面对应的实数值可以通过下面两个步骤:

第 1 步,将一个二进制串代表的二进制数转化为十进制数:

$$(b_0 \cdots b_{20} b_{21})_2 = (\sum_{i=0}^{21} b_i \cdot 2^j)_{10} = x^t$$

第 2 步,对应区间内的实数:

$$x=-1+x^t \frac{(2-(-1))}{2^{22}-1}$$

例如一个二进制串(10001011101101010001111)通过上面换算以后,表示实数值 0.637197。

编码的方式千奇百怪,层出不穷,每个问题可能采用的编码方式都不一样。希望读者能注意。

(2)评价个体适应度。

前面提到过,适应度函数主要是通过个体特征从而判断个体的适应度。在本例的袋鼠跳中,我们只关心袋鼠的海拔高度,以此来判断是否带走袋鼠。这样一来,该函数就非常简单了。只要输入袋鼠的位置坐标,再通过相应查找运算,返回袋鼠当前位置的海拔高度就行。

适应度函数也称评价函数,是根据目标函数确定的用于区分群体中个体好坏的标准。适应度函数总是非负的,而目标函数可能有正有负,故需要在目标函数与适应度函数之间进行变换。

评价个体适应度的一般过程为:

①对个体编码串进行解码处理后,可得到个体的表现型。

②由个体的表现型可计算出对应个体的目标函数值。

③根据最优化问题的类型,由目标函数值按一定的转换规则求出个体的适应度。

(3)选择。

遗传算法中的选择操作就是用来确定如何从父代群体中按某种方法选取那些个体,以便遗传到下一代群体。选择操作用来确定重组或交叉个体,以及被选个体将产生多少个子代个体。前面提到过,我们希望海拔高的袋鼠存活下来,并尽可能繁衍更多的后代。但我们都知道,在自然界中,适应度高的袋鼠越能繁衍后代,但这也是从概率上说的而已。毕竟有

些适应度低的袋鼠也可能生存下来。

那么,怎么建立这种概率关系呢?

下面介绍几种常用的选择算子:

①轮盘赌选择(roulette wheel selection)。其是一种回放式随机采样方法。每个个体进入下一代的概率等于它的适应度值与整个种群中个体适应度值和的比例。选择误差较大。

②随机竞争选择(stochastic tournament)。每次按轮盘赌选择一对个体,然后让这两个个体进行竞争,适应度高的被选中,如此反复,直到选满为止。

③最佳保留选择。首先按轮盘赌选择方法执行遗传算法的选择操作,然后将当前群体中适应度最高的个体结构完整地复制到下一代群体中。

④无回放随机选择(也称期望值选择 cxcepted value selection)。根据每个个体在下一代群体中的生存期望来进行随机选择运算。方法如下:

A. 计算群体中每个个体在下一代群体中的生存期望数目 N。

B. 若某一个体被选中参与交叉运算,则它在下一代中的生存期望数目减去 0.5,若某一个体未被选中参与交叉运算,则它在下一代中的生存期望数目减去 1.0。

C. 随着选择过程的进行,若某一个体的生存期望数目小于 0 时,则该个体就不再有机会被选中。

⑤ 确定式选择。按照一种确定的方式来进行选择操作。具体操作过程如下:

A. 计算群体中各个个体在下一代群体中的期望生存数目 N。

B. 用 N 的整数部分确定各个对应个体在下一代群体中的生存数目。

C. 用 N 的小数部分对个体进行降序排列,顺序取前 M 个个体加入下一代群体中。至此可完全确定出下一代群体中 M 个个体。

⑥无回放余数随机选择。可确保适应度比平均适应度大的一些个体能够被遗传到下一代群体中,因而选择误差比较小。

⑦均匀排序。对群体中的所有个体按适应度大小进行排序,基于这个排序来分配各个个体被选中的概率。

⑧最佳保存策略。当前群体中适应度最高的个体不参与交叉运算和变异运算,而是用它来代替本代群体中经过交叉、变异等操作后所产生的适应度最低的个体。

⑨随机联赛选择。每次选取几个个体中适应度最高的一个个体遗传到下一代群体中。

⑩排挤选择。新生成的子代将代替或排挤相似的旧父代个体,提高群体的多样性。

下面以轮盘赌选择为例给大家讲解一下(图 4.3):

假如有 5 条染色体,他们的适应度分别为 5、8、3、7、2。

那么总的适应度为:$F=5+8+3+7+2=25$。

那么各个个体的被选中的概率为:

$\alpha_1=(5/25)\times100\%=20\%$;

$\alpha_2=(8/25)\times100\%=32\%$;

$\alpha_3=(3/25)\times100\%=12\%$;

$\alpha_4=(7/25)\times100\%=28\%$;

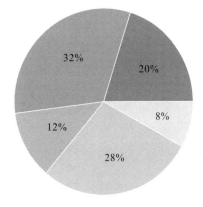

图 4.3　轮盘赌选择转盘

$\alpha_5 = (2/25) \times 100\% = 8\%$。

所以转盘如下：

当指针在这个转盘上转动,停止下来时指向的个体就是最终选择。可以看出,适应性越高的个体被选中的概率就越大。

(4)遗传、染色体交叉。

遗传算法的交叉操作,是指对两个相互配对的染色体按某种方式相互交换其部分基因,从而形成两个新的个体。

适用于二进制编码个体或浮点数编码个体的交叉算子:

①单点交叉(one-point crossover):指在个体编码串中只随机设置一个交叉点,然后在该点相互交换两个配对个体的部分染色体。

②两点交叉与多点交叉。

A. 两点交叉(two-point crossover):在个体编码串中随机设置了两个交叉点,然后再进行部分基因交换。

B. 多点交叉(multi-point crossover)。

③均匀交叉,也称一致交叉(uniform crossover)。两个配对个体的每个基因座上的基因都以相同的交叉概率进行交换,从而形成两个新个体。

④算术交叉(arithmetic crossover)。由两个个体的线性组合而产生两个新的个体。该操作对象一般是由浮点数编码表示的个体。

下面用一个最简单的二进制单点交叉为例子来讲解(图4.4)。

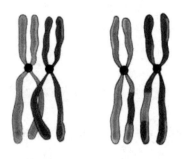

图 4.4　染色体交叉

二进制编码的染色体交叉过程非常类似高中生物中所讲的同源染色体的联会过程——随机把其中几个位于同一位置的编码进行交换,产生新的个体(图4.5)。

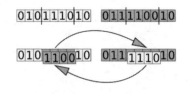

图 4.5　对应的二进制交叉

(5)变异、基因突变。

遗传算法中的变异运算,是指将个体染色体编码串中的某些基因座上的基因值用该基因座上的其他等位基因来替换,从而形成新的个体。

例如下面这串二进制编码:

101101001011001

经过基因突变后,可能变成以下这串新的编码:

001101011011001

以下变异算子适用于二进制编码和浮点数编码的个体:

①基本位变异(simple mutation)。对个体编码串中以变异概率、随机指定的某一位或某几位仅因座上的值做变异运算。

②均匀变异(uniform mutation)。分别用符合某一范围内均匀分布的随机数,以某一较小的概率来替换个体编码串中各个基因座上的原有基因值。(特别适用于在算法的初级运行阶段)

③边界变异(boundary mutation)。随机的取基因座上的两个对应边界基因值之一去替代原有基因值。特别适用于最优点位于或接近于可行解的边界时的一类问题。

④非均匀变异。对原有的基因值做一随机扰动,以扰动后的结果作为变异后的新基因值。对每个基因座都以相同的概率进行变异运算之后,相当于整个解向量在解空间中作了一次轻微的变动。

⑤高斯近似变异。进行变异操作时用符号均值为 P 的平均值,方差为 P^2 的正态分布的一个随机数来替换原有的基因值。[①]

4.2　群体智能算法

4.2.1　蚁群算法

4.2.1.1　蚁群算法基本思想

蚁群算法的基本原理来源于自然界中蚂蚁觅食的最短路径问题。昆虫学家通过观察发现自然界中的蚂蚁虽然视觉不发达,但它可以在没有任何提示的情况下找到从食物源到巢穴的最短路径,并且能在环境发生变化(如原有路径上有了障碍物)后,自适应地搜索新的最佳路径。蚂蚁是如何做到这一点的呢?

原来,蚂蚁在寻找食物源时,能在其走过的路径上释放一种蚂蚁特有的分泌物——信息激素——也可称之为信息素,使得一定范围内的其他蚂蚁能够察觉到并由此影响它们以后的行为。当一些路径上通过的蚂蚁越来越多时,其留下的信息素也越来越多,以致信息素强度增大(当然,随时间的推移会逐渐减弱),所以蚂蚁选择该路径的概率也越高,从而更增加了该路径的信息素强度,这种选择过程被称为蚂蚁的自催化行为。由于其原理是一种正反馈机制,因此,也可将蚂蚁王国理解为所谓的增强型学习系统。

---

① 参考 https://cloud.tencent.com/developer/article/1146073。

在自然界中,蚁群的这种寻找路径的过程表现为一种正反馈过程,"蚁群算法"就是模仿生物学蚂蚁群觅食寻找最优路径原理衍生出来的[①](图 4.6)。

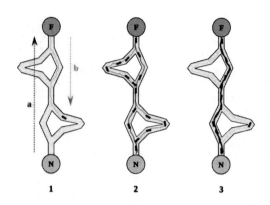

图 4.6　蚁群算法基本图示

4.2.1.2　蚁群算法数学模型

前面介绍的只是蚁群算法的算法思想,要是想真正应用该算法,还需要针对一个特定问题,建立相应的数学模型。现仍以经典的 TSP 问题为例,来进一步阐述如何基于蚁群算法来求解实际问题。

对于 TSP 问题,为不失一般性,设整个蚂蚁群体中蚂蚁的数量为 m,城市的数量为 n,城市 i 与城市 j 之间的距离为 $d_{i,j}(i,j=1,2,\cdots,n)$,$t$ 时刻城市 i 与城市 j 连接路径上的信息素浓度为 $\tau_{ij}(t)$。初始时刻,蚂蚁被放置在不同的城市里,各城市间连接路径上的信息素浓度相同,不妨设 $\tau_{ij}(0)=0$。然后蚂蚁将按一定概率选择线路,不妨设 $P_{ij}^{k}(t)$ 为 t 时刻蚂蚁 k 从城市 i 转移到城市 j 的概率。我们知道,"蚂蚁 TSP"策略会受到两方面的影响,首先是访问某城市的期望,另外便是其他蚂蚁释放的信息素浓度,所以定义:

$$P_{ij}^{k}(t)=\begin{cases}\dfrac{[\tau_{ij}(t)]^{\alpha}*[\eta_{ij}(t)]^{\beta}}{\sum\limits_{s\in\text{allow}_k}[\tau_{is}(t)]^{\alpha}*[\eta_{is}(t)]^{\beta}},j\in\text{allow}_k\\[6mm]0,j\notin\text{allow}_k\end{cases}$$

其中,$\eta_{ij}(t)$ 为启发函数,表示蚂蚁从城市 i 转移到城市 j 的期望程度;$\text{allow}_k(k=1,2,\cdots,m)$ 为蚂蚁 k 待访问城市集合,开始时,allow_k 中有 $n-1$ 个元素,即包括除了蚂蚁 k 出发城市的其他多个城市,随着时间的推移,allow_k 中的元素越来越少,直至为空;α 为信息素重要程度因子,简称信息度因子。其值越大,表示信息影响强度越大;β 为启发函数重要程度因子,简称启发函数因子,其值越大,表明启发函数影响越大。

在蚂蚁遍历城市的过程中,与实际情况相似的是,在蚂蚁释放信息素的同时,各个城市间连接路径上的信息素的强度也在通过挥发等方式逐渐消失。为了描述这一特征,不妨令 $\rho(0<\rho<1)$ 表示信息素的挥发程度。这样,当所有蚂蚁完整走完一遍所有城市之后,各个城市间连接路径上的信息浓度为:

---

① 吴启迪,汪镭.智能蚁群算法及应用[M].上海:上海科技教育出版社,2004.

$$\begin{cases} \tau_{ij}(t+1)=(1-\rho)*\tau_{ij}(t)+\Delta\tau_{ij},0<\rho<1 \\ \Delta\tau_{ij}=\sum_{k=1}^{m}\Delta\tau_{ij}^{k} \end{cases}$$

其中，$\Delta\tau_{ij}^{k}$ 为第 k 只蚂蚁在城市 i 与城市 j 连接路径上释放信息素而增加的信息素浓度；$\Delta\tau_{ij}$ 为所有蚂蚁在城市 i 与城市 j 连接路径上释放信息素而增加的信息素浓度。一般 $\Delta\tau_{ij}^{k}$ 的值可由 ant cycle system 模型进行计算：

$$\Delta\tau_{ij}^{k}=\begin{cases} \dfrac{Q}{L_k},\text{若蚂蚁 } k \text{ 从城市 } i \text{ 访问城市 } j \\ 0,\text{否则} \end{cases}$$

其中，Q 为信息素常数，表示蚂蚁循环一次所释放的信息素总量；L_k 为第 k 只蚂蚁经过路径的总长度。

4.2.1.3　蚁群算法流程

用蚁群算法求解 TSP 问题的算法流程如图 4.7 所示，具体每步的含义如下：

步骤 1：对相关参数进行初始化，包括初始化群规模、信息素因子、启发函数因子、信息素、挥发因子、信息素常数、最大迭代次数等，以及将数据读入程序，并对数据进行基本的处理，如将城市的坐标位置转为城市间的矩阵。

步骤 2：随机将蚂蚁放于不同的出发点，对每个蚂蚁计算其下一个访问城市，直至所更新信息素表有蚂蚁访问完所有城市。

步骤 3：计算各只蚂蚁经过的路径长度 L_k，记录当前迭代次数中的最优解，同时对各个城市连接路径上的信息素浓度进行更新。

步骤 4：判断是否达到最大迭代次数，若否，则返回步骤 2，否则终止程序。

步骤 5：输出程序结果，并根据需要输出程序寻优过程中的相关指标，如运行时间、收敛迭代次数等。

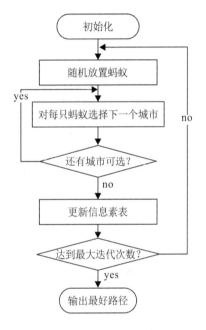

图 4.7　蚁群算法流程图

（图片来源：https://cloud.tencent.com/developer/article/2119480）

4.2.2　粒子群算法

4.2.2.1　算法简介

粒子群算法，也称粒子群优化算法或鸟群觅食算法（particle swarm optimization，PSO），是近年来由 J.Kennedy 和 R.C.Eberhart 等开发的一种新的进化算法（evolutionary algorithm，EA）。PSO 算法属于进化算法的一种，和模拟退火算法相似，它也是从随机解出发，通过迭代寻找最优解，它也是通过适应度来评价解的品质，但它比遗传算法规则更为简单,它没有遗传算法的"交叉"(crossover)和"变异"(mutation)操作,它通过追随当前搜索到的最优值来寻找全局最优。这种算法以其实现容易、精度高、收敛快等优点引起了学术界的重视,并且在解决实际问题中展示了其优越性。粒子群算法是一种并行算法[①]。

PSO模拟的是鸟群的捕食行为。设想这样一个场景:一群鸟在随机搜索食物。在这个区域内只有一块食物。所有的鸟都不知道食物在哪里。但是他们知道当前的位置离食物还有多远。那么找到食物的最优策略是什么呢。最简单有效的就是搜寻目前离食物最近的鸟的周围区域。

鸟群在整个搜寻的过程中,通过相互传递各自的信息,让其他的鸟知道自己的位置,通过这样的协作,来判断自己找到的是不是最优解,同时也将最优解的信息传递给整个鸟群,最终,整个鸟群都能聚集在食物源周围,即找到了最优解。

PSO中,每个优化问题的解都是搜索空间中的一只鸟。我们称之为"粒子"。所有的粒子都有一个由被优化的函数决定的适应值(fitness value),每个粒子还有一个速度决定他们飞翔的方向和距离。然后粒子们就追随当前的最优粒子在解空间中搜索。

PSO初始化为一群随机粒子(随机解)。然后通过迭代找到最优解。在每一次迭代中,粒子通过跟踪两个"极值"来更新自己。第一个就是粒子本身所找到的最优解,这个解叫作个体极值pbest。另一个极值是整个种群目前找到的最优解,这个极值是全局极值gbest。另外也可以不用整个种群而只用其中一部分作为粒子的邻居,那么在所有邻居中的极值就是局部极值。

粒子群算法的基本思想是通过群体中个体之间的协作和信息共享来寻找最优解。如上述情景。试着想一下一群鸟在寻找食物,在这个区域内只有一只虫子,所有的鸟都不知道食物在哪。但是它们知道自己的当前位置距离食物有多远,同时它们知道离食物最近的鸟的位置。想一下这时候会发生什么?

同时各只鸟在位置不停变化的时候离食物的距离也不断变化,所以每只鸟一定有过离食物最近的位置,可作为移动的参考。

所以,粒子群算法就是把鸟看成一个个粒子,鸟拥有位置和速度这两个属性,它们根据自身已经找到的离食物最近的解和参考整个共享于整个集群中找到的最近的解去改变自己的飞行方向,最后我们会发现,整个集群大致向同一个地方聚集,这个地方就是离食物最近的区域。

4.2.2.2 粒子抽象

粒子群算法通过设计一种无质量的粒子来模拟鸟群中的鸟,粒子仅具有两个属性:速度和位置,速度代表移动的快慢,位置代表移动的方向。

鸟被抽象为没有质量和体积的微粒(点),并延伸到 N 维空间,粒子 i 在 N 维空间的位置表示为矢量 $x_i = (x_1, x_2, \cdots, x_n)$,飞行速度表示为矢量 $v_i = (v_1, v_2, \cdots, v_n)$。每个粒子都有一个由目标函数决定的适应值(fitness value),并且知道自己到目前为止发现的最好位置(pbest)和现在的位置 x_i。这个可以看作是粒子自己的飞行经验。除此之外,每个粒子还知道到目前为止整个群体中所有粒子发现的最好位置(gbest)(gbest 是 pbest 中的最好值),这个可以看作粒子同伴的经验。粒子就是通过自己的经验和同伴中最好的经验来决定下一步的运动。

PSO初始化为一群随机粒子(随机解)。然后通过迭代找到最优解。在每一次的迭代

---

① 恩格尔伯里特.计算群体智能基础[M].谭营,等译.北京:清华大学出版社,2009.

中,粒子通过跟踪两个"极值"(pbest,gbest)来更新自己。在找到这两个最优值后,粒子通过下面的公式来更新自己的速度和位置。

下面来看看这两个公式:

公式(1):

$$v_i = v_i + c_1 * \text{rand}() * (\text{pbest}_i - x_i) + c_2 * \text{rand}() * (\text{gbest}_i - x_i)$$

公式(2):

$$x_i = x_i + v_i$$

公式(1)和公式(2)为 PSO 的标准形式。在公式(1)和公式(2)中,$i = 1, 2, \cdots, N$,N 是此群中粒子的总数。v_i 是粒子的速度。rand(0)是介于(0,1)之间的随机数。x_i 是粒子的当前位置。c_1 和 c_2 是学习因子,通常 $c_1 = c_2 = 2$。v_i 的最大值为 $V_{\max}$(大于 0),如果 v_i 大于 $V_{\max}$,则 $v_i = V_{\max}$。

公式(1)的 v_i 称为"记忆项",表示上次速度大小和方向的影响;公式(1)的 $c_1 * \text{rand}() * (\text{pbest}_i - x_i)$ 称为"自身认知项",是从当前点指向粒子自身最好点的一个矢量,表示粒子的动作来源于自己经验的部分;公式(1)的 $c_2 * \text{rand}() * (\text{gbest}_i - x_i)$ 称为"群体认知项",是一个从当前点指向种群最好点的矢量,反映了粒子间的协同合作和知识共享。粒子就是通过自己的经验和同伴中最好的经验来决定下一步的运动。

以上面两个公式为基础,再来看一个公式:

公式(3):

$$v_i = \omega + c_1 * \text{rand}() * (\text{pbest}_i - x_i) + c_2 * \text{rand}() * (\text{gbest}_i - x_i)$$

ω 叫作惯性因子,其值为非负。其值较大,全局寻优能力强,局部寻优能力弱;其值较小,全局寻优能力弱,局部寻优能力强。动态 ω 能获得比固定值更好的寻优结果。动态 ω 可在 PSO 搜索过程中线性变化,也可以根据 PSO 性能的某个测度函数动态改变。目前采用较多的是线性递减权值(linearly decreasing weight,LDW)策略。

$$\omega^{(t)} = \frac{(\omega_{\text{ini}} - \omega_{\text{end}})(G_k - g)}{G_k + \omega_{\text{end}}}$$

其中,G_k 代表最大迭代次数,ω_{ini} 代表初始惯性权值,ω_{end} 为迭代至最大进化代数时的惯性权值。典型权值有:$\omega_{\text{ini}} = 0.9$,$\omega_{\text{end}} = 0.4$。$\omega$ 的引入,使粒子群算法性能有了很大的提高,针对不同的搜索问题可以调整全局和局部搜索能力,也使粒子群算法成功地应用于很多实际问题。公式(2)和公式(3)被视为标准粒子群算法。

公式(2)和(3)中 pbest 和 gbest 分别表示微粒群的局部和全局最优位置。

当 $c_1 = 0$ 时,则粒子没有了认知能力,变为只有社会的模型(social-only):

$$v_i = \omega * v_i + c_2 * \text{rand}() * (\text{gbest}_i - x_i)$$

称为全局 PSO 算法。粒子有扩展搜索空间的能力,具有较快的收敛速度,但由于缺少局部搜索,对于复杂问题比标准 PSO 更易陷入局部最优。

当 $c_2 = 0$ 时,则粒子之间没有社会信息,模型变为只有认知(cognition-only)模型:

$$v_i = \omega * v_i + c_1 * \text{rand}() * (\text{pbest}_i - x_i)$$

称为局部 PSO 算法。由于个体之间没有信息的交流,整个群体相当于多个粒子进行盲目的随机搜索,收敛速度慢,因而得到最优解的可能性小。

4.2.2.3　标准粒子群算法的流程

算法流程如下(图 4.8):

(1)初始化一群微粒(群体规模为 N),包括随机位置和速度。

(2)评价每个微粒的适应度。

(3)对每个微粒,将其适应值与其个体经过的最好位置 pbest 作比较,如果较好,则将其作为当前个体的最好位置 pbest。

(4)对每个微粒,将其适应值与其群体经过的最好位置 gbest 作比较,如果较好,则将其作为当前群体的最好位置 gbest。

(5)根据公式(2)(3)调整微粒速度和位置。

(6)未达到结束条件则转第(2)步。

迭代终止条件根据具体问题一般选为最大迭代次数 G_k 或(和)微粒群迄今为止搜索到的最优位置满足预定最小适应阈值。[①]

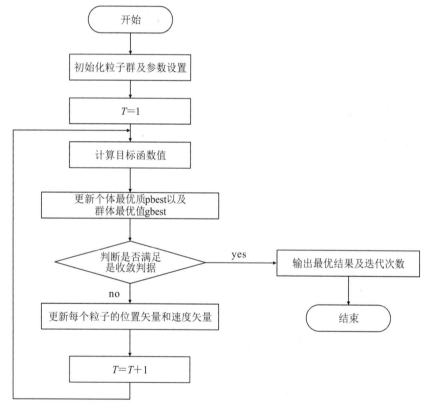

图 4.8　粒子群算法流程图

---

① 参考 https://cloud.tencent.com/developer/article/1424756。

4.3　遗传算法的应用

■ 4.3.1　遗传算法应用领域

遗传算法的应用场景有：①欺骗深度学习（通过生成某些混乱的图片对模型进行欺骗）。②生成正则表达式（控制正则表达式的长度）。③机器人路径规划（路径探索）。④诗词生成等方面（进行语义加权）。⑤函数优化（优化函数的最满意结果）。⑥组和优化（旅行商问题、背包问题、装箱问题）。⑦生产调度问题（生产车间调度、流水线生产车间调度、生产规划）。⑧自动控制（航空控制系统的优化、使用遗传算法设计空间交会控制器）。⑨图像处理（模式识别、图像恢复、图像边缘特征提取）。⑩人工生命（进化模型、学习模型、行为模型、自组织模型）。⑪遗传编程（ADF 系统，GPELST 系统）。⑫机器学习（模糊控制规则，梯度函数）。⑬数据挖掘（数据库看作搜索空间，挖掘算法看作搜索策略，使用遗传算法进行搜索）[1]。

4.3.1.1　"欺骗"深度学习

Szegedy 等研究者发现虽然深度学习模型在执行图像物体识别任务时已经达到甚至超过了人类水平，但深度学习模型很容易被愚弄（fooled）[2]。图 4.9 是论文中的例子，左列的图经过中间变换成右列的图。对我们人类来说，变换前后图片几乎没有变化，判对左列图片的深度学习模型却将右列图片都判错了。这说明人类和深度学习模型之间的区别还有很多。

（a）　　　　　　　　　　　　　（b）

图 4.9　"欺骗"深度学习例子

①　王凌.智能优化算法及其应用[M].北京：清华大学出版社，2001.

②　Szegedy C，Zaremba W，Sutskever I，et al.Intriguing properties of neural networks[J].arXiv preprint arXiv：1312.6199，2013.

Nguyen 等研究者用报告得出了另一种结果：我们能够产生一组对人类完全没有意义的混乱图片，深度学习模型却会将图片判断为某一物体[①]。遗传算法便是产生这样混乱图片的方法之一。论文中使用了不同的编码方式，我们介绍在 MNIST 数据集上的简单编码方式。种群中个体代表一张 MNIST 图片，个体中一条染色体长 28×28，染色体每一位基因代表了图片对应位置的像素灰度。个体适应度等于深度学习模型将图片判读为一个数字的置信度。图 4.10 就是这种编码方式产生的结果。我们人类看图 4.9 中的图片，完全就是一片混沌，但比较先进的深度学习模型却以超过 99.99% 的置信度将它们判断为某个数字。

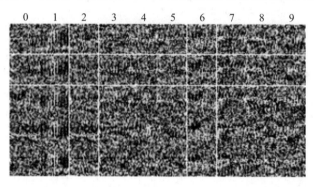

图 4.10　遗传算法时深度学习模型将较为混沌的图片判断成数字

4.3.1.2　正则表达式生成器

Regex Golf 是一个正则表达式生成竞赛。竞赛过程中给出两堆字符串 M 和 U，要求参数者给出的正则表达式 r 尽可能地匹配 M 堆中的字符串，和尽可能地不匹配 U 堆中的字符串。图 4.11 所示为竞赛的示意图。

Bartoli 等研究者提出用遗传算法解决这个问题[②]。种群一个个体是一棵正则表达式树，如图 4.10 所示。正则表达式树的叶子节点是一些从 M 堆字符串抽取的字母和 N-grams。正则表达式树的中间节点是正则表达式的符号，比如"（）"、"＊"和"?"。

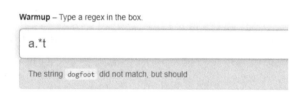

图 4.11　正则表达式生成竞赛

个体对应正则表达式匹配越多 M 堆字符串，个体适应度应该越大。个体对应正则表达式匹配越多 U 堆字符串，个体适应度应该越小。因此可以直接用匹配 M 堆字符串数量——

---

①　Nguyen A，Yosinski J，Clune J.Deep neural networks are easily fooled：High confidence predictions for unrecognizable images[C].IEEE Conf.Comput.Vis.Pattern Recognit，2015：427-436.

②　Bartoli A，Lorenzo A D，Medvet E，et al.Playing regex golf with genetic programming[C].GEC-CO，2014：1063-1070.

匹配 U 堆字符串数量作为适应度。但这样的话,得到的正则表达式的长度会很长。为了控制正则表达式长度,适应度应该惩罚长的正则表达式。因此我们可以用下面的适应度,其中 w 是一个权重,n_M 是 M 堆中匹配的字符串,n_U 是 U 堆中匹配的字符串。$\mathrm{fitness}(r)=w(n\_M-n\_U)-\mathrm{length}(r)$。

图 4.12 是 Bartoli 等研究报告的结果。其中 Norvig-RegexGolf 是一种基线方法,GP-RegexGolf 是作者提出的方法,GP-RegexExtract 是应用在 Text Extraction 任务上的遗传算法。

Table 2: Results of the three algorithms as score, score %, score % w.r.t. to best human score and competitive ratio (C.R., see text). For each problem, the score of the best algorithm is shown in bold.

Problem	Norvig-RegexGolf				GP-RegexGolf				GP-RegexExtract			
	Score	Score %	Hum. %	C.R.	Score	Score %	Hum. %	C.R.	Score	Score %	Hum. %	C.R.
1	**207**	98.6	100.0	66.3	**207**	98.6	100.0	66.3	170	81.0	82.1	5.0
2	**208**	99.1	100.0	105.5	**208**	99.1	100.0	105.5	185	88.1	88.9	8.4
3	191	91.0	94.6	8.5	**195**	92.9	96.5	10.7	107	51.0	53.0	7.0
4	**175**	83.3	87.0	8.0	138	65.7	68.7	6.7	−70	<0	<0	4.0
5	**186**	88.6	96.4	11.5	184	87.6	95.3	17.2	77	36.7	39.9	4.4
6	**157**	82.6	88.7	5.1	136	71.6	76.8	7.0	−246	<0	<0	0.7
7	−398	<0	<0	1.0	**188**	35.3	37.0	24.1	−52	<0	<0	13.4
8	**192**	91.4	96.5	17.5	183	87.1	92.0	11.7	−45	<0	<0	7.0
9	**190**	90.5	95.5	8.7	186	88.6	93.5	7.3	−39	<0	<0	4.5
10	**589**	93.5	98.8	6.1	430	68.3	72.2	12.6	−106	<0	<0	2.4
11	**392**	93.3	98.7	25.2	340	81.0	85.6	17.7	−163	<0	<0	4.3
12	−1457	<0	<0	1.0	**130**	40.6	45.0	11.1	−85	<0	<0	20.9
13	−1969	<0	<0	1.0	**51**	46.4	54.8	109.4	−47	<0	<0	44.2
14	189	70.0	74.4	1.0	**191**	70.7	75.2	1.0	191	70.7	75.2	1.0
15	189	70.0	74.4	1.0	**191**	70.7	75.2	1.0	191	70.7	75.2	1.0
16	**294**	86.5	92.7	18.8	132	38.8	41.6	8.0	181	53.2	57.1	11.0
Total	−665	-	-	-	**3090**	-	-	-	249	-	-	-

图 4.12　研究报告的结果

4.3.1.3　机器人路径规划

机器人路径规划是遗传算法传统的应用之一,很多地方都有讨论。机器人路径规划技术,就是机器人根据自身传感器对环境的感知,自行规划出一条安全的运行路线。图 4.13 是用栅格表示的机器人路径规划环境,栅格是最简单的路径规划环境表示方法。图中的路线就是机器人的前进路线。

遗传算法中的一个个体代表了一条路线。个体染色体有起始点和终止点,起始点和终止点之间是机器人的中间停靠点。图 4.13 中的路线可以用基因序列表示。个体适应度随着路线长度增加而减小。有些路线并不合法(比如穿过障碍物),这时候相应个体的适应度需要加一个惩罚项。

应用于机器人路径规划的遗传算法有很多问题,也就是说有很多改进的空间。比如,变异过程有可能将路线中间点变到障碍物里。我们可以用一些改进的变异操作避免这个问题。Tuncer and Yildirim(2012)就提出了一种新的变异操作解决这个问题[①]。这个变异操作的大体思路是先将中间点随机变异,然后检查变异的中间点是否在障碍物内,如果是则选择一个附近位置。图 4.13 就是这种变异操作的示意图。

---

① Tuncer A,Yildirim M.Dynamic path planning of mobile robots with improved genetic algorithm [J].Computers & Electrical Engineering,2012,38(6):1564-1572.

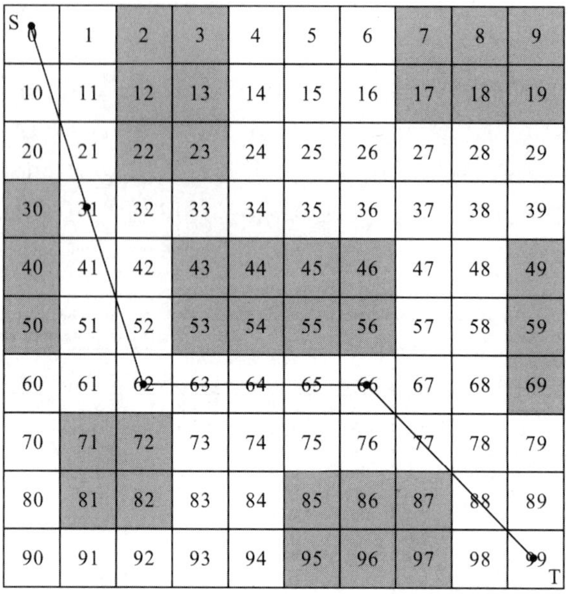

图 4.13　机器人路径规划前进路线

4.3.1.4　写宋词

这里介绍一个应用——周昌乐等(2010)用遗传算法写宋词[①]。在这项工作之前,作者已经建立了一个包含情感类别、语法、语义、音韵等要素的元数据库。种群中一个个体代表了一首词,不同的基因位是不同词。个体代表的一首词的适应度由句法和语义加权获得。感兴趣的读者可以直接阅读论文。图 4.14 是论文中报告的结果。

输入		输出	风格
关键词	词牌		
菊	清平乐	相逢缥缈,窗外又拂晓。长忆清弦弄浅笑,只恨人间花少。黄菊不待清尊,相思飘落无痕。风雨重阳又过,登高多少黄昏。	风格婉约
饮酒	西江月	饮酒开怀酣畅,洞箫笑语尊前。欲看尽岁岁年年,悠然轻云一片。赏美景开新酿,人间堪笑欢颜。故人何处向天边,醉里时光渐渐。	风格豪放
佳人	点绛唇	人静风清,兰心蕙性盼如许。夜寒疏雨,临水闻娇语。佳人多情,千里独回首。别离后,泪痕衣袖,惜梦回依旧。	风格婉约

图 4.14　遗传算法写宋词

4.3.1.5　函数优化

函数优化是遗传算法的经典应用领域,也是对遗传算法进行性能评价的常用算例。很

---

① 周昌乐,游维,丁晓君.一种宋词自动生成的遗传算法及其机器实现[J].软件学报,2010,21(3):427-437.

多人构造出了各种各样的复杂形式的测试函数。有连续函数,也有离散函数;有凸函数,也有凹函数;有低维函数,也有高维函数;有确定函数,也有随机函数;有单峰值函数,也有多峰值函数;等等。用这些几何特性各具特色的函数来评价遗传算法的性能更能反映算法的本质效果,而对于一些非线性、多模型、多目标的函数优化问题,用其他优化方法较难求解。而遗传算法可以方便地得到较好的结果。

4.3.1.6　组合优化

随着问题规模的增大,组合优化问题的搜索空间也急剧扩大。有时在目前的计算机上用枚举法很难或甚至不可能求出其精确最优解。对这类复杂问题,人们已意识到应把主要精力放在寻求其满意解上,而遗传算法是寻求这种满意解的最佳工具之一。实践证明,遗传算法已经在求解旅行商问题、背包问题、装箱问题、布局优化、图形划分问题等各种具有 NP 难度的问题上得到成功的应用。

4.3.1.7　生产调度问题

在很多情况下,对生产调度问题建立起来的数学模型难以精确求解,即使经过一些简化之后可以进行求解,也会因简化得太多而使得求解结果与实际相差甚远。目前在现实生产中主要是靠一些经验来进行调度。现在遗传算法已成为解决复杂调度问题的有效工具。在单件生产车间调度、流水线生产间调度、生产规划、任务分配等方面,遗传算法都得到了有效的应用。

4.3.1.8　自动控制

在自动控制领域中有很多与优化相关的问题需要求解。遗传算法已在其中得到了初步的应用,并显示出良好的效果。例如用遗传算法进行航空控制系统的优化、使用遗传算法设计空间交会控制器、基于遗传算法的模糊控制器的优化设计、基于遗传算法的参数辨识、基于遗传算法的模糊控制规则的学习、利用遗传算法进行人工神经网络的结构优化设计和权值学习等,都显示出了遗传算法在这些领域中应用的可能性。

4.3.1.9　图像处理

图像处理是计算机视觉中的一个重要研究领域。在图像处理过程中,如扫描、特征提取、图像分割等不可避免地会存在一些误差,从而影响图像的效果。如何使这些误差最小是使计算机视觉达到实用化的重要要求。遗传算法在这些图像处理中的优化计算方面找到了用武之地。目前已在模式识别(包括汉字识别)、图像恢复、图像边缘特征提取等方面得到了应用。

4.3.1.10　人工生命

人工生命是用计算机、机械等模拟或构造出的具有自然生物系统特有行为的人造系统。自组织能力和自学习能力是人工生命的两大主要特征。人工生命与遗传算法有着密切的关系。基于遗传算法的进化模型是研究人工生命现象的重要基础理论。虽然人工生命的研究尚处于启蒙阶段,但遗传算法已在其进化模型、学习模型、行为模型、自组织模型等方面显示出了初步的应用能力,并且必将得到更为深入的应用和发展。人工生命与遗传算法相辅相成,遗传算法为人工生命的研究提供了一个有效的工具,人工生命的研究也将促进遗传算法的进一步发展。

4.3.1.11 遗传编程

1989 年,美国 Standford 大学的 Koza 教授发展了遗传编程的概念,其基本思想是:采用树型结构表示计算机程序,运用遗传算法的思想,通过自动生成计算机程序来解决问题。虽然遗传编程的理论尚未成熟,应用也有限制,但它已成功地应用于人工智能、机器学习等领域。目前公开的遗传编程实验系统有十多个。例如,Koza 开发的 ADF 系统,While 开发的 GPELST 系统等。

4.3.1.12 机器学习

学习能力是高级自适应系统所具备的能力之一,基于遗传算法的机器学习,特别是分类器系统,在很多领域都得到了应用。例如,遗传算法被用于学习模糊控制规则,利用遗传算法来学习隶属度函数,从而更好地改进了模糊系统的性能;基于遗传算法的机器学习可用来调整人工神经网络的连接权,也可用于人工神经网络结构优化设计;分类器系统也在学习式多机器人路径规划系统中得到了成功的应用。

4.3.1.13 数据挖掘

数据挖掘是近几年出现的数据库技术,它能够从大型数据库中提取隐含的、先前未知的、有潜在应用价值的知识和规则。许多数据挖掘问题可看作搜索问题,数据库被看作搜索空间,挖掘算法被看作搜索策略。因此,应用遗传算法在数据库中进行搜索,对随机产生的一组规则进行进化直到数据库能被该组规则覆盖,从而挖掘出隐含在数据库中的规则。Sunil 已成功地开发了一个基于遗传算法的数据挖掘工具。利用该工具对两个飞机失事的真实数据库进行了数据挖掘实验,结果表明遗传算法是进行数据挖掘的有效方法之一。[1][2]

▍4.3.2 遗传算法函数寻优[3]

(1)问题说明:

使用遗传算法求解函数 z 的最大值。

$$z = f(x,y) = 1 * x * \sin(4\pi x) - 1 * y * \sin(4\pi y + \pi) + 1$$
$$\text{domain:} -1 < x < 1, -1 < y < 1$$

(2)流程。

第 1 步:构造初始种群;

①　遗传算法应用场景有哪些[EB\OL].(2022-11-23)[2024-06-15].https://aistudio.baidu.com/projectdetail/5108440.

②　遗传算法的实际应用[EB\OL].(2020-02-05)[2024-06-15].https://baijiahao.baidu.com/s? id=1657666990389926115&wfr=spider&for=pc.

③　使用遗传算法求解函数最值[EB\OL].(2020-09-16)[2024-06-15].https://zhuanlan.zhihu.com/p/94477212.

第 2 步:计算初始种群的每个个体的值;

第 3 步:用轮盘选择法进行交叉,生成子代个体;

第 4 步:变异;

第 5 步:如果未到终止条件,则回到第 1 步;

第 6 步:终止,选出最佳个体的编码。

①构造初始种群,先考虑如何对数据进行编码。需要注意到 x,y 本来应该是个连续值,但是计算机表示数据都是离散的(都是 0、1,总有数字表示不到)。那么应该如何表示呢。针对这道题,应该这样做:

我们先想一下,15 位的二进制能表示多少个值?

$$2^{15}=32768$$

假设,我们把 $(-1,1)$ 等分为 32768 份,第一份是 -1(000 0000 0000 0000 15 个 0,也就是十进制 0),第二份是 -0.99993896484375(000 0000 0000 0001 十进制 1)…,这样就能表示一部分小数了(当然了,位数越大则能表示的数字越多)。

写成函数就是:

$$result=\frac{(x_{十进制}-16384)}{16384}$$

写成代码就是:

```
01    # 函数功能:将一个 30 位的编码转换为 x,y 的十进制解
02    def decode(onePerson,length=40):
03        # onePerson 是一个 30 位的二进制,前 15 位代表 x,后 15 位代表 y
04        x=onePerson[0:15]
05        y=onePerson[15:30]
06        # 将 x,y 转换为十进制
07        x=int(x,2)
08        y=int(y,2)
09        # print(x,y)
10        x=(x - 16384) / 16384
11        y=(y - 16384) / 16384
12        return x,y
```

②生成指定个数的个体。

代码如下:

```
01    # 功能:生成初始化种群
02    # 参数:personNum 为种群数量,length 为种群每个个体编码的位数
03    def initialPopulation(personNum=50,length=30):
04        totalPopulation=[]
05        while len(totalPopulation)! =personNum:
```

```
06      person＝[]
07        for i in range(30)：
08          temp＝random.uniform(－1,1)    ＃ 生成－1＜＝X＜＝1 的数字
09          if temp＜0：
10            person.append(0)
11          else：
12            person.append(1)
13          ＃ 将 person 由 List 转换为字符串
14          theStr＝"
15          for item in person：
16            theStr ＋＝ str(item)
17          ＃print(theStr)
18          if theStr not in totalPopulation：
19            if evaluate(theStr)＞0：
20              totalPopulation.append(theStr)
21          ＃print(len(totalPopulation))
22      return totalPopulation
```

以上就是如何生成初始种群。需要注意的是：因为某一个个体的评价函数可以是负值。而后面轮盘选择法要求所有值是正值。因此，设定在生成初始种群时，如果评价值为负，则重新生成。

③计算初始种群每个个体的评价值。把 x,y 通过解码转为十进制，再利用

$$z＝f(x,y)＝1 * x * \sin(4\pi x)-1 * y * \sin(4\pi y+\pi)+1$$

计算出结果就行了。

代码：

```
01    ＃功能：计算 x,y 对应的函数值
02    ＃参数：一个个体的编码
03    def evaluate(onePerson)：
04      x,y＝decode(onePerson)
05      result＝x * math.sin(4 * math.pi * x)-y * math.sin(4 * math.pi * y+math.pi)
        ＋1
06    return result
```

④轮盘选择法。轮盘选择的目的是从种群中选出两个个体。而且要求：表现越优异的个体，被选中的概率越大。那么怎么量化每个个体被选中的概率呢：

我们首先计算出种群中所有个体的评价值($V_1,V_2,V_3,\cdots$)的总和：

$$totalValue＝\sum_{i=1}^{n} V_i$$

然后我们设 V_i 被选中的概率为 P_i：

$$P_i = \frac{V_i}{\text{totalValue}}$$

那怎么用代码实现呢？

思路就是把每个个体的被选中的概率放到一个数组中：[0.2,0.3,0.1,0.4]，那么其逐项累加的和组成的列表就是：[0.2,0.5(0.2+0.3),0.6(0.2+0.3+0.1),1(0.2+0.3+0.1+0.4)]。接着随机生成一个[0,1]的数字。如果它在区间[0,0.2]，那我们就选择第一个个体；如果它落在(0.2,0.5]，那我们就选择第二个个体。以此类推。对应代码如下：

```
01    # 功能:获取一个父母进行交叉 # 输出:返回的是一个双亲在 population 的 index
02    def getParents(evalList):
03        temp=random.uniform(0,1)
04        # print(temp)
05        portionList=[];theSum=0
06        totalEval=sum(evalList)
07        # print(totalEval)
08        for eval in evalList:
09            theSum+=eval/totalEval
10            portionList.append(theSum)
11        location=0
12        while(temp>portionList[location]):
13            location+=1
14        # print('location=',location)
15        return location
```

⑤交叉生成子代。前面讲到一个子代30位二进制(前15位代表 x，后15位代表 y)，交叉的操作其实就是：在这30位中随机选取一位，比如说选取第8位，那么就把父亲的前8位拿出来放在前面，母亲的后22位拿出来放在后面，拼起来就变成了一个子代。对应代码如下：

```
01    # 输入:两个 person # 输出:生成的子代 person 编码
02    def getCross(father,mother):
03        theVisit=[]
04        crossLocation=random.randint(0,29)
05        theVisit.append(crossLocation)
06        # print(crossLocation)
07        child=''
08        child += father[0:crossLocation]
```

```
09          child += mother[crossLocation:30]
10          while evaluate(child)<0:
11            print("重新交叉")
12            while crossLocation in theVisit and len(theVisit)<30:
13              crossLocation=random.randint(0,29)
14              # print(crossLocation)
15              child += father[0:crossLocation]
16              child += mother[crossLocation:]
17            theVisit.append(crossLocation)
18            if len(theVisit)>=30:
19              child=father
20            # print(len(child))
21          return child
```

注意在这里设置了,如果生成的子代评价值<0,那么重新生成。如果怎么交叉(30位遍历完了)都小于0,那么子代直接就是父亲的复制。

⑥变异。生成一个子代之后就要进行变异。同样地,还要设置一个变异概率,即一个个体有多大的概率进行变异。设变异概率 Pvaria=0.8,接下来我们生成一个(0,1)之间的随机数 temp,如果 temp<Pvaria,那么子代进行变异。

变异的具体操作:30位中间随机抽一位,把这一位的二进制取反即可(1变成0,0变成1)。具体代码如下:

```
01      # 功能:进行变异,返回一个个体的二进制编码
02      def getVari(person):
03        # print(person)
04        temp=random.uniform(0,1)
05        if temp<mutationProbability:
06          # print('变异')
07          location=random.randint(0,29)
08          # print(location)
09          tempStr=person[0:location]
10          tempStr+=str(1-int(person[location]))
11          tempStr+=person[location+1:]
12          if evaluate(tempStr)>evaluate(person):
13            return tempStr
14        return person
```

注意,我们这里还特别设定了,如果变异后的个体评价值没有原个体好,那么返回的还是原个体的二进制编码。

⑦收敛性。这里,由于问题空间比较大,每次收敛到一个完全相同的个体可能性很小。因此从最优解的近似程度上来看:测试了 80 次,其中最大值在 2.599 的有 74 次,占比 92.5%,从这个角度认为参数设置和一些优化的方法使该算法达到了优异的收敛性。

⑧结果。

最优个体编码:00101110101110100101110101101

函数最大值:2.25998622121993

4.4　群体智能算法的应用

4.4.1　群体智能算法应用领域

群体智能算法是一类基于群体行为的智能优化算法,其中包括了许多子领域和方法。这些算法模拟了群体行为中的协作、竞争、适应性等机制,常常用于解决复杂的优化问题。以下是一些群体智能算法的应用领域:

优化问题:群体智能算法广泛应用于各种优化问题的求解,包括函数优化、组合优化、参数优化等。例如,遗传算法、粒子群优化算法、蚁群算法等都在这方面有着广泛的应用。

机器学习:在机器学习领域,群体智能算法可以用于参数调优、特征选择、模型优化等任务。例如,粒子群优化算法可以用于优化神经网络的参数,蚁群算法可以用于特征选择。

数据挖掘:在数据挖掘中,群体智能算法可以用于聚类、关联规则挖掘、异常检测等任务。例如,蚁群算法可以用于解决 TSP(旅行商问题),粒子群优化算法可以用于聚类任务。

智能控制:群体智能算法在智能控制领域也有着广泛的应用,例如在无人机路径规划、智能交通系统、智能电网等方面。例如,蚁群算法可以用于优化无人机的路径规划,粒子群优化算法可以用于优化电网的能源分配。

多目标优化:群体智能算法在多目标优化问题中也有着应用,可以帮助用户找到一组最优解来平衡不同的目标。例如,多目标粒子群优化算法可以用于解决多目标优化问题。

总的来说,群体智能算法在各种领域都有着广泛的应用,特别是在复杂、高维度、非线性的优化问题中展现出了很强的优势。随着研究的深入和算法的不断改进,群体智能算法的应用范围还将继续扩大。

群体智能算法是一类模拟自然生物种群智能行为的优化方法,它们在解决大规模复杂问题时表现出色。这些算法广泛应用于多个领域,以下是详细介绍:

在理论研究中,群体智能算法被用于改进智能优化算法、聚类算法、复杂网络和朴素贝叶斯分类等方面。例如,人工蜂群算法的改进版被应用于民营上市公司的聚类分析和供应链网络优化决策。

在实际工业应用中,群体智能算法被用于解决如 VRP 问题(车辆路径问题)、图像边缘检测、SVM 反问题、网络态势预测、数据聚类和特征选择等多个领域的问题。

在计算机科学领域,群体智能算法被用于旅行商问题、二次指派、车间调度等组合优化问题,以及在分类与预测、聚类分析等方面构建数据挖掘新算法。

在机器人技术中,群体智能算法被用于群体机器人的开发与制造,例如 ROBO-MAS 系统,它展示了智能机器人在有限空间内的群体协作能力。

此外,群体智能算法还应用于物联网、计算机行业、冶金自动化和电力系统等多个领域。

4.4.2 蚁群算法的路径规划

蚂蚁系统是以 TSP 作为应用实例提出的,是最基本的 ACO(ant colony optimization)算法,下面以 AS 求解 TSP 问题的基本流程为例描述蚁群优化算法的工作机制。首先对于 TSP 问题的数学模型如下:

TSP 问题表示为一个 N 个城市的有向图 $G=(N,A)$,其中

$$N=\{1,2,\cdots,n\}A=\{(i,j)|i,j\in N\}$$

城市之间的距离目标函数为:

$$(d_{ij})_{n\times n}$$

其中

$$f(w)=\sum_{l=1}^{n} d_{i_{l-1}i_l}$$

为城市 $1,2,\cdots,n$ 的一个排列,$w=(i_1,i_2,\cdots,i_n),i_{n+1}=i_l$。

AS 算法求解 TSP 问题有两大步骤:路径构建与信息素更新。在路径构建阶段,每个蚂蚁都随机选择一个城市作为其出发城市,并维护一个路径记忆向量,用来存放该蚂蚁依次经过的城市。蚂蚁在构建路径的每一步中,按照一个随机比例规则选择下一个要到达的城市。随机比例规则如下所示:

$$P_{ij}^{k}(t)=\begin{cases}\dfrac{[\tau_{ij}(t)]^{\alpha}*[\eta_{ij}(t)]^{\beta}}{\sum\limits_{k\in \text{allow}_k}[\tau_{ik}(t)]^{\alpha}*[\eta_{ik}(t)]^{\beta}},j\in \text{allowed}_k\\ \\ 0,\text{others}\end{cases}$$

其中,i、j 分别为起点和终点;$\eta_{ij}(t)$ 为能见度,是两点 i、j 距离的倒数;$\tau_{ij}(t)$ 为时间 t 时由 i 到 j 的信息素强度;allowed$_k$ 为尚未访问过的节点集合;α、β 为两常数,分别是信息素和能见度的加权值。

信息素浓度需要进行初始化,为了模拟蚂蚁在较短路径上留下更多的信息素,当所有蚂蚁到达终点时,必须把各路径的信息素浓度重新更新一次,信息素的更新也分为两个部分:首先,每一轮过后,问题空间中的所有路径上的信息素都会发生蒸发,然后,所有的蚂蚁根据自己构建的路径长度在它们本轮经过的边上释放信息素。信息素更新方式如下所示:

$$\text{初始化信息素浓度 } \tau_{ij}=C,\forall i,j$$

如果 C 太小,算法容易早熟,蚂蚁会很快地全部集中到一条局部最优的路径上。反之,如果 C 太大,信息素对搜索方向的指导作用太低,也会影响算法性能。

$$\text{AS 中}:C=m/C^{nm}$$

其中 C^{nm} 表示最短路径的长度。

为了模拟蚂蚁在较短路径上留下更多的信息素,当所有蚂蚁到达终点时,必须把各路径的信息素浓度重新更新一次,信息素的更新也分为两个部分:首先,每一轮过后,问题空间中的所有路径上的信息素都会发生蒸发;其次,所有的蚂蚁根据自己构建的路径长度在它们本轮经过的边上释放信息素。

$$\tau_{ij}(t)=(1-\rho)\tau_{ij}+\sum_{k=1}^{m}\Delta\tau_{ij}^{k}$$

其中 m 为蚂蚁个数,$0<\rho\leqslant1$ 为信息素的蒸发率,在 AS 中通常设置为 0.5,$\Delta\tau_{ij}^{k}$ 为第 k

只蚂蚁在路径 i 到 j 所留下来的信息素,定义如下:

$$\Delta\tau_{ij}^k = \begin{cases} (C_k)^{-1}, \text{if the } k^{th} \text{ ant traverses}(i,j) \\ 0, \text{others} \end{cases}$$

C_k 是第 k 只蚂蚁走完整条路径后所得到的总路径长度。

下面以一个例子进行说明:四个城市的 TSP 问题,距离矩阵和城市如图 4.15 所示。

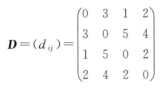

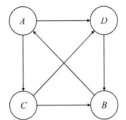

图 4.15　四个城市关系图

其中矩阵 $\boldsymbol{D}$ 表示各个城市之间的距离。

假设共 $m=3$ 只蚂蚁,参数 $\alpha=1,\beta=2,\rho=0.5$,则利用蚂蚁算法求解最优路径步骤如下。

步骤 1　初始化:首先使用贪婪算法得到路径 $(ACDBA)$,则 $C_{nn}=1+2+4+3=10$,求得 $\tau_0=m/C_{nn}=0.3$。

$$\boldsymbol{\tau}(0)=(\tau_{ij}(0))=\begin{pmatrix} 0 & 0.3 & 0.3 & 0.3 \\ 0.3 & 0 & 0.3 & 0.3 \\ 0.3 & 0.3 & 0 & 0.3 \\ 0.3 & 0.3 & 0.3 & 0 \end{pmatrix}$$

步骤 2　为每个蚂蚁随机选择出发城市,假设蚂蚁 1 选择城市 A,蚂蚁 2 选择城市 B,蚂蚁 3 选择城市 D。

步骤 3　根据转移概率,为每只蚂蚁选择下一个将要访问的城市。

步骤 3.1　仅以蚂蚁 1 为例,当前城市 $i=A$,可以访问的城市集合为 $J_1(i)=\{B,C,D\}$ 计算蚂蚁 1 访问各个城市的概率:

$$A \Rightarrow \begin{cases} B: \tau_{AB}^{\alpha} \times \eta_{AB}^{\beta}=0.3^1+(1/3)^2=0.033 \\ C: \tau_{AC}^{\alpha} \times \eta_{AC}^{\beta}=0.3^1+(1/1)^2=0.300 \\ D: \tau_{AD}^{\alpha} \times \eta_{AD}^{\beta}=0.3^1+(1/2)^2=0.075 \end{cases}$$

$$P(B)=0.033/(0.033+0.300+0.075)=0.081$$
$$P(C)=0.300/(0.033+0.300+0.075)=0.74$$
$$P(D)=0.075/(0.033+0.300+0.075)=0.18$$

用轮盘赌方法选择下一个访问城市,假设产生的随机数 $q=0.05$,则蚂蚁 1 选择城市 B,同样,假设蚂蚁 2 选择城市 D,蚂蚁 3 选择城市 A。

步骤 3.2　继续为每只蚂蚁选择下一个访问城市,经过上步选择后,蚂蚁 1 当前城市为 $i=B$,路径记忆向量 $R^l=\{AB\}$,可以访问城市集合为 $J_1(i)=\{C,D\}$。

计算蚂蚁 1 访问 C,D 城市的概率：

$$B \Rightarrow \begin{cases} C: \tau_{BC}^a \times \eta_{BC}^\beta = 0.3^1 + (1/5)^2 = 0.012 \\ D: \tau_{BD}^a \times \eta_{BD}^\beta = 0.3^1 + (1/4)^2 = 0.019 \end{cases}$$

$$P(C) = 0.012/(0.012 + 0.019) = 0.39$$

$$P(D) = 0.019/(0.012 + 0.019) = 0.61$$

用轮盘赌方法选择下一个访问城市，假设产生的随机数 $q = 0.67$，则蚂蚁 1 选择城市 D，同样，假设蚂蚁 2 选择城市 C，蚂蚁 3 选择城市 D。

此时，所有蚂蚁的路径都已经构造完毕，如下所示。

蚂蚁 $1: A \rightarrow B \rightarrow D \rightarrow C \rightarrow A$；

蚂蚁 $2: B \rightarrow D \rightarrow C \rightarrow A \rightarrow B$；

蚂蚁 $3: D \rightarrow A \rightarrow C \rightarrow B \rightarrow D$。

步骤 4　信息素更新：计算每只蚂蚁构建路径的长度：

$C1 = 3 + 4 + 2 + 1 = 10$；

$C2 = 4 + 2 + 1 + 3 = 10$；

$C3 = 2 + 1 + 5 + 4 = 12$。

接着更新每条边上的信息素浓度。

$$\tau_{AB} = (1 - \rho) \times \tau_{AB} + \sum_{k=1}^{3} \Delta\tau_{AB}^K = 0.5 \times 0.3 + (1/10 + 1/10) = 0.35$$

$$\tau_{AC} = (1 - \rho) \times \tau_{AC} + \sum_{k=1}^{3} \Delta\tau_{AC}^K = 0.5 \times 0.3 + (1/12) = 0.16$$

……

步骤 5　如果满足结束条件，则输出全局最优结果并结束程序，否则，则转向步骤 2 继续执行。

一般蚁群算的框架和本例大体相同，有三个组成部分：蚁群的活动、信息素的挥发、信息素的增强，主要体现在转移概率公式和信息素更新公式的不同上。[①]

进化计算和群体智能是模拟自然界进化和群体行为的强大工具，广泛应用于解决复杂优化问题。进化计算包括遗传算法、进化策略和差分进化，通过选择、变异和重组等操作优化解空间。群体智能则包括蚁群算法和粒子群算法，通过个体间的简单交互涌现出复杂行为，找到最优解决方案。这些方法在路径规划、函数优化、机器学习等领域显示出强大潜力，推动人工智能不断进步。

4.5　小结

4.5.1　进化计算

进化计算（evolutionary computation）是一类基于自然进化过程的优化算法。其核心思

---

① 蚁群算法［EB/OL］.（2021-06-08）［2024-06-20］.https://zhuanlan.zhihu.com/p/378907990.

想是模拟生物进化过程,通过选择、变异和重组等操作不断优化解。

4.5.1.1　遗传算法

遗传算法(genetic algorithm,GA)是最著名的进化计算方法之一,主要包括以下步骤:

初始化:生成一组随机解(称为种群)。

选择:根据适应度函数选择优秀的个体。

交叉:对选中的个体进行交叉操作,产生新个体。

变异:随机改变部分个体,增加种群的多样性。

迭代:重复选择、交叉和变异,直到达到终止条件。

遗传算法适用于各种优化问题,包括函数优化、路径规划和机器学习模型的参数优化等。

4.5.1.2　进化策略

进化策略(evolution strategies,ES)是一种强调变异操作的进化计算方法,适用于连续优化问题。主要步骤包括:

初始化:生成初始种群。

变异:对每个个体进行高斯变异。

选择:根据适应度选择下一代种群。

进化策略在处理高维和复杂优化问题上表现出色。

4.5.1.3　差分进化

差分进化(differential evolution,DE)是一种基于差分操作的进化算法,适用于连续优化问题。其主要特点是通过个体之间的差分操作来产生新解,具有较强的全局搜索能力。

▌4.5.2　群体智能

群体智能(swarm intelligence)研究通过个体间简单的交互行为涌现出复杂行为的系统。常见的群体智能方法包括蚁群算法和粒子群算法。

4.5.2.1　蚁群算法

蚁群算法(ant colony optimization,ACO)模拟蚂蚁觅食行为,通过信息素引导找到最优路径。主要步骤包括:

初始化:初始化蚂蚁和信息素。

构建解:蚂蚁根据信息素概率选择路径,逐步构建解。

更新信息素:根据蚂蚁找到的路径更新信息素浓度。

迭代:重复构建解和更新信息素,直到达到终止条件。

蚁群算法广泛应用于路径规划、调度问题和网络路由等领域。

4.5.2.2　粒子群算法

粒子群算法(particle swarm optimization,PSO)模拟鸟群或鱼群的群体行为,通过个体间的信息共享寻找最优解。主要步骤包括:

初始化:初始化粒子的位置和速度。

更新速度和位置:根据个体经验和群体经验更新粒子的速度和位置。

迭代:重复更新速度和位置,直到达到终止条件。

粒子群算法适用于函数优化、神经网络训练和多目标优化等问题。

4.6 思考题

(1)遗传算法可以解决哪些问题?

(2)讨论遗传算法用于分类问题的原理。

(3)遗传算法的目标函数如何构造?

(4)讨论遗传算法的常用编码方式,并举例说明。

(5)遗传算法的步骤有哪些? 讨论每个步骤的主要工作。

(6)初始种群的大小对遗传算法的性能有哪些影响?

(7)讨论基因突变的概率对遗传算法的影响。

(8)遗传算法的不足是什么?

(9)举例说明遗传算法的应用。

(10)群智能算法的基本思想是什么?

(11)群智能算法的主要特点是什么?

(12)列举几种典型的群智能算法,分析他们的主要优点、缺点。

(13)简述群智能算法与进化算法的异同。

(14)举例说明粒子群算法的搜索原理,并简要叙述粒子群算法有哪些特点。

(15)简述粒子群算法位置更新方程中各部分的影响。

(16)简述粒子群算法的流程。

(17)为什么要对粒子群算法进行改进? 一般有哪几种改进方法?

(18)粒子群算法的寻优过程包含哪几个阶段? 寻优的准则有哪些?

(19)粒子群算法中的参数如何选择?

(20)简述量子粒子群算法的流程。

(21)蚁群算法的原理是什么?

(22)与遗传算法比较,蚁群算法为什么能取得更优的结果?

(23)蚁群算法中的参数如何选择?

(24)为什么要对蚁群算法进行改进? 一般有哪几种改进方法?

(25)结合案例,讨论蚁群算法的应用过程。

第 5 章

机器学习

机器学习（machine learning）是人工智能中一个重要的研究领域，一直受到人工智能研究者及认知心理学家的普遍关注。近年来，专家系统的发展对智能系统的学习能力提出了要求，这促进了机器学习的研究。特别是近年来深度学习使机器学习掀起了新的研究与应用热潮。

机器学习与计算机科学、心理学等多种学科都有密切的关系，牵涉的面比较宽，而且许多理论及技术上的问题尚处于研究之中。因此，本章首先介绍机器学习的基本概念，然后对回归与优化算法、分类与聚类等知识进行介绍，并且利用 K-Means 算法实现鸢尾花分类，最后介绍目前正在兴起的深度学习方法。

学习目标

(1)理解机器学习的基本概念。

(2)认识回归问题、分类问题以及聚类问题方法及其应用。

(3)掌握机器学习发展的历史脉络,包括关键的技术突破和理论进展。

(4)掌握 K-Means 算法的实现,并且能使用 K-Means 算法实现对鸢尾花的分类。

(5)分析机器学习的未来趋势及其对社会的潜在影响。

5.1　机器学习的基本概念

5.1.1　学习

学习是人类具有的一种重要的智能行为,但至今还没有一个精确的、被普遍认可的学习的定义。这一方面是由于来自不同学科(如神经学、认知心理学、计算机科学等)的研究人员,分别从不同的角度对学习做出了不同的解释;另一方面,也是最重要的原因,学习是一个多侧面、综合性的心理活动,它与记忆、思维、知觉、感觉等多种心理行为都有着密切联系,使得人们难以把握学习的机理与实质,因而无法给出确切的定义。

目前,对"学习"的定义有较大影响的观点主要有:

5.1.1.1　学习是系统改进其性能的过程

这是西蒙(Simon)关于"学习"的观点。1980 年他在卡内基梅隆大学召开的机器学习研讨会上做了"为什么机器应该学习"的发言。在此发言中,他把学习定义为:学习是系统中的任何改进,这种改进使得系统在重复同样的工作或进行类似的工作时,能完成得更好。这一观点在机器学习研究领域中有较大的影响。学习的基本模型就是基于这一观点建立起来的。

5.1.1.2　学习是获取知识的过程

这是专家系统研究人员提出的观点。由于知识获取一直是专家系统建造中的困难问题,因此他们把机器学习与知识获取联系起来,希望通过对机器学习的研究,实现知识的自动获取。

5.1.1.3　学习是技能的获取

这是心理学家关于"如何通过学习获得熟练技能"的观点。人们通过大量实践和反复训练可以改进机制和技能,如骑自行车、弹钢琴等都是这样。但是,学习并不只是获得技能,它只是学习的一个方面。

5.1.1.4　学习是事物规律的发现过程

在 20 世纪 80 年代,由于对智能机器人的研究取得了一定的进展,同时又出现了一些发现系统,人们开始把学习看作从感性知识到理性知识的认识过程和从表层知识到深层知识的转化过程,即发现事物规律、形成理论的过程。

综合上述各种观点,可以将学习定义为:学习是一个有特定目的的知识获取过程,其内在行为是获取知识、积累经验、发现规律;外部表现是改进性能、适应环境、实现系统的自我完善。

5.1.2　机器学习

机器学习使计算机能模拟人的学习行为,自动通过学习获取知识和技能,不断改善性能,实现自我完善。让我们把机器学习的过程和人类对历史经验归纳的过程做个对比,如图 5.1 所示。

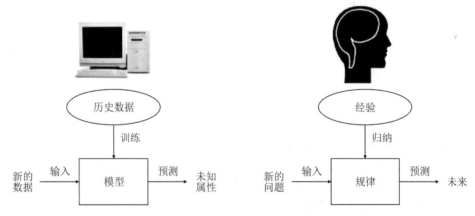

图 5.1　机器学习与人类学习的过程

作为人工智能的一个研究领域,机器学习主要研究以下三方面问题:

5.1.2.1　学习机理

这是对人类学习机制的研究,即人类获取知识、技能和抽象概念的天赋。通过这一研究,将从根本上解决机器学习中的问题。

5.1.2.2　学习方法

研究人类的学习过程,探索各种可能的学习方法,建立起独立于具体应用领域的学习算法。机器学习方法的构造是在对生物学习机理进行简化的基础上,用计算的方法进行再现。

5.1.2.3　学习系统

根据特定任务的要求,建立相应的学习系统。

从计算机算法角度研究机器学习问题,与生物学、医学和生理学从生理、生物功能角度研究生物界,特别是人类学习问题有着密切的联系。比如脑机接口技术(brain computer interface,BCI)就是从大脑中直接提取信号,并经过计算机处理加以应用。

5.1.3　机器学习系统

5.1.3.1　机器学习系统的定义

为了使计算机系统具有某种程度的学习能力,使它能通过学习增长知识、改善性能、提高智能水平,需要为它建立相应的学习系统。能够在一定程度上实现机器学习的系统称为学习系统。

5.1.3.2　机器学习系统的条件和能力

由上述定义可以看出,一个学习系统应具有如下条件和能力:

(1)具有适当的学习环境。

这里所说的环境是指学习系统进行学习时的信息来源。如果把学习系统比作学生,那么"环境"就是为学生提供学习信息的教师、书本及各种应用、实践的过程。没有环境,学生就无从学习与应用新知识。同样,如果没有环境,学习系统就失去了学习和应用的基础,不能实现机器学习。对于不同的学习系统及不同的应用,环境一般都是不相同的。例如,当把学习系统用于专家系统的知识获取时,环境就是领域专家以及有关的文字资料、图像等;当把它用于博弈时,环境就是博弈的对手以及千变万化的棋局。

(2)具有一定的学习能力。

环境只是为学习系统提供了学习及应用的条件。学习系统要从环境中学到有关信息,还必须有合适的学习方法及一定的学习能力,否则它仍然学不到知识,或者学得不好。这正如一个学生即使有好的教师和教材,但如果没有掌握适当的学习方法或者学习能力不强,他仍然不能取得理想的学习效果一样。

学习过程是系统与环境相互作用的过程,是边学习、边实践,然后再学习、再实践的过程。就以学生的学习来说,学生首先从教师及书本那里取得有关概念和技术的基本知识,经过思考、记忆等过程把它变成自己的知识,然后在实践(如做作业、实验、课程设计等)中检验学习的正确性,如果发现问题,就再次向教师或书本请教,修正原来理解上的错误或者补充新的内容。学习系统的学习过程与此类似。它也通过与环境多次相互作用逐步学到有关知识,而且在学习过程中要通过实践验证、评价所学知识的正确性。一个完善的学习系统只有同时具备这两种能力,才能学到有效的知识。

(3)能应用学到的知识求解问题。

学习的目的在于应用。在萨里斯的定义中,就明确指出了学习系统应"能把学到的信息用于未来的估计、分类、决策或控制",强调学习系统应该做到学以致用。事实上,如果一个人或者一个系统不能应用学到的知识求解遇到的现实问题,那他(它)也就失去了学习的作用及意义。

(4)能提高系统的性能。

通过学习,系统应能增长知识,提高技能,改善系统的性能,使它能完成原来不能完成的任务,或者比原来做得更好。例如对于博弈系统,如果它第一次失败了,那么它应能从失败中吸取经验教训,通过与环境的作用学到新的知识,做到"吃一堑,长一智",使得以后不重蹈覆辙。

5.1.3.3　机器学习系统的基本模型

由以上分析可以看出,一个学习系统一般应该有环境、学习、知识库、执行与评价四个基本部分。各部分之间的关系如图 5.2 所示,其中,箭头表示信息的流向。

图 5.2　机器学习系统

"环境"指外部信息的来源。它将为系统的学习机构提供有关信息。系统通过对环境的搜索取得外部信息,然后经分析、综合、类比、归纳等思维过程获得知识,并将这些知识存入知识库中。

"知识库"用于存储由学习得到的知识,在存储时要进行适当的组织,使它既便于应用又便于维护。"执行与评价"实际上是由"执行"与"评价"这两个环节组成的。执行环节用于处理系统面临的现实问题,即应用学到的知识求解问题,如定理证明、智能控制、自然语言处理、机器人行动规划等;评价环节用于验证、评价执行环节执行的效果,如结论的正确性等。目前对评价的处理有两种方式:一种是把评价时所需的性能指标直接建立在系统中,由系统对执行环节得到的结果进行评价;另一种是由人来协助完成评价工作。如果采用后一种方式,则图 5.2 中可略去评价环节。

"学习"部分将根据反馈信息决定是否要从环境中索取进一步的信息进行学习,以修改、完善知识库中的知识。这是学习系统的一个重要特征。

5.1.4　机器学习的分类

机器学习可从不同的角度,根据不同的方式进行分类。主要有:

5.1.4.1　按系统的学习能力分类

若按系统的学习能力分类,机器学习可分为有监督学习与无监督学习、弱监督学习。这是当前最常用的分类方法。有监督学习在学习时需要教师的示教或训练,这往往需要很大的工作量,甚至是不可能实现的。无监督学习是用评价标准来代替人的监督工作,一般效果比较差。弱监督学习则结合有监督学习与无监督学习的优点,利用不完全的有标签数据进行有监督学习,同时利用大量的无标签数据进行无监督学习。弱监督学习方法主要有半监督学习、迁移学习和强化学习。

5.1.4.2　按学习方法分类

正如人们有各种各样的学习方法,机器学习也有多种学习方法。若按学习时所用的方法进行分类,机器学习可分为机械式学习、指导式学习、示例学习、类比学习、解释学习等。

5.1.4.3　按推理方式分类

若按学习时所采用的推理方式进行分类,则机器学习可分为基于演绎的学习及基于归纳的学习。基于演绎的学习是指以演绎推理为基础的学习。解释学习在其推理过程中主要使用的演绎方法,因而可将它划入基于演绎的学习这一类。基于归纳的学习是指以归纳推理为基础的学习。示例学习、发现学习等在其学习过程中主要使用了归纳推理,因而可划入归纳学习这一类。

早期的机器学习系统一般都使用单一的推理方式,现在则趋于集成多种推理技术来支持学习。例如类比学习就既用到演绎推理又用到归纳推理,解释学习也是这样,只是因它演绎部分所占的比例较大,所以把它归入基于演绎的学习。

5.1.4.4　按综合属性分类

随着机器学习的发展以及人们对它认识的提高,要求对机器学习进行更科学、更全面的分类。因而近年来有人提出了按学习的综合属性进行分类,它综合考虑了学习的知识表示、推理方法、应用领域等多种因素,能比较全面地反映机器学习的实际情况。用这种方法进行分类,不仅可以把过去已有的学习方法都包括在内,而且反映了机器学习的最近发展。按照这种分类方法,机器学习可分为归纳学习、分析学习、连接学习以及遗传算法与分类器系统等。分析学习是基于演绎和分析的学习。学习时从一个或几个实例出发,运用过去求解问题的经验,通过演绎对当前面临的问题进行求解,或者产生能更有效应用领域知识的控制性规则。分析学习的目标不是扩充概念描述的范围,而是提高系统的效率。

机器学习还有其他多种分类方法。例如,若按所学知识的表示方式分类,机器学习可分为逻辑表示法学习、产生式表示法学习、框架表示法学习等;若按机器学习的应用领域分类,机器学习可分为专家系统、机器人学、自然语言处理、图像识别、博弈、数学、音乐等。

5.2　回归与优化算法

回归分析是一种广泛应用的方法,它能够有效地建立自变量与因变量之间的关系模型。无论是在自然科学还是社会科学领域,回归分析都扮演着重要角色,因为它能够帮助我们理解和预测各种现象之间的关系。在机器学习领域,回归问题尤为常见,因为它们通常涉及对某个数值的预测。

举例来说,当我们想要预测房价、股票价格或者病人的住院时间时,我们都可以使用回归分析。这些预测对于房地产市场、金融领域以及医疗保健行业都具有重要意义。比如,在房地产市场中,房价预测可以帮助买家和卖家做出明智的决策;在金融领域,股票价格预测可以指导投资者进行交易;而在医疗保健领域,预测病人的住院时间可以帮助医护人员做出合理的安排。

为了解决这些问题,我们需要使用回归分析中的各种方法。其中,线性回归是最常见的一种方法,它假设自变量和因变量之间的关系是线性的。而在机器学习中,我们通常会使用最优化方法来求解回归模型的参数。其中,随机梯度下降法是一种常用的优化方法,它通过迭代的方式逐渐调整模型参数,使得模型在训练数据上的预测误差不断减小,从而达到最优化的目标。通过学习线性回归与随机梯度下降法,我们可以更好地应用回归分析解决实际问题。

介绍线性回归(linear regression)模型之前,首先介绍两个概念:线性关系和回归问题。

(1)线性关系:变量之间的关系是一次函数,也就是说当一个自变量 x 和因变量 y 的关系被画出时呈现的是一条直线,当两个自变量 x_1、x_2 和因变量 y 的关系被画出时呈现的是一个平面。反之,如果一个自变量 x 和因变量 y 的关系为非线性关系,那么它们的关系被画出时呈现的是一条曲线,而如果两个自变量 x_1、x_2 和因变量 y 的关系为非线性关系时,那么它们的关系被画出时呈现的就是一个曲面。我们再用数学表达式来解释一下,$y = a * x_1 + b * x_2 + c$ 的自变量和因变量就是线性关系,而 $y = x_2$、$y = \sin(x)$ 的自变量和因变量就是非线性关系。

(2)回归问题:即预测一个连续问题的数值。这里列举一个例子以方便读者理解:小王站在银行的柜台前想知道他可以办理多少贷款,银行的工作人员会问小王几个问题,比如年龄多少(特征1),每个月收入多少(特征2)。之后根据小王的回答,银行工作人员依据模型(线性回归)分析结果,回答可以给小王10万元(回归即对据图数值的预测)的贷款。线性回归会根据其他人的历史贷款数据(年龄和工资对应的两个特征分别记为 x_1 和 x_2),找出最好的拟合面来进行预测(如果是一个特征则是线)。这个例子中用年龄和收入预测出具体的贷款额度,而贷款额度是一个连续的数值,因此该问题即为回归问题。

扩展一下,如果上面例子中的小王想知道他是否可以办理贷款,那么这就变成了一个二元分类问题——能办理贷款或者不能办理贷款。线性回归主要用于处理回归问题,少数情况用于处理分类问题。

5.2.1 一元线性回归

一元线性回归是用来描述自变量和因变量都只有一个,且自变量和因变量之间呈线性关系的回归模型,一元线性回归可以表示为 $y = a * x + b$,其中只有 x 一个自变量,y 为因变量,a 为斜率(有时也称为 x 的权重),b 为截距。下面举例说明。

比如,我们目前有如下这样一组数据:

```
01      x=np.array([1,2,4,6,8]) #铺设管子的长度
02      y=np.array([2,5,7,8,9]) #收费,单位为元
```

x 代表的是铺设管子的长度,y 对应的是相应的收费。我们希望通过一元线性回归模型寻找到一条合适的直线,最大限度地"拟合"自变量 x(管子长度)和因变量 y(收费)之间的关系。这样,当我们知道一根管子的长度,想知道最可能的收费是多少的时候,线性回归模型就可以通过这条"拟合"的直线告诉我们最可能的收费是多少。线性回归拟合直线如图5.3所示。

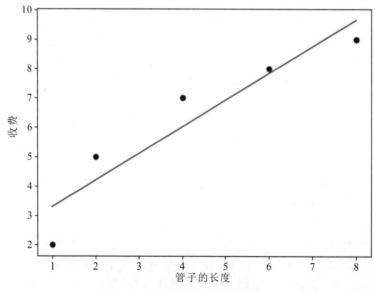

图5.3 线性回归拟合直线

上面的示例就是通过构建一元线性回归模型来根据管子的长度预测收费的问题。学习一元线性模型的过程就是通过训练数据集得到最合适的 a 和 b 的过程,也可以说该一元线性模型的参数即为 a 和 b。当输入一个新的测试数据点的时候,我们可以通过训练好的模型($y=a*x+b$)来进行预测。例如,对于一个测试数据 x_test(不在 np.array([1,2,4,6,8])中),由于模型参数 a 和 b 已知,因此可以计算线性方程 $a*x\_test+b$ 得到预测的结果 $y\_predict$。

了解了一元线性回归的概念之后,我们来看一下如何通过训练得到这样一个模型。

首先,我们要定义好一个模型的评价方式,即如何判断这个模型的好与不好,好到什么程度,坏到什么程度。我们比较容易想到的就是通过计算预测值 $y\_predict$ 与真实值 y 之间的差距。也就是说,$y\_predict$ 与 y 的距离越小,代表我们的模型效果越好。那么我们又该如何衡量这个模型的 $y\_predict$ 的值与 y 真实值之间的差距呢?首先比较容易想到的是直接计算这两个值之间的差值。具体来说就是,对于每一个点(x)都计算 $y-y\_predict$,然后将所有的值进行累加最后除以样本数,目的是减少样本对于结果的影响,即 $\frac{1}{n}\sum_{i=1}^{n}(y^i - y\_predict^i)$。但是,这里有个问题,我们预测出来的 $y\_predict$ 有可能大于真实值 y,也有可能小于真实值 y,这会导致我们累加之后的误差被削弱(比如,结果被正负中和导致最终累加误差接近于 0),这个显然与实际情况不符合,因此需要对这种方式做一定的修改。基于上面的原因,我们很容易想到,对于每一个点(x)都计算 $|y^i-y\_predict^i|$,之后再进行累加。从某种角度来说,这个衡量标准是可行的,但是考虑到后续的误差计算以及存在求导等问题(该式导数不连续),实际使用过程中很少使用这种方法。进一步优化后的评估方法为:对于每一个点(x)都计算 $y-y\_predict$,然后对这个结果做一次平方,最后为了忽略样本数的影响,我们取平均值 $x=\frac{1}{n}\sum_{i=1}^{n}(y^i - y\_predict^i)$。该方法是比较常用的度量预测值与真实值之间差距的方法。

接下来就是找到一个合适的方法对预测值和真实值的差距进行优化,即希望 $\sum_{i=1}^{n}(y^i - y\_predict^i)$ 尽可能地小。由于 $y\_predict^i=ax^i+b$,所以我们可以将公式改写为 $\frac{1}{n}\sum_{i=1}^{n}(y^i - ax^i-b)^2$。对于这个公式来说,只有 a 和 b 是待学习的参数,其他的 x 和 y 都可以从训练集中得到。我们可以通过最小二乘法(又称最小平方法)来寻找最优的参数 a 和 b。最小二乘法是一种数学优化技术,它通过最小化误差的平方和的方法寻找最优的参数。利用这个最小二乘法的推导(推导过程将不在本书中详述,有兴趣的同学可以自行上网查询,这里我们直接给出推导结果),我们可以得到求解 a 和 b 的公式:

$$a=\frac{\sum_{i=1}^{n}(x^i-\overline{x})(y^i-\overline{y})}{\sum_{i=1}^{n}(x^i-\overline{x})^2}$$
$$b=\overline{y}-a\,\overline{x}$$

其中,x 和 y 分别代表数据集中 x 和 y 的平均值。

至此,我们完成了一元线性回归的理论介绍,得到了一元线性回归模型 $y=a*x+b$ 中的参数 a 和 b。

上文中,我们介绍了一元线性回归的核心思想以及如何求得最小误差(通过最小二乘法),那么接下来为了方便读者的理解,我们使用 Python 来实现一元线性回归的算法。

回到上文中列举的示例,我们目前有这么一组数据:

```
01    x＝np.array([1,2,4,6,8])＃铺设管子的长度
02    y＝np.array([2,5,7,8,9])＃收费,单位为元
```

我们想通过最小二乘法减少误差,找到那条拟合直线。

对于 a 和 b 的求解,之前我们已经给出了结论,现在是通过 Python 的方式进行实现。

我们打开 Pycharm,新建一个 Python 的项目,创建演示数据集,输入如下代码:

```
01    if name ＝＝' main ':
02        x＝np.array([1,2,4,6,8])＃铺设管子的长度
03        y＝np.array([2,5,7,8,9])＃费用
04        x_mean＝np.mean(x)＃求出 x 向量的均值
05        y_mean＝np.mean(y)＃求出 y 向量的均值
```

通过上述代码,我们能得到 x 与 y 的均值,然后,我们来尝试计算下 a 和 b,a 相对更复杂一些。

$$a = \frac{\sum_{i=1}^{n}(x^i - \overline{x})(y^i - \overline{y})}{\sum_{i=1}^{n} n(x^i - \overline{x})^2}$$
$$b = \overline{y} - a\,\overline{x}$$

a 和 b 的计算代码如下:

```
01    denominator＝0.0                                ＃分母
02    numerator＝0.0                                  ＃分子
03    for x_i,y_i in zip(x,y):          ＃将 x,y 向量合并起来形成元组(1,2),(2,5)
04        numerator ＋= (x_i － x_mean) * (y_i － y_mean)   ＃按照 a 的公式得到分子
05        denominator ＋= (x_i － x_mean) ** 2          ＃按照 a 的公式得到分母
06    a＝numerator / denominator                      ＃得到 a
07    b＝y_mean － a * x_mean                          ＃得到 b
```

我们得到 a 和 b 之后就可以使用 Matplotlib 来绘制图形了,从而使读者能够更加直观地查看拟合直线,其中,scatter 这个方法可用于绘制各个训练数据点。使用 plot 方法绘制拟合直线的代码具体如下:

```
01    y_predict＝a * x ＋ b        ＃求得预测值 y_predict
02    plt.scatter(x,y,color=' b')   ＃画出所有训练集的数据
      plt.plot(x,y_predict,color=' r')＃画出拟合直线,颜色为红色
03    plt.xlabel('管子的长度',fontproperties=' simHei ',fontsize=15)    ＃设置 x 轴的标
```

```
04    plt.ylabel('收费',fontproperties=' simHei ',fontsize=15)        #设置 y 轴的标
05    plt.show()
```

完整的代码与效果图(图 5.4)分别如下:

```
01    import numpy as np
02    import matplotlib.pyplot as plt
03    if name =='main':
04      x=np.array([1,2,4,6,8])
05      y=np.array([2,5,7,8,9])
06      x_mean=np.mean(x)
07      y_mean=np.mean(y)
08
09      denominator=0.0
10      numerator=0.0
11      for x_i,y_i in zip(x,y):
12        numerator += (x_i - x_mean) * (y_i - y_mean) #按照 a 的公式得到分子
13        denominator += (x_i - x_mean) ** 2    #按照 a 的公式得到分母
14        a=numerator / denominator            #得到 a
15        b=y_mean - a * x_mean                 #得到 b
16      y_predict=a * x + b
17      plt.scatter(x,y,color=' b ')
18      plt.plot(x,y_predict,color=' r ')
19      plt.xlabel('管子的长度',fontproperties=' simHei ',fontsize=15)
20      plt.ylabel('收费',fontproperties=' simHei ',fontsize=15)
21      plt.show()
```

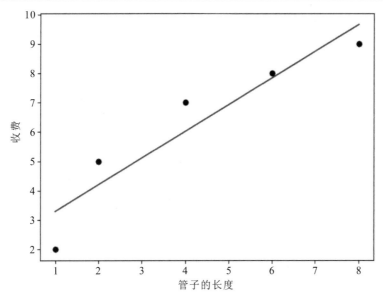

图 5.4　一元线性回归效果

129

▌5.2.2 多元线性回归

5.2.1中,我们介绍了一元线性回归(自变量或者说特征只有一个)的内容,在现实社会中,一种现象常常是与多个自变量(或者说特征)相联系,由多个自变量的最优组合共同来预测或者估计因变量(预测值)会更符合实际情况。例如,房子售价预测的关系中,房子的售价往往与房子的住房面积、房间数量、与市中心的距离(地段)、旁边是否有便利的交通等因素息息相关。表达式的形式一般如下:

$$y = \theta_0 + \theta_1 x_1 + \theta_2 x_2 + \cdots + \theta_n x_n$$

多元线性回归与一元线性回归类似,都是使得 $\dfrac{1}{n} \sum\limits_{i=1}^{n} n(y^i - y\_predoct^i)^2$ 尽可能小。

多元线性回归也可以使用最小二乘法进行计算,最终得出 θ_0、θ_1、θ_2 等参数。

首先稍微整理下思路:我们希望将公式稍做修改,将原来的 $y = \theta_0 + \theta_1 x_1 + \theta_2 x_2 + \cdots + \theta_n x_n$ 整理成 $y = \theta_0 x_0 + \theta_1 x_1 + \theta_2 x_2 + \cdots + \theta_n x_n$,其中 x_0 恒等于1,细心的读者会发现,$y = \theta_0 x_0 + \theta_1 x_1 + \theta_2 x_2 + \cdots + \theta_n x_n$,可以看作两个矩阵的点乘运算。要达成这样的目标,我们希望将所有的参数(包括权重和截距)都整理为 $\theta = (\theta_0, \theta_1, \theta_2, \cdots, \theta_n)$。如图5.5所示,参数向量本身是一个行向量,我们需要做一次矩阵转置使之成为列向量。而对于所有训练数据的特征,我们可以整理为:其中 x_0 恒等于1,i 表示样本编号,范围从1到 m,即 m 个训练样本。这样,我们就可以将这个公式简化为 $y^i = x^i \cdot \theta$,其中"·"代表的是点乘,此时的 θ 是一个列向量。

$$X_b = \begin{pmatrix} 1 & X_1^{(1)} & X_2^{(1)} & \cdots & X_n^{(1)} \\ 1 & X_1^{(2)} & X_2^{(2)} & \cdots & X_n^{(2)} \\ \vdots & \vdots & \vdots & \ddots & \vdots \\ 1 & X_1^{(m)} & X_2^{(m)} & \cdots & X_n^{(m)} \end{pmatrix} \quad \theta = \begin{pmatrix} \theta_0 \\ \theta_1 \\ \theta_2 \\ \vdots \\ \theta_n \end{pmatrix}$$

图5.5 训练数据特征矩阵以及权重矩阵

这里我们再详细解释一下,X 矩阵的每一行代表一个数据,其中第一列的值恒等于1(点乘计算后代表的值其实是截距:$1 * \theta_0 = \theta_0$)。之后的每一列代表的是这一行数据的一组特征。θ 为列向量,θ_0 代表截距,其余都是相应特征的权重。

与前文提到过的说明一样,我们不会做复杂的公式推导,最终,我们的问题将转换为求出 θ 向量(包含了截距与权重),使得 $\sum\limits_{i=1}^{n} (y^i - y\_predict^i)^2$ 尽可能小。这里我们直接给出参数 θ 的计算公式:

$$\theta = (X_i^T X)^{-1} X_i^T y$$

这个公式就是多元线性回归的正规方程解(normal equation)。下面我们根据这个公式使用 Python 实现多元线性回归。实现代码具体如下:

```
01    import numpy as np
02    from numpy import linalg
```

```
03
04   class MLinearRegression：
05   def init（self）：
06       self.coef_＝None              ＃代表的是权重
07       self.interception_＝None      ＃代表的是截距
08       self._theta＝None            ＃代表的是权重＋截距
09
10       """
11   规范下代码,X_train 代表的是矩阵 X 大写,y_train 代表的是向量 y 小写
12       """
13   def fit(self,X_train,y_train)：
14       assert X_train.shape[0] ＝＝ y_train.shape[0],\
15
16       ones＝np.ones((X_train.shape[0],1))
17       X_b＝np.hstack((ones,X_train))       ＃将 X 矩阵转为 X_b 矩阵,其中第一列
                                             ＃为 1,其余不变
18       self._theta＝linalg.inv(X_b.T.dot(X_b)).dot(X_b.T).dot(y_train)
19       self.interception_＝self._theta[0]
20       self.coef_＝self._theta[1：]
21       return self
22
23   def predict(self,X_predict)：
24       ones＝np.ones((X_predict.shape[0],1))
25       X_b＝np.hstack((ones,X_predict))＃将 X 矩阵转为 X_b 矩阵,其中第一列为 1
26       return X_b.dot(self._theta)     ＃得到的即为预测值
27
28
29   def mean_squared_error(self,y_true,y_predict)：
30       return np.sum((y_true － y_predict) ＊ ＊ 2) / len(y_true)
31
32   def score(self,X_test,y_test)：＃使用 r square
33       y_predict＝self.predict(X_test)
34       return 1 － (self.mean_squared_error(y_test,y_predict) / (np.var(y_test)))
```

5.2.3　随机梯度下降法

对于机器学习问题,我们通常会先定义损失函数。一旦有了损失函数,我们就可以使用优化算法来尝试最小化损失。在优化中,损失函数通常被称为优化问题的目标函数。按照

传统惯例,大多数优化算法都关注的是最小化。如果我们需要最大化目标,那么有一个简单的解决方案:在目标函数前加负号即可。

尽管优化提供了一种最大限度地减少机器学习损失函数的方法,但本质上,优化和机器学习的目标是根本不同的。前者主要关注的是最小化目标,后者则关注在给定有限数据量的情况下寻找合适的模型。接下来将介绍优化算法中的随机梯度下降法。

随机梯度下降法(stochastic gradient descent,SGD)是一种用于优化机器学习模型参数的算法,特别是在处理大规模数据集时表现出色。其基本思想是在每次迭代中,仅使用一个样本的梯度来更新模型参数。由于每次迭代只需计算一个样本的梯度,SGD在大规模数据集上具有高效性,并且可以很容易地并行化处理。

在深度学习里,目标函数通常是训练数据集中有关各个样本的损失函数的平均。设$f_i(x)$是有关索引为i的训练数据样本的损失函数,n是训练数据样本数,x是模型的参数向量,那么目标函数定义为:

$$f(x) = \frac{1}{n} \sum_{i=1}^{n} f_i(x)$$

目标函数在x处的梯度计算为:

$$\nabla f(x) = \frac{1}{n} \sum_{i=1}^{n} \nabla f_i(x)$$

如果使用梯度下降,每次自变量迭代的计算开销为$O(n)$,它随着n线性增长。因此,当训练数据样本数很大时,梯度下降每次迭代的计算开销很高。

随机梯度下降减少了每次迭代的计算开销。在随机梯度下降的每次迭代中,我们随机均匀采样的一个样本索引$i \in \{1, \cdots, n\}$,并计算梯度$\nabla f_i(x)$来迭代x:

$$x \leftarrow x - \eta \nabla f_i(x)$$

这里η为学习率。可以看到每次迭代的计算开销从梯度下降的$O(n)$降到了常数$O(1)$。值得强调的是,随机梯度$\nabla f_i(x)$是对梯度$\nabla f(x)$的无偏估计:

$$E_i \nabla f(x) = \frac{1}{n} \sum_{i=1}^{n} \nabla f_i(x) = \nabla f(x)$$

这意味着,平均来说,随机梯度是对梯度的一个良好的估计。

5.3 分类与聚类

分类和聚类是机器学习和数据挖掘领域常用的两种技术,用于对数据进行深入分析和有效整理。它们在处理数据时具有各自独特的方法和目的。

分类是一种监督学习技术,其目的是将数据分为预先定义好的类别或标签。这种方法通过模型学习输入特征与已知标签之间的关系,从而使得模型能够对新的未知数据进行准确分类。例如,利用分类技术可以将电子邮件区分为"垃圾邮件"和"非垃圾邮件",或将图像识别为"猫"和"狗"。

相对而言,聚类是一种无监督学习技术,其目标是根据数据点之间的相似性将数据分成不同的组或簇,而无需事先定义类别标签。聚类算法旨在发现数据内在的结构和模式,从而将数据点聚集到具有相似特征的组中。例如,通过聚类技术可以将顾客根据其购买行为划分为不同的群体,或将文档根据其内容划分为不同的主题。

总的来说,分类和聚类技术都是对数据进行整理和分析的有效工具。分类需要预先定义好标签,并通过已有标签来训练模型以对新数据进行预测;而聚类则是根据数据点本身的相似性来进行分组,不依赖于预先定义的标签,从而能够发现数据中的潜在结构和关联。

5.3.1　分类

在机器学习中,分类是指预测建模问题,对给定示例的输入数据预测其类别标签。从建模的角度来看,分类需要训练数据集,其中包含许多可供学习的输入和输出数据。模型将使用训练数据集,并计算如何将输入数据样本更加准确地映射到特定的类别标签。因此,训练数据集必须拥有足够的代表性,并且每个分类标签都拥有很多样本数据。类别标签通常是字符串值,例如"spam"(垃圾邮件),"not spam"(非垃圾邮件),并且在提供给建模算法之前必须将其映射为数值。这通常称为标签编码,其中为每个类别标签分配一个唯一的整数,例如"spam"＝0,"not spam"＝ 1。有很多不同类型的分类算法可以对分类预测问题进行建模。

关于如何将合适的算法应用到具体分类问题上,没有固定的模式准则。但可以通过实验来确定,通常是使用受控实验,在给定的分类任务中,哪种算法和配置拥有最佳性能,从而将其挑选出来,基于预测结果对分类预测建模算法进行评估。你可能会遇到四种主要的分类任务类型,它们分别是:二分类、多类别分类、多标签分类和不平衡分类。

接下来将介绍 K 近邻算法(K-nearest neighbor,KNN),它是机器学习算法中最基础、最简单的算法之一。它既能用于分类,也能用于回归。KNN 通过测量不同特征值之间的距离来进行分类。

KNN 算法的思想非常简单:对于任意 n 维输入向量,分别对应于特征空间中的一个点,输出为该特征向量所对应的类别标签或预测值。KNN 算法是一种非常特别的机器学习算法,因为它没有一般意义上的学习过程。它的工作原理是利用训练数据对特征向量空间进行划分,并将划分结果作为最终算法模型。存在一个样本数据集合(也称作训练样本集),并且样本集中的每个数据都存在标签,即我们知道样本集中每一数据与所属分类的对应关系。输入没有标签的数据后,将这个没有标签的数据的每个特征与样本集中的数据对应的特征进行比较,然后提取样本中特征最相近的数据(最近邻)的分类标签。

一般而言,我们只选择样本数据集中前 k 个最相似的数据,这就是 KNN 算法中 K 的由来,通常 k 是不大于 20 的整数。最后,选择 k 个最相似数据中出现次数最多的类别,作为新数据的分类。下面通过一个简单的例子说明一下,如图 5.6 所示。绿色圆要被决定赋予哪个类,是红色三角形还是蓝色四方形?如果 $k＝3$,由于红色三角形所占比例为 2/3,绿色圆将被赋予红色三角形那个类,如果 $k＝5$,由于蓝色四方形比例为 3/5,因此绿色圆被赋予蓝色四方形类。

下面是一个简单的 Python 代码示例,演示了如何使用 scikit-learn 库中的 KNeighborsClassifier 类实现 K 最近邻算法进行分类:

```
01    from sklearn.neighbors import KNeighborsClassifier
02    import numpy as np
03    # 训练数据集
04    X_train＝np.array([[1,2],[1,4],[2,2],[2,3],[3,1],[4,2]])
05    y_train＝np.array([0,0,0,1,1,1]) # 对应的类别标签
06    # 创建 K 最近邻分类器,设置 k＝3
07    knn＝KNeighborsClassifier(n_neighbors＝3)
08
09    # 用训练数据拟合分类器模型
10    knn.fit(X_train,y_train)
11
12    # 使用训练好的模型进行预测
13    X_new＝np.array([[3,2]])
14    prediction＝knn.predict(X_new)
15
16    # 输出预测结果
17    print("预测结果:",prediction)
```

这个示例首先创建了一个包含训练数据集 X_train 和对应类别标签 y_train 的数组。然后,创建了一个 KNeighborsClassifier 对象 knn,并将 k 设置为3。接着,使用 fit 方法将训练数据集拟合到模型中。最后,使用 predict 方法对新的数据样本 X_new 进行预测,并输出预测结果。

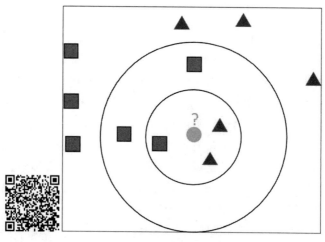

图 5.6   KNN算法实例

5.3.2　聚类

聚类就是根据数据的"相似性"将数据分为多类的过程。聚类把各不相同的个体分割为相似子集合。聚类生成的子集合称为簇。聚类的要求如图 5.7 所示,生成的簇内部的任意两个对象之间具有较高的相似度,属于不同簇的两个对象间具有较高的相异度。

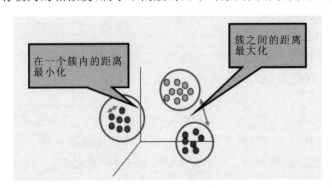

图 5.7　聚类的要求

以下是一些常见的聚类算法:

(1)K 均值聚类(K-Means)

K-Means 是最经典和常用的聚类算法之一。它通过将数据划分为 k 个簇,并使每个样本点到其所属簇的中心距离最小化来实现。K-Means 算法迭代更新簇的中心,直至达到收敛条件。

(2)层次聚类(hierarchical clustering)

层次聚类通过构建一个树状结构(聚类树或谱系树)来刻画样本之间的层次关系。可以是自底向上(凝聚性层次聚类)或自顶向下(分裂性层次聚类)的方法。

(3)DBSCAN(density-based spatial clustering of applications with noise,DBSCAN)

DBSCAN 是一种基于样本密度的聚类算法。它通过寻找高密度区域,将数据划分为不同的簇,并可以识别噪声点。DBSCAN 不需要预先指定簇的数量,适用于不规则形状的簇和对噪声相对鲁棒的场景。

(4)谱聚类(spectral clustering)

利用样本之间的相似度矩阵,将其转化为拉普拉斯矩阵,通过对拉普拉斯矩阵进行特征分解,得到样本的特征向量,再通过 K-Means 等方法对特征向量进行聚类。谱聚类通常对图结构的数据有较好的适应性。

(5)高斯混合模型聚类(gaussian mixture model,GMM)

假设数据是由若干个高斯分布混合而成,通过迭代优化参数,最大化观测数据的似然函数,从而进行聚类。GMM 对于数据分布呈现出复杂结构的情况较为有效。

这些聚类算法在不同场景和数据特性下有各自的优势和局限性,选择合适的算法取决于问题的性质和对结果的需求。聚类在图像分割、客户细分、异常检测等领域都有广泛的应用。接下来将详细介绍 K-Means 聚类算法。

K-Means 聚类算法是一种常用的无监督学习技术,旨在将一组数据点分成具有相似性

的 k 个簇。其过程简单而直观,但能有效地将数据点聚集到各自的群组中,形成具有明显区分的簇。算法的执行步骤如下所示:

(1)初始化聚类中心。

算法开始时,随机选择 k 个点作为初始的聚类中心。这些中心点代表了簇的中心位置。

(2)分配数据点到最近的簇。

对于剩下的数据点,根据它们与各个聚类中心的距离,将它们归入距离最近的簇中。这一步确保了簇内的数据点具有较高的相似性。

(3)更新聚类中心。

对于每个簇,计算其所有数据点的均值,将这个均值作为新的聚类中心。这一步更新了簇的中心位置,使其能更好地代表簇内的数据点。

(4)重复迭代。

重复执行第二步和第三步,直到聚类中心不再发生改变,或者达到预先设定的迭代次数。这样,算法就会收敛于一组最优的聚类中心,形成最终的簇。

这个过程可以形象地理解为在数据点之间寻找一种"重力中心",使得每个数据点都被吸引到离它最近的"重力中心"所在的簇中。通过不断迭代,这些"重力中心"会逐渐调整位置,直至找到最优的簇划分。

K-Means 算法的核心思想是通过最小化簇内的方差来优化簇的划分,从而使得簇内的数据点更加紧密地聚集在一起,而簇与簇之间的相似度较低。这种方法使得 K-Means 在处理大规模数据时也能够快速收敛,并产生具有解释性和可解释性的聚类结果。

在实际应用中,K-Means 聚类算法被广泛应用于数据分析、模式识别、图像处理等领域,为数据挖掘和业务决策提供了有力支持。

图 5.8 为聚类 A、B、C、D、E 五个点的聚类中心的选取过程。

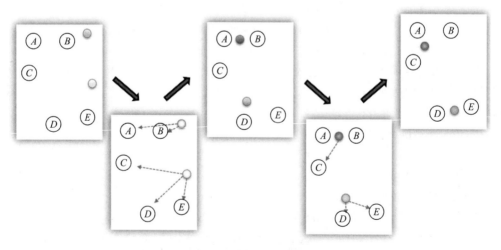

图 5.8 聚类中心的选取过程

下面是一个简单的用 Python 实现 K-Means 聚类算法的示例代码:

```
01      import numpy as np
02
```

```
03    def k_means_clustering(data,k,max_iter=100):
04    #随机初始化 k 个聚类中心
05        centroids=data[np.random.choice(len(data),k,replace=False)]
06        for _ in range(max_iter):
07            #分配数据点到最近的聚类中心
08            labels=np.argmin(np.linalg.norm(data[:,None] - centroids,axis=2),axis=1)
09
10            #更新聚类中心
11            new_centroids=np.array([data[labels == i].mean(axis=0) for i in range(k)])
12
13            #如果聚类中心不再发生改变,则停止迭代
14            if np.all(centroids == new_centroids):
15                break
16
17            centroids=new_centroids
18
19        return centroids,labels
20
21        #测试数据
22        data=np.array([[1,2],[1,4],[2,2],[2,3],[3,1],[4,2]])
23        #调用 K-Means 算法进行聚类
24        k=2
25        centroids,labels=k_means_clustering(data,k)
26
27        #输出聚类中心和对应的簇标签
28        print("聚类中心:",centroids)
29        print("簇标签:",labels)
```

这个简单的实现首先随机初始化了 k 个聚类中心,然后进行迭代优化,直到聚类中心不再改变或达到最大迭代次数为止。在每次迭代中,首先根据数据点与当前聚类中心的距离将数据点分配到最近的簇中,然后根据分配结果更新聚类中心的位置。最终,返回最终的聚类中心和对应的簇标签。

5.4　K-Means算法实现鸢尾花聚类

本小节进行 K-Means 算法实现鸢尾花聚类的实战演示,数据集为鸢尾花开源数据集,共包含 150 条记录。

5.4.1　步骤

(1)导包。

```
01    import matplotlib.pyplot as plt
02    import numpy as np
03    from sklearn.cluster import KMeans
04    from sklearn import datasets
```

(2)加载数据集。

```
05    ♯直接从 sklearn 中获取数据集
06    iris＝datasets.load_iris()
07    X＝iris.data[:,:4]      ♯表示我们取特征空间中的 4 个维度
08    print(X.shape)
```

(3)绘制二维数据分布图。

```
09    ♯取前两个维度(萼片长度、萼片宽度),绘制数据分布图
10    plt.scatter(X[:,0],X[:,1],c="red",marker='o',label=' see ')
11    plt.xlabel(' sepal length ')
12    plt.ylabel(' sepal width ')
13    plt.legend(loc＝2)
14    plt.show()
15    ♯取后两个维度(花瓣长度、花瓣宽度),绘制数据分布图
16    plt.scatter(X[:,2],X[:,3],c="green",marker='+',label=' see ')
17    plt.xlabel(' petal length ')
18    plt.ylabel(' petal width ')
19    plt.legend(loc＝2)
20    plt.show()
```

萼片数据分布如图 5.9 所示,花瓣数据分布如图 5.10 所示。

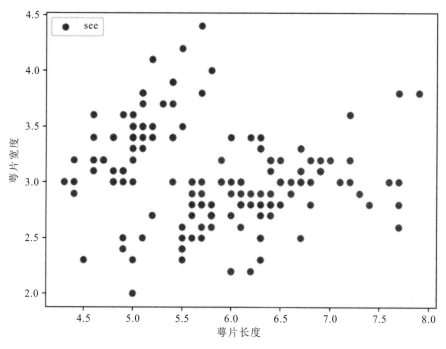

图 5.9　萼片数据分布

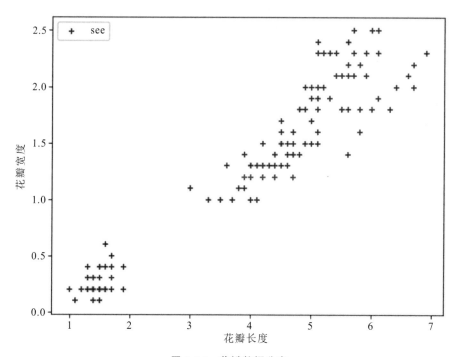

图 5.10　花瓣数据分布

（4）实例化 K-Means 类，并且定义训练函数。

```
01    def Model(n_clusters):
02        estimator＝KMeans(n_clusters＝n_clusters)♯构造聚类器
03        return estimator
04    def train(estimator):
05        estimator.fit(X)    ♯聚类
```

（5）训练。

```
06    ♯初始化实例，并开启训练拟合
07    estimator＝Model(4)
08    train(estimator)
```

（6）可视化展示。

```
09    label_pred＝estimator.labels_    ♯获取聚类标签
10    ♯绘制 K-Means 结果
11    x0＝X[label_pred ＝＝ 0]
12    x1＝X[label_pred ＝＝ 1]
13    x2＝X[label_pred ＝＝ 2]
14    plt.scatter(x0[:,0],x0[:,1],c＝"red",marker＝'o',label＝'label0')
15    plt.scatter(x1[:,0],x1[:,1],c＝"green",marker＝'*',label＝'label1')
16    plt.scatter(x2[:,0],x2[:,1],c＝"blue",marker＝'＋',label＝'label2')
17    plt.xlabel('sepal length')
18    plt.ylabel('sepal width')
19    plt.legend(loc＝2)
20    plt.show()
21    ♯绘制 K-Means 结果
22    x0＝X[label_pred ＝＝ 0]
23    x1＝X[label_pred ＝＝ 1]
24    x2＝X[label_pred ＝＝ 2]
25    plt.scatter(x0[:,2],x0[:,3],c＝"red",marker＝'o',label＝'label0')
26    plt.scatter(x1[:,2],x1[:,3],c＝"green",marker＝'*',label＝'label1')
27    plt.scatter(x2[:,2],x2[:,3],c＝"blue",marker＝'＋',label＝'label2')
28    plt.xlabel('petal length')
29    plt.ylabel('petal width')
30    plt.legend(loc＝2)
31    plt.show()
```

萼片数据聚类结果如图 5.11 所示，花瓣数据聚类结果如图 5.12 所示。

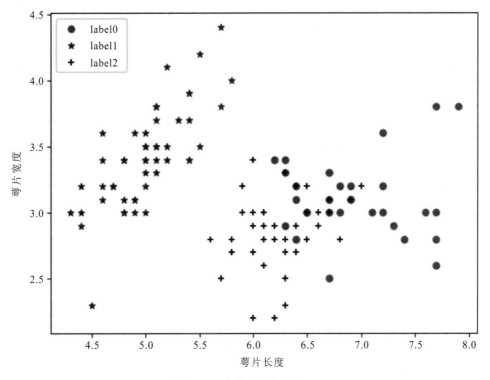

图 5.11　萼片数据聚类结果

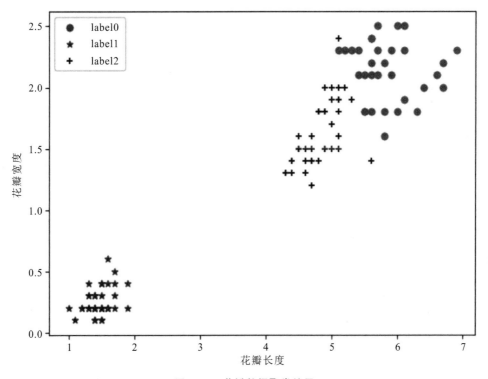

图 5.12　花瓣数据聚类结果

5.4.2　K-Means 聚类算法代码

```
01    #1. 函数 distEclud()的作用:用于计算两个向量的距离
02    def distEclud(x,y):
03       return np.sqrt(np.sum((x－y) * * 2))
04    #2. 函数 randCent()的作用:用来为给定的数据集构建一个包含 k 个随机质心的
      #集合
05    def randCent(dataSet,k):
06       # 3. m,n 分别被赋值为?
07       #    m＝150   ,n＝4
08       m,n＝dataSet.shape
09       centroids＝np.zeros((k,n))
10       #4. 补充 range()中的参数
11       for i in range(k):
12          index＝int(np.random.uniform(0,m))
          #产生 0 到 150 的随机数(在数据集中随机挑一个向量作为质心的初值)
14          centroids[i,:]＝dataSet[index,:] #把对应行的四个维度传给质心的集合
15          print(centroids)
16          return centroids
17
18                                    # k 均值聚类算法
19    def KMeans(dataSet,k):
20       m＝np.shape(dataSet)[0]   #行数 150
21       #第一列存每个样本属于哪一簇(四个簇)
22       #第二列存每个样本到簇的中心点的误差
23       # print(m)
24       clusterAssment＝np.mat(np.zeros((m,2)))# .mat()创建150 * 2 的矩阵
25       clusterChange＝True
26       # 5. centroids＝randCent(dataSet,k)的作用:初始化质心 centroids
27       centroids＝randCent(dataSet,k)
28    # 6. 补充 while 循环的条件
29    while clusterChange:
30       clusterChange＝False
31       #遍历所有的样本
32       # 7. 补充 range()中的参数。
33       for i in range(m):
```

```
34        minDist＝100000.0
35        minIndex＝－1
36      ♯遍历所有的质心
37      ♯8.补充 range()中的参数
38      for j in range(k)：
39          ♯计算该样本到 3 个质心的欧式距离,找到距离最近的那个质心 minIndex
40          distance＝distEclud(centroids[j,:],dataSet[i,:])
41          if distance ＜ minDist：
42            ♯9.补充 minDist;minIndex 的赋值代码
43            minDist＝distance
44            ♯分类的索引
45            minIndex＝j
46        ♯更新该行样本所属的簇
47        if clusterAssment[i,0] ！＝ minIndex：
48          clusterChange＝True
49          clusterAssment[i,:]＝minIndex,minDist ＊＊2
50      ♯更新质心
51      for j in range(k)：
52        pointsInCluster＝dataSet[np.nonzero(clusterAssment[:,0].A ＝＝ j)[0]]
              ♯获取对应簇类所有的点(x＊4)
53
54        ♯10.补充 axis 后的赋值：
55        centroids[j,:]＝np.mean(pointsInCluster,axis＝0)    ♯求均值,产生新的质心
56  ♯ print(clusterAssment[0:150,:])
57  print("cluster complete")
58  return centroids,clusterAssment
59  def draw(data,center,assment)：
60    length＝len(center)
61    fig＝plt.figure
62    data1＝data[np.nonzero(assment[:,0].A ＝＝ 0)[0]]
63    data2＝data[np.nonzero(assment[:,0].A ＝＝ 1)[0]]
64    data3＝data[np.nonzero(assment[:,0].A ＝＝ 2)[0]]
65    ♯选取前两个维度绘制原始数据的散点图
66    plt.scatter(data1[:,0],data1[:,1],c＝"red",marker＝'o',label＝'label0')
67    plt.scatter(data2[:,0],data2[:,1],c＝"green",marker＝'＊',label＝'label1')
68    plt.scatter(data3[:,0],data3[:,1],c＝"blue",marker＝'＋',label＝'label2')
69    ♯绘制簇的质心点
70    for i in range(length)：
```

```
71      plt.annotate('center',xy=(center[i,0],center[i,1]),xytext=\
72      (center[i,0]+1,center[i,1]+1),arrowprops=dict(facecolor='yellow'))
73      #   plt.annotate('center',xy=(center[i,0],center[i,1]),xytext=\
74      #  (center[i,0]+1,center[i,1]+1),arrowprops=dict(facecolor='red'))
75    plt.show()
76   #选取后两个维度绘制原始数据的散点图
77   plt.scatter(data1[:,2],data1[:,3],c="red",marker='o',label='label0')
78   plt.scatter(data2[:,2],data2[:,3],c="green",marker='*',label='label1')
79   plt.scatter(data3[:,2],data3[:,3],c="blue",marker='+',label='label2')
80   #绘制簇的质心点
81   for i in range(length):
82      plt.annotate('center',xy=(center[i,2],center[i,3]),xytext=\
83      (center[i,2]+1,center[i,3]+1),arrowprops=dict(facecolor='yellow'))
84   plt.show()
```

5.5   深度学习理论及应用

▍5.5.1   深度学习的提出

人工智能目前许多成功应用都是基于 2006 年以来迅速发展起来的深度学习(deep learning,DL)。机器学习经历了两次研究高潮:

5.5.1.1   机器学习的第一次浪潮:浅层学习

20 世纪 80 年代末期提出的 BP 算法可以让一个人工神经网络模型从大量训练样本中学习统计规律,从而对未知事件做出预测。这种基于统计的机器学习方法比起过去基于人工规则的系统,在很多方面显示出优越性。与人工规则构造特征的方法相比,利用大数据来学习特征,更能够刻画数据的丰富内在信息。

继 BP 算法提出之后,20 世纪 90 年代,提出各种各样的机器学习方法,例如支持向量机(support vector machines,SVM)、Boosting、最大熵方法(如 logistic regression,LR)等。这些模型的结构基本上可以看成带有一层隐层节点(如 SVM、Boosting),或没有隐层节点(如 logistic regression,LR),所以称为浅层学习方法。由于神经网络理论分析的难度大,训练方法又需要很多经验和技巧,有限样本和有限计算单元情况下对复杂函数的表示能力有限,针对复杂分类问题,其泛化能力受到一定制约。这个时期浅层人工神经网络的研究进展较慢。

5.5.1.2　机器学习的第二次浪潮:深度学习

2006 年,加拿大多伦多大学教授 Geoffrey Hinton 和他的学生在《科学》上发表的文章 "Reducing the Dimension of Data with Neural Network"。通过无监督学习实现"逐层初始化",有效克服深度神经网络在训练上的难度,掀起了深度学习的浪潮。

传统的机器学习具有优异的特征学习能力,但在处理未加工数据时,需要设计一个特征提取器,把原始数据(如图像的像素值)转换成一个适当的内部特征表示或特征向量。深度学习是一种特征学习方法,原始数据通过一些简单的、非线性的模型转变成更高层次的、更加抽象的表达。通过足够多的转换组合,非常复杂的函数也可以被学习。深度学习的实质是通过构建具有很多隐层的机器学习模型和海量的训练数据,来学习更有用的特征,从而提升分类或预测的准确性。

深度学习具有较多层的隐层节点,通过逐层特征变换,将样本在原空间的特征表示变换到一个新特征空间,从而使分类或预测更加容易。深度学习能够发现大数据中的复杂结构,它是利用 BP 算法来完成这个发现过程的。深度学习可通过学习一种深层非线性神经网络结构,实现复杂函数逼近,表征输入数据分布式表示,具有很强的从少数样本集中学习数据集本质特征的能力。

对于分类任务,高层次的表达能够强化输入数据的区分能力,同时削弱不相关因素。比如,一幅图像的原始格式是一个像素数组,那么在第一层上的学习特征表达通常指的是在图像的特定位置和方向上有没有边的存在。第二层通常会根据边缘的特定布置检测图案,这时候会忽略掉一些边上小的干扰。第三层或许会把那些图案进行组合,从而使其对应于熟悉目标的某部分。随后的一些层会将这些部分再组合,从而构成待检测目标。深度学习获取上述各层的特征都不是利用人工来设计的,而是使用一种通用的学习过程从数据中学到的。

通过深度学习得到的深度网络结构符合神经网络的特征,就是深层次的神经网络,称为深度神经网络(deep neural networks,DNN)。深度神经网络是由多个单层非线性网络叠加而成的。常见的单层网络按照编码解码情况分为三类:只包含编码器部分、只包含解码器部分、既有编码器部分又有解码器部分。编码器提供从输入到隐含特征空间的自底向上的映射,解码器以重建结果尽可能接近原始输入为目标将隐含特征映射到输入空间。

5.5.2　人脑视觉机理

机器学习是研究计算机模拟人类学习行为的学科。因此,我们需要先了解人的视觉系统是怎么工作的,怎么知道哪些特征好,哪些特征不好。

人类的逻辑思维,经常使用高度抽象的概念。例如,从原始信号摄入开始(瞳孔摄入像素),接着做初步处理(大脑皮层某些细胞发现边缘和方向),然后抽象(大脑判定眼前的物体的形状是圆形的),进一步抽象(大脑进一步判定该物体是只气球)。这个生理学的发现,促成了人工智能在四十年后的突破性发展。

总的来说,人的视觉系统的信息处理是分级的。从低级的 V1 区提取边缘特征,到 V2 区的形状或者目标部分等,再到更高层,整个目标、目标的行为等。也就是说高层的特征是低层特征的组合,从低层到高层的特征表示越来越抽象,越来越能表现语义或者意图。而抽象层面越高,存在的可能猜测就越少,就越利于分类。

5.5.3 特征

机器学习用于图像识别、语音识别、天气预测、基因表达等问题的基本步骤如图 5.13 所示。

图 5.13 机器学习解决问题的基本步骤

从传感器获取数据,经过预处理、特征提取、特征选择,再到推理、预测或者识别,最后一个部分就是机器学习部分。中间的三部分是特征表达,目前一般是用手工完成的。但手工选取特征是一件非常费力、需要专业知识的工作,而且它的调节需要大量的时间。深度学习能够自动地学习一些特征。

特征是机器学习系统的原材料,对建模影响很大。如果数据被很好地表达成了特征,通常线性模型就能达到满意的精度。

学习算法在一个什么粒度上的特征表示,才能发挥作用? 就一个图片来说,像素级的特征根本没有价值。例如一张摩托车的图片,从像素级别根本得不到任何信息,无法进行识别。而如果特征是一个结构,比如是否具有车把手,是否具有车轮,就很容易把摩托车和非摩托车区分,学习算法才能发挥作用。

我们知道需要层次的特征构建,由浅入深,但每一层该有多少个特征呢? 一般说来,任何一种方法,特征越多,给出的参考信息就越多,准确性会得到提升。但特征多意味着计算复杂,探索的空间大,可以用来训练的数据在每个特征上就会稀疏,会带来各种问题,并不一定是特征越多越好。

5.5.4 深度学习的基本思想

假设系统 S 有 n 层 $(S_1, \cdots, S_n)$,它的输入是 I,输出是 O,表示为: $I => S_1 => S_2 => \cdots => S_n => O$。如果调整系统中参数,使得它的输出 O 等于输入 I,那么就可以自动地获得输入 I 的一系列层次特征,即 $S_1, \cdots, S_n$。通过这种方式,就可以实现对输入信息进行分级表达了。

在现实中,很难做到输出严格地等于输入,但可以要求输入与输出的差别尽可能地小。上述就是深度学习的基本思想。

深度学习的目的是建立、模拟人脑进行分析学习的神经网络,它模仿人脑的机制来解释图像、声音和文本等数据,深度学习通过组合低层特征形成更加抽象的高层表示属性类别或特征以发现数据的分布式特征表示。深度学习是一种无监督的学习。

深度学习采用了多层前向神经网络的分层结构,包括输入层、隐层(多层)、输出层组成的多层网络,只有相邻层节点之间有连接,同一层以及跨层节点之间相互无连接。这种分层结构,是比较接近人类大脑结构的。

BP学习算法采用迭代的算法来训练整个网络,随机设定初值,计算当前网络的输出,然后根据当前输出和样本之间的差去改变前面各层的权值,直到收敛,本质上是一个梯度下降法。对于一个深度网络(7层以上),一方面训练的计算量很大,另一方面残差传播到最前面的层已经变得太小,出现所谓的梯度扩散而不能收敛到稳定状态。在典型的深度学习系统中,有可能有数以百万计的样本和权值和带有标签的样本,用来训练深度神经网络。与BP学习算法相比,深度学习采用了分层计算的训练机制,以克服BP神经网络训练中的问题。

5.5.5 深度学习中的应用

深度学习在计算机视觉、自然语言处理、推荐系统等领域得到了广泛的应用,并且其潜力在不断增长。

由于深度学习,图像识别和计算机视觉任务的性能得到了显著提高。在庞大的数据集上训练深度神经网络,使计算机现在可以可靠地分类和理解图像,从而得到了广泛的应用。目前深度学习在计算机视觉中的主要应用有:

(1)使用用于图像分类的深度学习模型对照片进行分类的过程需要根据图像的内容给它们贴上标签。卷积神经网络(CNN)是一种深度学习模型,在这方面表现得非常好。他们可以通过学习识别视觉表示中的模式和特征来对图像中的对象、情况甚至特定属性进行分类。

(2)使用深度学习进行对象检测和定位,通过识别和定位图像中的各种事物,深度学习方法可以实时识别和定位对象,例如You Only Look Once(YOLO)和基于区域的卷积神经网络(R-CNN)。这在机器人、自动驾驶汽车和监控系统等领域都有使用。

(3)面部识别和生物识别中的应用。深度学习彻底改变了面部识别领域,可在安全系统、访问控制、监控和执法等方面使用面部识别技术。深度学习方法也已应用于生物识别技术,以实现语音识别、虹膜扫描和指纹识别等功能。

自然语言处理旨在使计算机能够理解、翻译和创建人类语言。自然语言处理主要在深度学习方面取得了长足的进步,在几个与语言相关的活动中取得很大进步。像苹果的Siri和亚马逊的Alexa这样的虚拟语音助手,可以理解口头命令和问题,就是一个实用的例子。目前深度学习在自然语言处理中的主要应用有:

(1)用于文本分类和情感分析的深度学习文本分类。

循环神经网络和长短期记忆网络等深度学习模型经常用于文本分类任务。为了确定文本中表达的情绪或意见,无论是好的、消极的还是中立的,情绪分析是文本分类的广泛使用。

(2)使用深度学习进行语言翻译和生成。

由于深度学习,机器翻译系统有了很大的改进。基于深度学习的神经机器翻译模型已被证明在跨多种语言转换文本时表现更好。这些算法可以收集上下文数据并生成更精确和流畅的翻译。深度学习模型也已应用于创建新闻报道、诗歌和其他类型的文本,包括连贯的段落。

(3)使用深度学习的问答和聊天机器人系统。

聊天机器人和问答程序使用深度学习来识别和回复人类查询。Transformer 和注意力机制以及其他深度学习模型在理解问题的上下文和语义以及产生相关答案方面取得了巨大进展。信息检索系统、虚拟助手和客户服务都使用这项技术。

推荐系统使用深度学习算法,根据人们的喜好和行为为他们提供个性化的推荐。目前深度学习在推荐系统中主要应用有:

(1)基于深度学习的协同过滤。

推荐系统中根据用户与其他用户的相似程度向用户推荐产品/服务的标准方法是协同过滤。协同过滤提高了准确性和性能,这要归功于矩阵分解和深度自动编码器等深度学习模型,这些模型产生了更精确和个性化的建议。

(2)使用深度神经网络的个性化推荐。

深度神经网络已被用于识别用户行为数据中复杂的链接和模式,从而提供更精确和个性化的建议。深度学习算法可以通过查看用户交互、购买历史和人口统计数据来预测用户偏好并提出相关的产品、电影或内容推荐。这方面的一个例子是流媒体服务根据用户的兴趣和历史推荐电影或电视节目。

(3)电子商务和内容流平台中的应用。

深度学习算法被广泛用于推动电子商务平台和抖音等视频流服务的推荐系统。这些程序通过帮助用户找到适合其口味和偏好的新商品、娱乐或音乐来提高用户的乐趣和参与度。

5.6 小结

学习是一个有特定目的的知识获取过程,其内在行为是获取知识、积累经验、发现规律;外部表现是改进性能、适应环境、实现系统的自我完善。

机器学习使计算机能模拟人的学习行为,自动地通过学习获取知识和技能,不断改善性能实现自我完善。

为了使计算机系统具有某种程度的学习能力,使它能通过学习增长知识、改善性能、提高智能水平,需要为它建立相应的学习系统。能够在一定程度上实现机器学习的系统称为学习系统。

机器学习可从不同的角度,根据不同的方式进行分类。按学习能力分类可以分为有监督学习与无监督学习、弱监督学习。

回归是能为一个或多个自变量与因变量之间关系建模的一类方法。在自然科学和社会科学领域,回归经常用来表示输入和输出之间的关系。

线性回归输出是一个连续值,因此适用于回归问题。回归问题在实际中很常见,如预测房屋价格、气温、销售额等连续值问题。

对于机器学习问题,我们通常会先定义损失函数。一旦有了损失函数,我们就可以使用优化算法来尝试最小化损失。在优化中,损失函数通常被称为优化问题的目标函数。

随机梯度下降法(stochastic gradient descent,SGD)是一种用于优化机器学习模型参数的算法,特别是在处理大规模数据集时表现出色。

分类和聚类是机器学习和数据挖掘中常用的两种技术,用于对数据进行分析和整理。它们的主要区别在于其处理的对象和目的不同。

在机器学习中,分类是指预测建模问题,对给定示例的输入数据预测其类别标签。

KNN 算法的思想非常简单:对于任意 n 维输入向量,分别对应于特征空间中的一个点,输出为该特征向量所对应的类别标签或预测值。

聚类就是根据数据的"相似性"将数据分为多类的过程。聚类把各不相同的个体分割为相似子集合。

K-Means 聚类算法以 k 为参数,把 n 个对象分为 k 个簇,使簇内具有较高的相似度,而簇间的相似度较低。

人工智能目前许多成功应用都是基于 2006 年以来迅速发展起来的深度学习(deep learning,DL)。机器学习经历了两次研究高潮。

总的来说,人的视觉系统的信息处理是分级的。从低级的 V_1 区提取边缘特征,到 V_2 区的形状或者目标部分等,再到更高层:整个目标、目标的行为等。

机器学习用于图像识别、语音识别、天气预测、基因表达等问题的基本步骤主要是从传感器获取数据,经过预处理、特征提取、特征选择,再到推理、预测或者识别。

深度学习采用了多层前向神经网络的分层结构,包括输入层、隐层(多层)、输出层组成的多层网络,只有相邻层节点之间有连接,同一层以及跨层节点之间相互无连接。这种分层结构,是比较接近人类大脑结构的。

由于深度学习,图像识别和计算机视觉任务的性能得到了显著提高。由于在庞大的数据集上训练深度神经网络,计算机现在可以可靠地分类和理解图像,从而开辟了广泛的应用。

自然语言处理旨在使计算机能够理解、翻译和创建人类语言。自然语言处理主要在深度学习方面取得了长足的进步,在几个与语言相关的活动中取得很大进步。

推荐系统使用深度学习算法,根据人们的喜好和行为为他们提供个性化的推荐。

5.7 思考题

(1)机器学习是如何区别于传统编程的?探讨机器学习中的数据驱动方法与传统编程方法的异同点。

（2）回归与优化算法在机器学习中的重要性是什么？比较常见的回归算法和优化算法，并探讨它们在不同场景下的应用。

（3）分类和聚类在机器学习中有何不同？举例说明它们分别适用于哪些场景，并讨论它们的优缺点。

（4）K-Means 算法是一种常见的聚类算法，你能够简要描述其工作原理吗？并且思考如何使用 K-Means 算法来对鸢尾花数据集进行聚类分析。

（5）深度学习是如何推动机器学习领域的发展的？探讨深度学习的基本理论，以及它在图像识别、自然语言处理等领域的实际应用。

第6章

神经网络及其应用

神经网络（neural network）被称为人工神经网络，是深度学习算法的核心。它的灵感来源于人脑内部的神经元，模仿生物神经元之间相互传递信号的方式，从而达到学习经验的目的。1943 年，神经生理学家 Warren McCulloch 和数学家 Walter Pitts 最早提出神经网络，他们的模型比较简单，只能完成简单的逻辑判定[①]。1958 年，心理学家 Frank Rosenblatt 提出感知机（perceptron）模型，这是第一个可以自动学习权重的神经网络，使得其可以完成一些简单的图像识别任务。然而，感知机只具有单层神经网络，其学习能力十分有限[②]。1986 年，David Rumelhart 等人提出的反向传播算法可以对多层神经网络进行训练，使得神经网络的学习能力大幅提升，从而得到广泛的应用[③]。卷积神经网络、循环神经网络等一些神经网络的变种算法被相继提出。尽管已展现出巨大的潜力，但由于神经网络模型的训练时间较长，且当时缺乏大型数据集，导致其预测结果不理想。2006 年，Geoffrey Hinton 等人提出逐层预训练的方法，解决第二层网络的更新问题，让更深层神经网络可以得到有效的训练，并首次提出深度学习（deep learning）的概念[④]。之后，随着计算机硬件的快速发展和数据集的不断完善，深度神经网络在图像识别、汽车智能驾驶等新领域得到广泛应用，也发展成目前主流的人工智能算法。本章将对 BP 神经网络、卷积神经网络和Transformer 神经网络以及其在自然科学等领域中的应用进行深入介绍。

---

①　McCulloch W S, Pitts W J. A logical calculus of the ideas immanent in nervous activity [J]. Bulletin of Mathematical Biology, 1943（5）: 115–133.

②　Rosenblatt F. The perceptron: a probabilistic model for information storage and organization in the brain [J]. Psychological Review, 1958, 65（6）: 386.

③　Rumelhart D E, Hinton G E, Williams R J. Learning representations by back-propagating errors [J]. Nature, 1986, 323（6088）, 533-536.

④　Hinton G E, Osindero S, The Y. A Fast Learning Algorithm for Deep Belief Nets [J]. Neural Com-putation, 2006, 18（7）,1527-1554.

学习目标

(1) 理解 BP 神经网络基本概念及代码运行。

(2) 掌握卷积神经网络的模型架构和构建流程。

(3) 了解 Transformer 神经网络的结构及关键技术。

(4) 了解卷积神经网络实现图像分类。

(5) 掌握 Transformer 神经网络在多目标跟踪技术中的应用。

6.1　BP 神经网络

BP(back propagation)神经网络是一种多层的前馈神经网络,对于只含一个隐藏层的 BP 神经网络模型,结构如图 6.1 所示。其训练过程主要分为两个阶段:第一阶段是信号的前向传播,从输入层经过隐含层,最后到达输出层;第二阶段是误差的反向传播,从输出层到隐含层,最后到输入层,依次调节隐含层到输出层的权重和偏置及输入层到隐含层的权重和偏置。

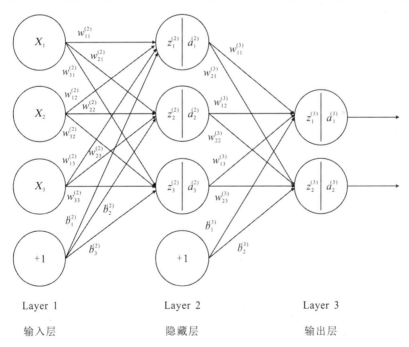

图 6.1　BP 神经网络结构

(图片来源:https://zhuanlan.zhihu.com/p/373110326)

BP 神经网络核心的特点就是:信号是前向传播,而误差是反向传播。前向传播过程中,输入信号经由输入层、隐藏层逐层处理,到输出层时,如果结果未达到期望要求,则进入反向传播过程,将误差信号原路返回,修改各层权重,是应用最广泛的一种神经网络模型。

6.1.1 BP 学习算法

以单隐藏层的 BP 神经网络为例,BP 是通过反向学习过程使得误差最小,因此选择目标函数为:

$$\text{Min} J_1 = \frac{1}{2} \sum_j (y_j - y_j')^2 \tag{6.1}$$

即选择神经网络权值使得期望输出 y_j 与神经网络实际输出 y_j' 之差的平方和最小。

具体的 BP 原理公式如下:

(1)初始化网络权值、阈值及有关参数(如学习因子 η 等)。

(2)计算总误差,公式如式(6.2)和式(6.3)所示。

$$\text{Min} E = \frac{1}{2P} \sum_k E_k \tag{6.2}$$

$$\text{Min} E_k = \frac{1}{2} \sum_j (y_{kj} - y_{kj}')^2 \tag{6.3}$$

其中 p 为样本的个数,y_{kj} 为输出层节点 j 对第 k 个样本的输入对应的输出(称为期望输出),y_{kj}' 为节点 j 的实际输出。

如果总误差 E 能满足要求,则网络学习成功,算法结束。

(3)对样本集中各个样本依次重复以下过程,然后转步骤(2)。

首先,将单个样本数据输入网络,然后按式(6.4)向前计算各层节点(记为 j)的输出,

$$O_j = f(a_j) = \frac{1}{1 + e^{-a_j}} \tag{6.4}$$

其中,$a_j = \sum_{i=0}^{n} \omega_{ij} * O_i$,是节点 j 的输入加权和;i 为 j 的信号源方向的相邻层节点。O_i 按式(6.4)计算,表示为节点 i 的输出,节点 j 的输入;输入层的偏置表示为:$O_0 = -1$,$\omega_{0j} = \theta$(阈值)。

其次,从输出层节点到输入层节点以反向顺序,对各连接权值 ω_{ij},按式(6.5)进行修正

$$\omega_{ij}(t+1) = \omega_{ij}(t) + \eta \delta_j O_i \tag{6.5}$$

其中,

$$\delta_j = \begin{cases} O_j(1-O_j)(y_j - y_j'), & \text{对于输出节点} \\ O_j(1-O_j)(y_j - y_j') \sum_l \delta_l \omega_{jl}, & \text{对于中间节点} \end{cases} \tag{6.6}$$

i 为与节点 j 在输出侧有连接的节点个数。

在权值修正公式(6.5)中,$0 < \eta \leqslant 1$,称为学习因子(即步长),用来调整权值的修正幅度;δ 称为节点 j 的误差,正是这个量参与了权值修正(作为修正量的一个因子),才实现了误差反传的效果。式(6.6)中 δ_j 的计算如下,根据式(6.7)求偏导 $\dfrac{\partial E_k}{\partial \omega_{ij}}$。

$$\frac{\partial E_k}{\partial \omega_{ij}} = \frac{\partial E_k}{\partial a_j} \frac{\partial a_j}{\partial \omega_{ij}} = \frac{\partial E_k}{\partial a_j} O_i \tag{6.7}$$

其中,令 $\delta_j = -\dfrac{\partial E_k}{\partial a_j}$。

当 j 为输出节点时,根据式(6.8)计算 δ_j。

$$\frac{\partial E_k}{\partial a_j}=\frac{\partial E_k}{\partial y_j'}\frac{\partial y_j'}{\partial a_j}=-(y_j-y_j')f'(a_j)=-(y_j-y_j')O_j(1-O_j) \tag{6.8}$$

当 j 为中间节点时,根据式(6.9)计算 δ_j。

$$\frac{\partial E_k}{\partial a_j}=\frac{\partial E_k}{\partial O_j}\frac{\partial O_j}{\partial a_j}=\left(\sum_l\frac{\partial E_k}{\partial a_l}\frac{\partial a_l}{\partial O_j}\right)\frac{\partial O_j}{\partial a_j}=\left(\sum_l\delta_l\omega_{jl}\right)f'(a_j)=O_j(1-O_j)\sum_l\delta_l\omega_{jl} \tag{6.9}$$

其中,式(6.9)中的 E_k 是网络输出 $y_{kj}'(j=1,2,\cdots,m)$ 的函数。而 y_{kj}' 是权值 $w_{ij}(i=0,1,2,\cdots,n)$ 的函数,所以 E_k 实际是 w_{ij} 的函数。网络学习的目的就是要使这个误差函数达到最小值。注意到,由偏导 $\dfrac{\partial E_k}{\partial w_{ij}}$ 所构成的向量 $\left(\dfrac{\partial E_k}{\partial w_{0j}},\dfrac{\partial E_k}{\partial w_{1j}},\cdots,\dfrac{\partial E_k}{\partial w_{nj}}\right)$ 也就是函数 $E_k(w_{ij})$ 在相应点处的梯度(grad),再由 δ_j 的定义,则式(6.5)就是用梯度下降法,在权值空间沿负梯度方向修正权值 w_{ij},以使公式(6.2)所示的准则函数达到最小。因此,BP 网络的学习过程就是一个非线性优化过程。

由于 BP 网络的输入 $(x_1,x_2,\cdots,x_n)\in R^n$,输出 $(y_1,y_2,\cdots,y_n)\in R^m$,所以一个 BP 网络其实就是一个从 n 维空间 R^n 到 m 维空间 R^m 的高度非线性映射。理论研究表明,通过学习,BP 网络可以在任意希望的精度上逼近任意的连续函数。因此,BP 网络可以作为一种函数估计器,通过学习来实现或近似实现所需的但无法表示的未知函数。

需说明的是,BP 网络的相邻两层节点之间的连接权值 w_{ij},恰好构成一个矩阵 (w_{ij}),而输入又是一个向量(即 $1\times n$ 矩阵)(阈值 θ 也可看作取值为 -1 的一个输入),因此,在网络的学习过程中要多次用到矩阵运算。

6.1.2　BP 算法的实现

BP 代码实现包括 BP 网络类的构建、训练及结果评价。

BP 网络类的构建包括初始化、前向传输、随机梯度下降、偏导数更新 w 和 b、BP 反向学习、评估准确率和激励函数,具体代码如下:

```
01    class Network(object):
02    def __init__(self,sizes):
03      """
04      :param sizes:list 类型,储存每层神经网络的神经元数目
05      譬如说:sizes=[2,3,2] 表示输入层有两个神经元,
06      隐藏层有 3 个神经元以及输出层有 2 个神经元
07      """
08      # 有几层神经网络
09      self.num_layers=len(sizes)
10      self.sizes=sizes
11      # 除去输入层,随机产生每层中 y 个神经元的 biase 值(0—1)
```

```
12      self.biases=[np.random.randn(y,1) for y in sizes[1:]]
13      # 随机产生每条连接线的 weight 值(0-1)
14      self.weights=[np.random.randn(y,x)
15          for x,y in zip(sizes[:-1],sizes[1:])]
```

BP 网络的向前传输(FreedForward)的代码:

```
01      def feedforward(self,a):
02          """
03          前向传输计算每个神经元的值
04          :param a:输入值
05          :return:计算后每个神经元的值
06          """
07          for b,w in zip(self.biases,self.weights):
08          # 加权求和以及加上 biase
09              a=sigmoid(np.dot(w,a)+b)
10          return a
```

BP 网络的随机梯度下降 SGD 算法的代码如下:

```
01      def SGD(self,training_data,epochs,mini_batch_size,eta,test_data=None):
02          """
03          随机梯度下降
04          :param training_data:输入的训练集
05          :param epochs:迭代次数
06          :param mini_batch_size:小样本数量
07          :param eta:学习率
08          :param test_data:测试数据集
09          """
10          if test_data:n_test=len(test_data)
11          n=len(training_data)
12          for j in xrange(epochs):
13              # 搅乱训练集,让其排序顺序发生变化
14              random.shuffle(training_data)
15              # 按照小样本数量划分训练集
16              mini_batches=[
17                  training_data[k:k+mini_batch_size]
18                  for k in xrange(0,n,mini_batch_size)]
19              for mini_batch in mini_batches:
20                  # 根据每个小样本来更新 w 和 b,代码在下一段
```

```
21        self.update_mini_batch(mini_batch,eta)
22     ＃ 输出每轮测试结束后神经网络的准确度
23     if test_data：
24        print "Epoch {0}:{1} / {2}".format(j,self.evaluate(test_data),n_test)
25     else：
26        print "Epoch {0} complete".format(j)
```

BP 网络根据 backprop 方法得到的偏导数更新 w 和 b 的值代码如下：

```
01  def update_mini_batch(self,mini_batch,eta)：
02     """
03     更新 w 和 b 的值
04     :param mini_batch:一部分的样本 :param eta:学习率
05     """
06     ＃ 根据 biases 和 weights 的行列数创建对应的全部元素值为 0 的空矩阵
07     nabla_b＝[np.zeros(b.shape) for b in self.biases]
08     nabla_w＝[np.zeros(w.shape) for w in self.weights]
09     for x,y in mini_batch：
10        ＃ 根据样本中的每一个输入 x 及其输出 y,计算 w 和 b 的偏导数
11        delta_nabla_b,delta_nabla_w＝self.backprop(x,y)
12        ＃ 累加储存偏导值 delta_nabla_b 和 delta_nabla_w
13        nabla_b＝[nb＋dnb for nb,dnb in zip(nabla_b,delta_nabla_b)]
14        nabla_w＝[nw＋dnw for nw,dnw in zip(nabla_w,delta_nabla_w)]
15     ＃ 根据累加的偏导值更新 w 和 b,这里因为用了小样本,
16     ＃ 所以 eta 要除以小样本的长度
17     self.weights＝[w－(eta/len(mini_batch)) * nw
18        for w,nw in zip(self.weights,nabla_w)]
19     self.biases＝[b－(eta/len(mini_batch)) * nb
20        for b,nb in zip(self.biases,nabla_b)]
```

BP 反向学习算法：

```
01  def backprop(self,x,y)：
02     nabla_b＝[np.zeros(b.shape) for b in self.biases]
03     nabla_w＝[np.zeros(w.shape) for w in self.weights]
04     ＃ 前向传输
05     activation＝x
06     ＃ 储存每层的神经元的值的矩阵,下面循环会追加每层的神经元的值
07     activations＝[x]   ＃ 储存每个未经过 sigmoid 计算的神经元的值
08     zs＝[]
```

```
09          for b,w in zip(self.biases,self.weights):
10             z=np.dot(w,activation)+b
11             zs.append(z)
12             activation=sigmoid(z)
13             activations.append(activation)
14          # 求 δ 的值
15          delta=self.cost_derivative(activations[-1],y) * \
16             sigmoid_prime(zs[-1])
17          nabla_b[-1]=delta
18          # 乘以前一层的输出值
19          nabla_w[-1]=np.dot(delta,activations[-2].transpose())
20          for l in xrange(2,self.num_layers):
21          # 从倒数第 l 层开始更新
22          # 下面利用 l+1 层的 δ 值来计算 l 的 δ 值
23             z=zs[-l]
24             sp=sigmoid_prime(z)
25             delta=np.dot(self.weights[-l+1].transpose(),delta) * sp
26             nabla_b[-l]=delta
27             nabla_w[-l]=np.dot(delta,activations[-l-1].transpose())
28          return (nabla_b,nabla_w)
```

然后,BP 实现 evaluate 方法,调用 feedforward 方法计算训练好的神经网络的输出层神经元值(也即预测值),然后比对正确值和预测值得到精确率。

```
01      def evaluate(self,test_data):
02          # 获得预测结果
03          test_results=[(np.argmax(self.feedforward(x)),y)
04             for (x,y) in test_data]
05          # 返回正确识别的个数
06          return sum(int(x == y) for (x,y) in test_results)
```

手写字识别 BP 网络实现函数为:

```
01      import mnist_loader
02      import network
03      training_data,validation_data,test_data=mnist_loader.load_data_wrapper()
04      net=network.Network([784,30,10])
05      net.SGD(training_data,30,10,3.0,test_data=test_data)
```

06	♯ 输出结果
07	♯ Epoch 0：9038 / 10000
08	♯ Epoch 1：9178 / 10000
09	♯ Epoch 2：9231 / 10000
10	♯ …
11	♯ Epoch 27：9483 / 10000
12	♯ Epoch 28：9485 / 10000
13	♯ Epoch 29：9477 / 10000
14	最后，BP 在经过 30 轮的迭代后，识别手写神经网络的精确度在 95% 左右。

6.2 卷积神经网络

卷积神经网络(convolutional neural networks,CNN)通过模拟人脑视觉皮层的处理机制，能够自动地学习和提取图像中的特征，从而实现高精度的图像分类和识别。CNN 由输入层、隐藏层和输出层组成，并且隐藏层包括 N 个卷积层、ReLU 激励层和池化层的组合，其结构如图 6.2 所示。与 BP 神经网络对比，CNN 就是在 BP 基础上，将全连接层换成卷积层，并在 ReLU 层之后加入池化层构成。

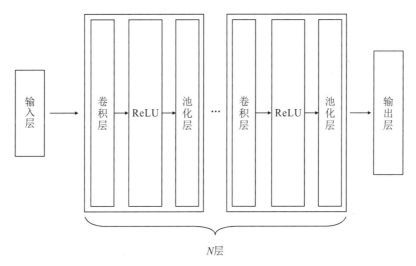

图 6.2 CNN 的通常结构

(图片来源：https://zhuanlan.zhihu.com/p/635438713)

CNN 的输入一般为图像输入，图像包括宽度 W、高度 H 和通道数 C，其三维数据形式为 $W \times H \times 3$。例如，图像识别领域常用的 CIFAR -10 数据集，其图像的大小为 $32 \times 32 \times 3$，如果使用全连接层的神经网络处理该图像，输入层单个神经元的连接数量为 $32 \times 32 \times 3 =$

3072 个连接数,如果使用 1920×1080×3 像素的高清图像,整个神经网络中神经元的连接数会爆发性增长。

CNN 使用卷积层和池化层能化解这种问题。卷积神经网络的层数和结构可以根据具体应用进行设计,这里介绍两种常用的卷积网络结构:逐层连接结构和残差结构。逐层连接结构是指卷积神经网络中的卷积层、池化层和全连接层使用逐层连接的方式进行搭建。

用于手写数字识别的 LeNet5 是逐层连接结构的典型代表,LeNet5 共有 7 层,由卷积层、池化层相互叠加而组成,网络的最后几层是全连接层,LeNet5 结构如图 6.3 所示。采用了 7 层网络结构(不含输入层),由 C_1 和 C_3 两个卷积层、S_2 和 S_4 两个池化层、C_5 和 F_6 两个全连接层以及一个输出层构成,输入为一张 32×32 大小的灰度图像。

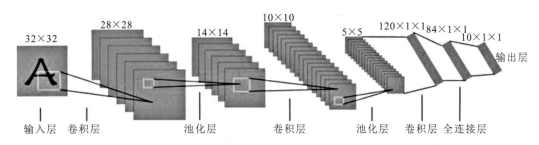

图 6.3　卷积神经网络 LeNet5 结构图

(图片来源:https://tencentcloud.csdn.net/66135205872a553575c5a345.html)

具体地,LeNet5 的输入层是灰度图,图像尺寸为 32×32 像素;卷积层 C_1 包含 6 个 5×5 卷积核对图像进行滤波处理,池化层 S_2 使用 2×2 的平均池化滤波器进行滤波,卷积层 C_3 包含 16 个 5×5 卷积核对图像进行滤波处理,池化层 S_4 使用 2×2 的平均池化滤波器进行滤波,卷积层 C_5 包含 120 个 5×5 卷积核对图像进行滤波处理,全连接层 F_6 使用 84 个神经元,输出层使用 10 个神经元对手写字符 0~9 进行分类处理。

CNN 网络主要包含卷积层、池化层、全连接层,下面分别介绍它们具体的内容。

6.2.1　卷积层

对图像(不同的数据窗口数据)和滤波矩阵做内积(逐个元素相乘再求和)的操作,称为卷积操作。如图 6.4 所示,图 6.4 中左边部分是原始输入数据,中间部分是滤波器(filter),图中右边是输出的新的二维数据。不同的滤波器(filter)会得到不同的输出数据,比如颜色深浅、轮廓。相当于提取图像的不同特征,模型就能够学习到多种特征。用不同的滤波器(filter),提取想要的关于图像的特定信息:颜色深浅或轮廓。

具体的卷积过程:让卷积(核)在输入图片上依次进行滑动,滑动方向为从左到右,从上到下;每滑动一次,卷积(核)就与其滑窗位置对应的输入图片 x 做一次点积计算并得到一个数值。

这里需要提到另外一个概念:步长(stride)。步长是指卷积在输入图片上移动时需要移动的像素数,如步长为 1 时,卷积每次只移动 1 个像素,计算过程不会跳过任何一个像素,而步长为 2 时,卷积每次移动 2 个像素。

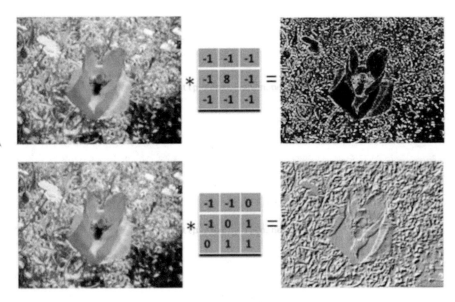

图 6.4 卷积过程

(图片来源:https://zhuanlan.zhihu.com/p/394420666)

对于一个 7×7 的图片,定义一个 3×3 的卷积,步长分别为 1 和 2,读者可以先自行思考一下计算过程,如果已经想好了,请参考图 6.5 和图 6.6,看与你的想法是否一致。由图 6.5 和图 6.6 我们可以看出,步长为 1 时,输出的特征层(feature map,有时也称为激活层: activation map)大小为 5×5,而步长为 2 时,则为 3×3。那么,当步长为 3 时,输出的卷积层大小是多少呢?

答案是:错误,对于一个 7×7 的图片不能使用步长为 3 的 3×3 卷积。

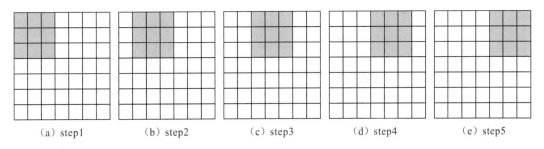

(a) step1 　　　 (b) step2 　　　 (c) step3 　　　 (d) step4 　　　 (e) step5

图 6.5 二维卷积,kernel=3×3,stride=1 计算过程示意图

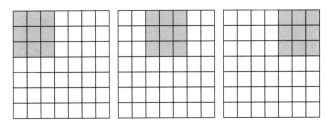

图 6.6 二维卷积,kernel=3×3,stride=2 计算过程示意图

如图 6.7a 所示,输入为一张 $32\times32\times3$ 的图,kernel 大小为 $5\times5\times3$(这里的感受野为 3×3),那么每一次滑动都将带来卷积和输入图片 $5\times5\times3=75$ 点乘的计算量,完成整个图片的卷积后最终将生成一张 $28\times28\times1$ 的新图片(图 6.7b),即特征层(feature map)。类似地,我们再定义一个卷积(通常可以理解为不同卷积完成不同的任务),这时特征层将产生 2 个通道。接下来,我们连续堆叠 6 个不同的卷积(kerne/filter)结果,最终特征层将得到 6 个通道,而这就可以理解为一张 $28\times28\times6$ 的新图片(图 6.7c)。

另外,在卷积过程中,有 Padding 填充操作,当 Padding 大小为 1 时,其在左右和上下行各填充一行零值,如图 6.8 所示,左边是原始值(5×5 矩阵),右边是 Padding 之后的值(7×7 矩阵)。

且输出矩阵的大小会在卷积运算中相较于输入变小。因此,可在输入矩阵的四周补零,称为 Padding,其大小为 P,使得输出矩阵大小等于输入矩阵。进行卷积运算时,过滤器在输入矩阵上移动,进行点积运算,移动的步长称为 stride,记为 S。当 $S=1$ 时,滤波器每次移动 1 个单元。有了以上两个参数 P 和 S,又已知输入矩阵的宽 W_1,输入矩阵的高 H_1,滤波器大小为 $F\times F$,滤波器个数为 K,输出矩阵的大小的计算公式见式(6.10)。

$$\begin{cases} W_2 = \dfrac{W_1 - F + 2P}{S} + 1 \\ H_2 = \dfrac{H_1 - F + 2P}{S} + 1 \\ D_2 = K \end{cases} \tag{6.10}$$

式(6.10)中,W_2 和 H_2 不能整除时向下取整,K 是卷积核数量。

具体地,padding 在进行卷积运算时,输入矩阵的边缘会比矩阵内部的元素计算次数少。

例如,输入图像是 10×10 矩阵,滤波器大小 $F=3$,Padding 大小 $P=1$,步长大小 $S=1$,其输出矩阵大小为 $(10-3+2)/1+1=10$。步长 $S=1$,并且填充 $P=1$ 时,经过滤波器处理的矩阵,其输入的宽高与输出的宽高一致。

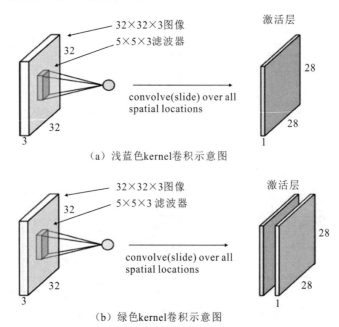

(a)浅蓝色 kernel 卷积示意图

(b)绿色 kernel 卷积示意图

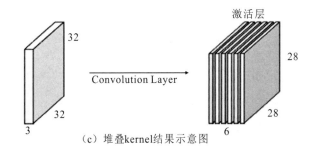

激活层
32
32
3
Convolution Layer
28
28
6

（c）堆叠kernel结果示意图

图 6.7　三维卷积 kernel=5×5×3,stride=1,计算过程示意图

0	2	4	1	0
3	1	1	0	1
2	4	1	0	1
2	0	5	2	2
0	1	3	2	1

→

0	0	0	0	0	0	0
0	0	2	4	1	0	0
0	3	1	1	0	1	0
0	2	4	1	0	1	0
0	2	0	5	2	2	0
0	0	1	3	2	1	0
0	0	0	0	0	0	0

图 6.8　Padding 填充

例 6.1　卷积层输入特征图宽为 30、高为 20 的矩阵,使用一个卷积核进行滤波处理,其中卷积核大小 $F=3$,步长大小 $S=2$,Padding 大小 $P=1$,求输出矩阵的宽高。

解:按照公式(6.10)

(1)输入特征图 $W_1=30$,$H_1=20$,卷积核 $F=3$,步长 $S=2$,Padding 大小 $P=1$,积核数量 $K=1$。

(2)计算 W_2。

$$W_2=\frac{30-3+2}{2}+1=15.5$$

(3)计算 H_2。

$$H_2=\frac{20-3+2}{2}+1=10.5$$

(4)对 W_2 和 H_2 进行向下取整,得到 $W_2=15$,$H_2=10$。

(5)卷积核数量 $K=1$,输出为二维矩阵。

所以,输出矩阵的宽为 15,高为 10。

利用 pytorch 工具,卷积层的构建实现代码如下:

```
import torch
import torch.nn as nn
class Conv2D(nn.Module):
    def __init__(self,kernel_size,weight_attr=torch.tensor([[0. ,1. ],[2. ,3. ]])):
# 类初始化,初始化权重属性为默认值
```

```
06          super(Conv2D,self).__init__()   ♯ 继承 torch.nn.Module 中的 Conv2D 卷
07          self.weight＝torch.nn.Parameter(weight_attr)
08      def forward(self,X):
09          u,v＝self.weight.shape
10          output＝torch.zeros([X.shape[0],X.shape[1] － u ＋ 1,X.shape[2] － v ＋ 1])
11          for i in range(output.shape[1]):
12            for j in range(output.shape[2]):
13              output[:,i,j]＝torch.sum(X[:,i:i＋u,j:j＋v] * self.weight,dim＝[1,2])
14          return output
15      torch.manual_seed(100) ♯ 随机构造一个二维输入矩阵
16      inputs＝torch.tensor([[[1.,2.,3.],[4.,5.,6.],[7.,8.,9.]]])
17      conv2d＝Conv2D(kernel_size＝2)
18      outputs＝conv2d(inputs)
19      Printf("input:{},\noutput:{}".format(inputs,outputs))
```

实现结果如图 6.9 所示：

```
input: tensor([[[1., 2., 3.],
                [4., 5., 6.],
                [7., 8., 9.]]]),
output: tensor([[[25., 31.],
                [43., 49.]]], grad_fn=<CopySlices>)
```

图 6.9   实现结果

6.2.2   池化层

池化层是 CNN 中的一种特殊处理层,主要目的是对卷积层输出的特征图进行下采样,降低数据分辨率和维度。它通常紧跟在卷积层之后,对特征图的局部区域进行池化运算,提取该区域内的统计特征作为输出。常见的池化方式有最大池化和平均池化两种。最大池化是选取邻域内的最大值作为代表性特征,而平均池化则计算邻域内所有值的算术平均值。以下展示了对一个 4×4 的单通道特征图,分别进行的最大、平均和随机池化操作的过程,结果如图 6.10 所示。

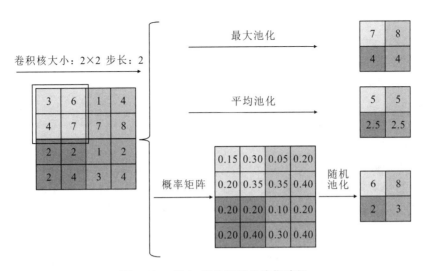

图 6.10　最大、平均和随机池化过程

（图片来源：https://zhuanlan.zhihu.com/p/393761765）

池化层的功能由两个参数决定：第一个参数是滤波器的宽和高（池化层滤波器的宽和高采用相同的数值），第二个参数是滤波器的步长。常用的池化层滤波器一般是 2×2、3×3 或者 5×5 的矩阵，滤波器大小用 F 表示。步长是滤波器每次移动的距离 S，一般表示每次向右或向下移动的距离。

特征图经过池化层处理后，其尺寸大小会发生改变，输入池化层的特征图宽度为 W_1，高度为 H_1，经过滤波器处理后的输出特征图宽度为 W_2，高度为 H_2。计算公式如下：

$$\begin{cases} W_2 = \dfrac{W_1 - F + 2\times P}{S} + 1 \\ H_2 = \dfrac{H_1 - F + 2\times P}{S} + 1 \end{cases} \tag{6.11}$$

式中，P 表示填充，与卷积层中的 padding 效果一样，但池化层中一般不使用填充，所以 $P=0$。并且特征图的深度不受池化层的影响，输入特征图的深度为 D_1，经池化层处理后的特征图深度为 D_2，由 D_1 到 D_2 的计算公式为：

$$D_1 = D_2 \tag{6.12}$$

全连接层和浅层神经网络基本一致，输入全连接层的特征图的维度为 $W\times H\times D$，需要转换为一维的数组 $\mathrm{Array}_{W\times H\times D}$，数据变换过程称为展平。展平后的数组作为输入数据输入全连接层，一般卷积神经网络的全连接层不超过 3 层。

例 6.2　求出图 6.11 所示矩阵 m 使用滤波器大小 $F=2$，步长 $S=2$ 最大池化层滤波后的矩阵 M。

解：按照式（6.11），

（1）输入矩阵宽度 $W_1=4$，高度 $H_1=4$，池化层滤波器 $F=2$，步长 $S=2$。

（2）计算 W_2。

$W_2 = (4-2+0)/2+1=2$。

2	1	2	4
3	0	6	5
3	1	1	5
1	9	2	9

图 6.11　矩阵 m

（3）计算 H_2。

$H_2 = (4-2+0)/2+1=2$。

（4）计算矩阵 M 的元素 $M_{11}, M_{12}, M_{21}, M_{22}$

$M_{11} = \max\{2,1,3,0\} = 3$，

$M_{12} = \max\{2,4,6,5\} = 6$，

$M_{21} = \max\{3,1,1,9\} = 9$，

$M_{22} = \max\{1,5,2,9\} = 6$。

所以输出矩阵的宽为 2，高为 2。

池化运算是对信号进行"收集"并"总结"，类似水池收集水资源，因而得名池化层，"收集"：由多变少；"总结"：最大值/平均值。最大池化层的调用代码如下：

```
01    nn.MaxPool2d(kernel_size,stride=None,
02            padding=0,dilation=1,
03            return_indices=False,
04            ceil_mode=False)
```

其中，kernel_size：池化核尺寸，stride：步长，padding：填充个数，dilation：池化核间隔大小，ceil_mode：尺寸向上取整，return_indices：记录池化像素索引。

池化层通用的具体实现代码为：

```
01    import torch
02    from torch import nn
03    from d2l import torch as d2l
04    # 实现池化层的正向传播
05    def pool2d(X,pool_size,mode='max'):    # 拿到输入,池化窗口大小
06      p_h,p_w=pool_size
07      Y=torch.zeros((X.shape[0] − p_h + 1,X.shape[1] − p_w + 1))
08      # 输入的宽/高减去窗口的宽/高,再加上1,这里没有 padding 和 stride
09      for i in range(Y.shape[0]):# 行遍历
10        for j in range(Y.shape[1]):# 列遍历
11          if mode == 'max':    # 最大值
12            Y[i,j]=X[i:i + p_h,j:j + p_w].max()
13          elif mode == 'avg':    # 均值
14            Y[i,j]=X[i:i + p_h,j:j + p_w].mean()
15    return Y
```

6.2.3 全连接层

全连接层通常位于卷积层和输出层之间，其作用是将前层提取的局部特征整合并映射到最终的目标空间，通过学习连接权重对特征进行组合和分类。该层的每个神经元均与上

一层全部神经元相连,接收所有上层输入信号并产生加权输出,从而对底层局部特征进行高层次的非线性编码,形成抽象的语义特征表示。在训练中,全连接层通过反向传播算法不断调整权重,使得整个网络能够自动学习将原始输入映射到分类或回归的期望输出,提高模型的泛化性能。

全连接层的 Pytorch 调用代码为:nn.Linear(in_features,out_features,bias=Ture)

其中,in_features:输入结点数;out_features:输出结点数;bias :是否需要偏置。

具体的全连接层实现代码为:

```
01    flag=1
02    if flag:
03        inputs=torch.tensor([[1.,2,3]])
04        linear_layer=nn.Linear(3,4)
05        linear_layer.weight.data=torch.tensor([[1.,1.,1.],[2.,2.,2.],[3.,3.,3.],
[4.,4.,4.]])
06        linear_layer.bias.data.fill_(0.5)   # 偏执项,x * w+b
07        output=linear_layer(inputs)
08        print(inputs,inputs.shape);print(linear_layer.weight.data,linear_layer.weight.
data.shape)
09        print(output,output.shape)
```

6.2.4 激活函数

激活函数(activation function)是一种添加到人工神经网络中的函数,旨在帮助网络学习数据中的复杂模式。类似于人类大脑中基于神经元的模型,激活函数最终决定要发射给下一个神经元的内容。

激活函数中,常用的有 Sigmoid、tanh(x)、ReLU、ReLU6、Leaky ReLU、参数化 ReLU、随机化 ReLU、ELU。其中,深度学习中用的最常见的是 ReLU 函数。ReLU(rectified linear unit)函数又称修正线性单元,其公式见式(6.13),结果如图 6.12 所示。

$$f(x)=\max(0,\times) \tag{6.13}$$

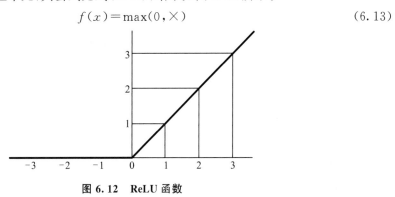

图 6.12 ReLU 函数

(图片来源:https://blog.csdn.net/JNingWei/article/details/79210904)

ReLU 函数的实现代码如下：

```
01    import torch
02    import torch.nn as nn
03    m＝nn.ReLU()  ♯ torch.nn.ReLU(inplace＝False)
04    input＝torch.randn(2)
05    output＝m(input)
```

在图像分类以及目标检测等任务中,卷积神经网络已经得到充分的运用[1]。而对于常见的卷积神经网络,我们经常可以看到卷积层、池化层、激活函数、全连接层的身影。直到现在,卷积层＋激活函数＋池化层＋全连接层的结构仍然很实用,已经成为搭建卷积神经网络的标配。

卷积是一种有效提取图片特征的方法。一般用一个正方形卷积核,遍历图片上的每一个像素点。图片与卷积核重合区域内相对应的每一个像素值,乘以卷积核内相对应点的权重,然后求和,再加上偏置后,最后得到输出图片中的一个像素值。

池化层同样基于局部相关性的思想,通过从局部相关的一组元素中进行采样或信息聚合,从而得到新的元素值。通常我们用到最大和平均池化进行下采样。

全连接层简称 FC。之所以叫全连接,是因为每个神经元与前后相邻层的每一个神经元都有连接关系,实际应用中一般不会将原始图片直接喂入全连接网络,因为这样会导致参数过大。因此,在实际应用中,会先对原始图像进行卷积特征提取,把提取到的特征喂给全连接网络,再让全连接网络计算出分类评估值。

基于 PyTorch 构建 LeNet 网络的代码如下。

```
01    class LeNet(nn.Module):
02      def __init__(self):
03        super(LeNet,self).__init__()
04        self.Conv＝nn.Sequential(
05          nn.Conv2d(3,6,kernel_size＝5),
06          nn.MaxPool2d(2),
07          nn.ReLU(),
08          nn.Conv2d(6,16,kernel_size＝5),
09          nn.MaxPool2d(2),
10          n n.ReLU()
11        )
12        self.fc＝nn.Sequential(
13          nn.Flatten(),
14          nn.Linear(16×5×5,120),
```

---

① He K,Zhang X,Ren S,et al.Deep residual learning for image recognition[C]. Proceedings of the IEEE conference on computer vision and pattern recognition,2016:770-778.

```
15          nn.ReLU(),
16          nn.Linear(120,84),
17          nn.ReLU(),
18          nn.Linear(84,10)
19        )
20      def forward(self,x):
21        x=self.Conv(x)
22        x=self.fc(x)
23        return x
```

6.3　Transformer 神经网络

Transformer 神经网络是一种用于序列建模的革命性模型,最初由 Vaswani 等人于 2017 年提出[①]。它在处理自然语言处理(NLP)任务时表现出色,特别是在机器翻译方面取得巨大成功。Transformer 不同于传统的循环神经网络(RNN)和卷积神经网络(CNN),它采用了自注意力机制(self-attention mechanism)来捕捉序列中各个位置的关系,避免了传统序列模型中存在的长程依赖问题。其结构如图 6.13 所示。

Transformer 神经网络采用"编码器—解码器"架构,编码器模块主要由两个子层组成,分别是多头注意力机制(multi-head self-attention mechanism,MHSM)和全连接前馈层(fully connected feed-forward network),每个子层之后都添加层归一化(layer normalization,LN)和残差连接(residual connection)。解码器块由三个子层组成,第一层是具有掩蔽功能的多头注意力层,可以防止信息泄露;第二层是整合编码器输出与上一层解码器输出的多头注意力层;第三层是全连接前置反馈层,同样每个子层后都添加层归一化和残差连接。其关键模块包含:

(1)自注意力机制。

Transformer 神经网络的核心是自注意力机制,允许模型在一个序列中的不同位置之间建立关联。给定一个序列,自注意力机制可以计算每个位置与序列中所有其他位置的相关性权重,然后将这些权重应用于序列中的每个位置来生成注意力表示。

注意力机制是一种用于神经网络模型中的关键组件,结构如图 6.14 所示。它模拟人类的注意力机制,使得模型能够在处理序列数据时聚焦于重要的部分,从而提高模型的性能和效果。

在深度学习领域,注意力机制通常用于处理序列数据,如自然语言处理中的文本序列或

---

① Vaswani A,Shazeer N,Parmar N,et al.Attention is all you need[C].31st conference on neural information processing systems,2017:5998-6008.

时间序列数据①。其主要作用是给定一个序列中的每个元素分配一个权重,以便模型能够更好地关注重要的元素并忽略无关紧要的部分。注意力机制通常由以下几个组件组成:

查询(query)、键(key)和值(value):在注意力机制中,每个元素都有一个对应的查询向量、键向量和值向量。查询向量用于计算与其他元素的相似性,键向量用于表示其他元素的重要性,值向量则是要传递给下一层的信息。

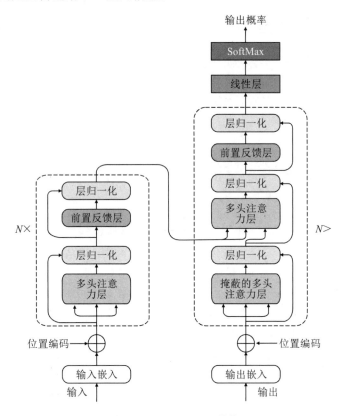

图 6.13 Transformer 结构

(图片来源:https://blog.csdn.net/sinat_37574187/article/details/131221563)

注意力机制的引入可以提高模型的泛化能力和表达能力,使得神经网络能够更好地处理长序列数据和捕获序列中的重要信息。在自然语言处理中,注意力机制已经被广泛应用于各种任务,如机器翻译、文本摘要、问答系统等。同时注意力机制在其他领域,比如计算机视觉领域中也得到了广泛的应用,例如图像分类、目标检测等任务。

(2)多头注意力(multi-head attention)。

为了提高模型的表达能力,Transformer 神经网络引入了多头注意力机制,允许模型同时学习多组注意力权重。每个注意力头都学习不同的权重矩阵,然后将多个头的输出拼接起来并进行线性变换,以获得最终的注意力表示。

---

① Bahdanau D,Cho K,Bengio Y J.Neural machine translation by jointly learning to align and translate.[J].arXiv preprint arXiv:1409.0473,2014.

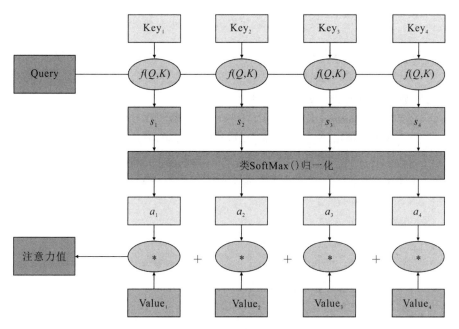

图 6.14 注意力机制原理

(https://blog.csdn.net/sinat_37574187/article/details/131221563)

(3)位置编码(positional encoding)。

由于 Transformer 神经网络不包含任何循环结构,因此需要一种方法来将序列中的位置信息引入模型中。位置编码通过将位置信息编码为向量形式,然后将其与输入嵌入向量相加,将位置信息注入模型中。

(4)前馈网络。

每个编码器和解码器层都包含一个前馈神经网络,用于对注意力表示进行进一步的非线性转换和特征提取。

(5)编码器—解码器结构。

Transformer 神经网络通常由编码器和解码器组成,编码器用于将输入序列编码为注意力表示,解码器用于基于编码器的表示生成目标序列的输出,如图 6.15 所示。

图 6.15 编码器—解码器结构

Transformer 神经网络的关键计算机模块包括:

(1)相似度计算。

通过计算查询向量和键向量之间的相似度,得到每个元素相对于查询的重要性权重,使用缩放点积(scaled dot-product)计算相似度,公式见式(6.14)。

$$\text{Attention}(\boldsymbol{Q}, \boldsymbol{K}, \boldsymbol{V}) = \text{softmax}\left(\frac{\boldsymbol{Q}\boldsymbol{K}^{\text{T}}}{\sqrt{d_k}}\right)\boldsymbol{V} \tag{6.14}$$

计算过程如下:

①计算权重 Att$=\dfrac{\boldsymbol{QK}^{\mathrm{T}}}{\sqrt{D}}$。这样得到维度为$[L,L]$的权重矩阵,其中每一个位置的值由$\boldsymbol{Q}$中长度为$D$的行向量与$\boldsymbol{K}$中长度为$D$的列向量的内积,除一个向量长度常量得到。编码部分的$\boldsymbol{Q}$、$\boldsymbol{K}$、$\boldsymbol{V}$三个参数是相同的,因此可以认为它是内积后的自注意。分母的数值主要是为了使模型的数值更加稳定,避免数值过大。

②计算输出$\boldsymbol{O}=Softmax(Att)\times\boldsymbol{V}$。Softmax 操作是指对矩阵的每一个行向量进行 Softmax 运算。经过 Softmax 层的压缩后,相似度值将被压缩成概率值。每一行特征的总和为 1,这相当于表示不同位置之间的特征转换概率。这个相似度矩阵再与输出向量$\boldsymbol{V}$相乘,又一次得到维度为(L,D)的向量。$\boldsymbol{O}$的每一个向量等于相似度矩阵的每行与$\boldsymbol{V}$矩阵的乘积,相当于$\boldsymbol{V}$矩阵的每一个行向量的加权求和。

（2）多头注意力权重计算。

首先通过对相似度进行归一化处理,常用的方法是使用 Softmax 函数,这一步骤将相似度转换为每个元素的注意力权重。然后,这些注意力权重被用于加权求和值向量,生成最终的多头注意力输出结果。其计算公式见式(6.15)。

$$\mathrm{MultiHead}(\boldsymbol{Q},\boldsymbol{K},\boldsymbol{V})=\mathrm{Concat}(\mathrm{head}_1,\cdots,\mathrm{head}_h,)\boldsymbol{W}^{\mathrm{O}}$$
$$\text{where head}_i=\mathrm{Attention}(\boldsymbol{QW}_i^Q,\boldsymbol{KW}_i^K,\boldsymbol{VW}_i^V)$$
$$\tag{6.15}$$

Transformer 神经网络本身是不能利用单词的顺序信息的,因此需要在输入中添加位置 Embedding,否则 Transformer 神经网络就是一个词袋模型了。Transformer 神经网络的关键模块是自注意力结构,其中用到的$\boldsymbol{Q},\boldsymbol{K},\boldsymbol{V}$矩阵通过输出进行线性变换得到。Transformer 神经网络中的多头注意力有多个自注意力,可以捕获单词之间多种维度上的相关系数 attention score。

6.4　卷积神经网络实现图像分类

PyTorch 是当前主流深度学习框架之一,其设计追求最少的封装、最直观的设计,其简洁优美的特性使得 PyTorch 代码更易理解,对新手非常友好。本节介绍搭建卷积神经网络进行图像分类实践操作。

CIFAR-10 是一个广泛用于测试和验证图像分类算法的基准数据集之一,因其相对较小的规模和丰富的多样性而备受研究者关注[①]。在深度学习领域,许多研究和论文都会以 CIFAR-10 作为测试数据集,以评估他们的模型性能。这些类别分别是:飞机(airplane)、汽车(automobile)、鸟类(bird)、猫(cat)、鹿(deer)、狗(dog)、青蛙(frog)、马(horse)、船(ship)和卡车(truck),如图 6.16 所示。

---

① Krizhevsky A,Hinton G.Learning multiple layers of features from tiny images[R].Master's thesis,Department of Computer Science,University of Toronto,2009.

飞机
汽车
鸟
猫
鹿
狗
青蛙
马
船
卡车

图 6.16　CIFAR-10 数据集

(图片来源：https://blog.csdn.net/wzk4869/article/details/133106003)

数据集被分为训练集和测试集,其中训练集包含 50,000 张图片,测试集包含 10,000 张图片。每张图片都是 3-通道彩色图片,分辨率为 32×32。现在介绍用 pytorch 来进行图像分类的一般思路和方法。具体流程如下：

(1)使用 torch.utils.data 加载数据,代码如下。

```
01    import numpy as np
02    import torch
03    import torchvision.transforms as transforms
04    import os
05    from torch.utils.data import DataLoaderfrom
06    from torchvision.transforms import ToPILImage
07    show=ToPILImage() #可以把 Tensor 转成 Image,方便可视化
08    import torchvision.datasets as dsets
09    batch_size=100
10    os.environ["KMP_DUPLICATE_LIB_OK"]="TRUE"
11
12    #定义对数据的预处理
13    transform=transforms.compose([
14        transforms.ToTensor(), #转为 Tensor
15        transforms.Normalize((0.5,0.5,0.5),(0.5,0.5,0.5)),#归一化
16                            ])
17    #Cifar110 dataset
18    train_dataset=dsets.CIFAR10(root='/ml/pycifar'
19                    train=True,
20                    download=True,
```

```
21                    transform＝transform
22                    )
23      test_dataset＝dsets.CIFAR10(root＝'/ml/pycifar',
24                    train＝False,
25                    download＝True,
26                    transform＝transform
27                    )
28      ＃加载数据
29      train_loader＝torch.utils.data.DataLoader(dataset＝train_dataset,
30                    batch_size＝batch_size,
31                    shuffle＝True
32                    )
33      test_loader＝torch.utils.data.DataLoader(dataset＝test_dataset,
34                    batch_size＝batch_size,
35                    shuffle＝True)
```

```
01      import matplotlib.pyplot as plt
02      fig＝plt.figure()
03      classes＝['plane','car','bird','cat','deer','dog','frog',horse','ship','truck']
04      for i in range(12):
05          plt.subplot(3,4,i+1)
06          plt.tight_layout()
07          (_,label)＝train_dataset[i]
08          plt.imshow(train_loader.dataset.data[i],cmap＝plt.cm.binary)
09          plt.title("Labels:{}".format(classes[label]))
10          plt.xticks([])
11          plt.yticks([])
12      plt.show()
```

代码实现结果如图 6.17 所示。

图 6.17 数据展示

（2）构建 LetNet 网络结构，其代码如下。

```
01    import torch.nn as nn
02    import torch.nn.functional as F
03    input_size＝3072 ♯3 * 32 * 32
04    hidden_size1＝500 ♯第一次隐藏层个数
05    hidden_size2＝200 ♯第二次隐藏层个数
06    num_classes＝10 ♯分类个数
07    num_epochs＝5 ♯批次次数
08    batch_size＝100 ♯批次大小
09    learning_rate＝1e－3
10
11    class LeNet(nn.Module)：
12    def _init_(self,input_size,hidden_size1,hidden_size2,num_classes)：
13      super(LeNet,self)._init_()
14      ♯ 卷积层 '1'表示输入图片为单通道,'6'表示输出通道数,'5'表示卷积核为5×5
15      self.conv1＝nn.conv2d(3,6,5)
16      ♯ 卷积层
17      self.conv2＝nn.conv2d(6,16,5)
18      ♯ 仿射层/全连接层,y＝wx ＋b
19      self.fc1＝nn.Linear(input_size,hidden_size1)
20      self.fc2＝nn.Linear(hidden_size1,hidden_size2)
21      self.fc3＝nn,Linear(hidden_size2,num_classes)
22    def forward(self,x)：
23      ♯ 卷积→激活→池化
24      x＝F.max_pool2d(F.ReLU(self.conv1(x)),(2,2))
25      x＝F.max_pool2d(F.ReLU(self.conv2(x)),2)
26      ♯ reshape,'－1'表示自适应
27      x＝x.view(x.size()[0],－1)
28      x＝F.ReLU(self.fc1(x))
29      x＝F.ReLU(self.fc2(x))
30      x＝self.fc3(x)
31      return x
32    net＝LeNet(input_size,hidden_size1,hidden_size2,num_classes)
```

```
01    LeNet(
02    (conv1)：Conv2d(3,6,kernel_size＝(5,5),stride＝(1,1))
03    (conv2)：Conv2d(6,16,kernel size＝(5,5),stride＝(1,1))
04    (fc1)：Linear(in_features＝3072,out features＝500,bias＝True)
05    (fc2)：Linear(in_features＝500,out features＝200,bias＝True)
06    (fc3)：Linear(in_features＝200,out features＝10,bias＝True)
07    )
```

6.5　基于 Transformer 神经网络的多目标跟踪技术

6.5.1　TransTrack

　　TransTrack 由 Sun 等人在 2020 年提出，其能简单而有效地解决多目标跟踪问题[①]。TransTrack 利用了 Transformer 架构，这是一种基于注意力的键值对机制。它应用上一帧的物体特征作为当前帧的查询，并引入一组学习到的物体查询，以检测新出现的物体。它建立了一个新颖的联合检测和跟踪范例，在一次拍摄中完成物体检测和物体关联。它简化了通过检测进行跟踪的方法中复杂的多步骤设置。在 MOT17 和 MOT20 基准上，TransTrack 分别实现了 74.5% 和 64.5% 的 MOTA，与最先进的方法相比具有竞争力。

　　如图 6.18 所示，首先将视频输入特征提取模块，运用基于残差网络的骨干网络，从连续两帧图像中提取特征（F_t，F_{t-1}），随后将这些特征整合为全局特征图，并融入位置嵌入信息，再送入 Transformer 编码器处理。其次，将编码后的连续两帧图像特征（F_t 编码，F_{t-1} 编码）分别输入两个 Transformer 解码器网络，并通过前馈网络产生目标检测结果和跟踪结果，从而生成目标检测框和跟踪框。最后，采用 IoU 数据关联匹配方法，将检测框和跟踪框进行匹配，最终输出多目标跟踪结果。

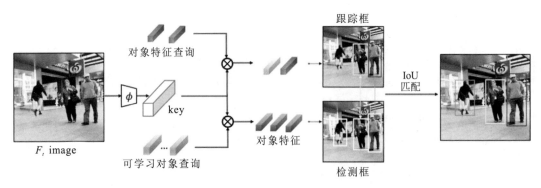

图 6.18　TransTrack 架构图

　　TransTrack 多目标跟踪算法的关键模块为 Transformer 编码器和解码器。Transformer 编码器结构如图 6.19a 所示，编码器由自注意力、前馈网络和残差网络组成，图像特征通过自注意力进一步增强，输出为 F_t 和 F_{t-1} 编码。Transformer 解码器结构如图 6.19b 和图 6.20 所示，解码器由自注意力、交叉注意力、前馈网络和残差网络组成。目标查询和跟踪查询进行自注意力，然后分别与编码器输出的图像特征（F_t 编码，F_{t-1} 编码）进行交叉注意力寻找目标特征位置，通过残差网络产生目标检测结果和跟踪轨迹预测。

---

　　① Sun P Z, Jiang Y, Zhang R F, et al: Transtrack: multiple object tracking with transformer[EB/OL].(2020-12-31)[2021-05-04].https://arxiv.org/pdf/2012.15460v1.pdf.

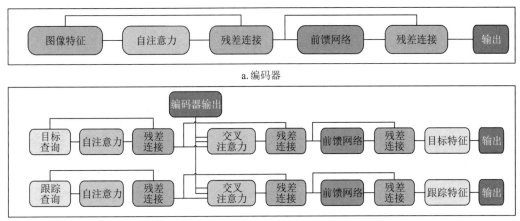

a.编码器

b.解码器

图 6.19　Transformer 编码器和解码器

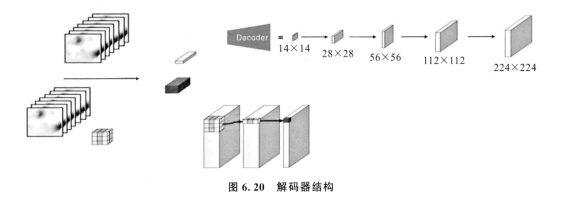

图 6.20　解码器结构

Transformer 编码器和解码器采用相同的训练损失,损失函数 γ 公式如下:

$$\gamma = \lambda_{cls} \cdot \gamma_{cls} + \lambda_{L1} \cdot \gamma_{L1} + \lambda_{GIOU} \cdot \gamma_{GIOU}$$

公式中,γ_{cls} 为模型预测的目标行为类别与对应的真实标注目标行为类别之间的 Focal loss(Lin et al.,2017),γ_{L1} 为归一化后模型的检测框中心点坐标与对应的真实标注目标框坐标之间的 L1 损失,γ_{GIOU} 为归一化后模型检测框的宽度和高度与对应的真实标注目标框宽度和高度之间的 GIOU 损失,λ_{cls},λ_{L1} 和 λ_{GIOU} 都是固定系数。

6.5.2　TrackFormer

TrackFormer 由 Meinhardt 等人在 2021 年提出[1]。多目标跟踪(MOT)是一项极具挑战性的任务,需要在对轨迹初始化的同时对身份和时空轨迹进行推理。将这一任务表述为帧到帧的集合预测问题,并引入了 TrackFormer,这是一种基于编码器—解码器变换器架

① Meinhardt T,Kirillov A,Leal-Taixe L,et al .Trackformer:Multi-object tracking with transformers [J].Paper presented at the Proceedings of the IEEE/CVF conference on computer vision and pattern recognition,2022.

构的端到端 MOT 方法。Transformer 解码器通过静态对象查询初始化新轨迹,并通过新概念的身份保留轨迹查询在空间和时间上自动跟踪现有轨迹。这两种解码器查询类型都得益于编码器和解码器对全局帧级特征的关注,从而省去了任何额外的图形优化、匹配或运动和外观建模。TrackFormer 代表了一种新的通过关注进行跟踪的范例,并在多物体跟踪(MOT17)和分割(MOTS20)任务中取得了最先进的性能。

TrackFormer 将多目标跟踪作为一个集合预测问题,通过注意力进行联合检测和跟踪,如图 6.21 所示。该架构由一个用于图像特征提取的 CNN、一个用于图像特征编码的变换器编码器和一个变换器解码器组成,解码器应用自我注意力和编码器—解码器注意力生成带有边界框和类信息的输出嵌入。如图 6.22 所示。在帧中,解码器将 Nobject 对象查询(白色)转换为输出嵌入,或者初始化新的自回归轨迹查询,或者预测背景类别(交叉)。在随后的帧中,解码器会处理 Nobject ＋Ntrack 查询的联合集合,以跟踪或删除(蓝色)现有轨迹,并初始化新轨迹(紫色)。

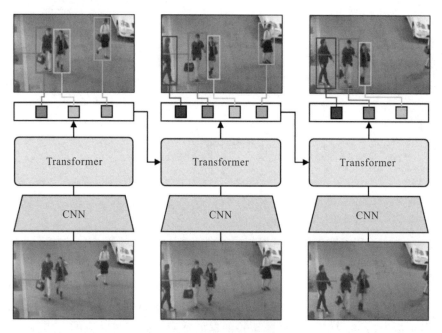

图 6.21　TrackFormer 跟踪流程

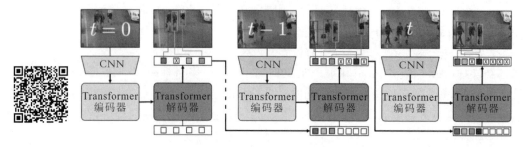

图 6.22　TrackFormer 架构

6.5.3　MOTR

MOTR 由 Zeng 等人在 2022 年提出[①]。物体的时间建模是多物体追踪（MOT）的一个关键挑战。现有方法通过基于运动和基于外观的相似性启发法将检测结果关联起来进行跟踪。关联的后处理性质阻碍了对视频序列中时间变化的端到端利用。MOTR 引入了"轨迹查询"来对整个视频中的跟踪实例进行建模，以跟踪器感知标签分配来训练跟踪查询和新生对象查询。最后进一步提出了时间聚合网络和集体平均损失来增强时间关系建模。MOTR 可以作为未来研究时序建模和基于 Transformer 的跟踪器的更有力的基准。

在图 6.23(a)中，DETR 通过将对象查询与图像特征交互，实现端到端检测与图像特征进行交互，并在更新的查询和对象之间执行一对一分配。而在图 6.23(b)中，MOTR 通过更新轨迹查询执行序列集预测。每个轨迹查询代表一条轨迹。

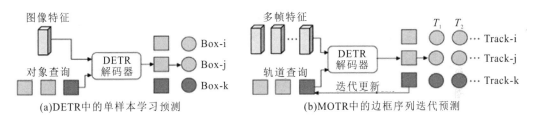

图 6.23　模型工作原理

如图 6.24 所示，在跟踪过程中，检测(对象)查询和跟踪查询的更新过程如下。跟踪查询集动态更新、长度可变。轨迹查询集初始化为空，检测查询用于检测新生物体。所有检测到的物体的隐藏状态被连接起来，以生成下一帧的轨迹查询。分配给死亡物体的轨迹查询会从轨迹查询集中删除。

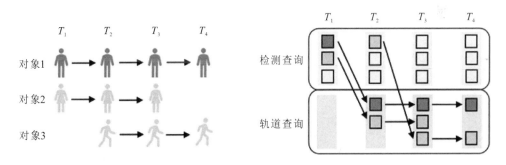

图 6.24　MOTR 跟踪流程

如图 6.25 所示，Enc 表示提取每帧图像特征的卷积神经网络骨干网和 Transformer 编码器。检测查询 qd 和跟踪查询 qtr 的连接被送入可变形 DETR 解码器(Dec)，以生成隐藏状态。隐藏状态用于生成新生物体和跟踪物体的预测 Y。查询交互模块(QIM)将隐藏状

---

① Zeng F，Dong B，Zhang Y，et al.Motr：End-to-end multiple-object tracking with transformer[C].Paper presented at the European Conference on Computer Vision，2022.

态作为输入,生成下一帧的轨迹查询。QIM 的输入是 Transformer 解码器生成的隐藏状态和相应的预测分数。如图 6.26 所示,在推理阶段,我们会根据置信度分数保留新生对象,放弃已退出对象。使用时间聚合网络(TAN)增强远距离时间建模。

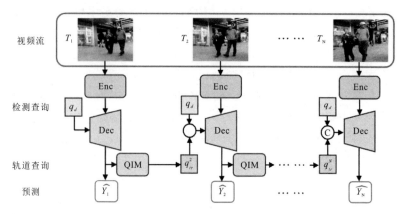

图 6.25　MOTR 架构

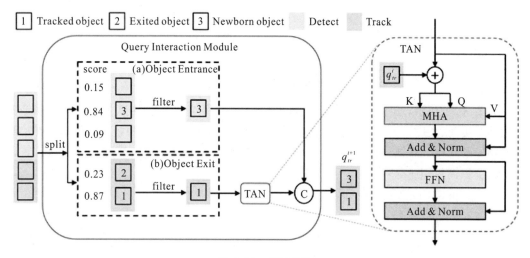

图 6.26　QIM 结构

6.6　小结

本章首先对 BP 神经网络和卷积神经网络的一些基础概念进行介绍,比如卷积的知识、池化的概念、全连接层、激活函数、反向传播算法和注意力机制,这些是目标检测网络的主要组成部分。接着介绍了 Transformer 网络。然后,介绍了卷积神经网络实现图像的方式。最后,介绍了流行的基于 Transformer 网络的多目标跟踪技术。

6.7　思考题

（1）假设有一个包含输入层、一个隐藏层和输出层的神经网络。输入层有 3 个神经元，隐藏层有 4 个神经元，输出层有 2 个神经元。如果每个神经元都有一个偏置项，那么这个神经网络总共有多少个参数（权重和偏置项）？

（2）给定一个输入向量、一个权重和偏置，计算神经元的加权输入。

（3）假设有一个简化的卷积神经网络（CNN），包含一个卷积层和一个池化层。输入图像大小为 5×5，卷积核大小为 3×3，步幅为 1，不使用填充（padding）。卷积层使用 ReLU 激活函数，池化层使用最大池化（Max Pooling）操作，池化核大小为 2×2，步幅为 2。计算卷积层和池化层的输出。

（4）简要介绍神经网络的训练过程，包括数据准备、损失函数、优化算法等方面。

（5）简要介绍注意力机制及其在神经网络应用方面的优势。

第 7 章

计算机视觉

计算机视觉（computer vision，CV）是指让机器通过数字图像或视频等视觉信息来模拟人类视觉的过程，以达到对物体的理解、识别、分类、跟踪、重建等目的的技术。它是人工智能领域中的一个分支，涉及图像处理、模式识别、机器学习、深度学习等多个领域。具体地，CV是一门研究如何使机器"看"的科学，更进一步地说，就是指用摄影机和电脑代替人眼对目标进行识别、跟踪和测量，并进一步做图形处理，使电脑处理成为更适合人眼观察或传送给仪器检测的图像。作为一门科学学科，计算机视觉研究相关的理论和技术，试图建立能够从图像或者多维数据中获取"信息"的人工智能系统。

7.1　计算机视觉概述

研究者为了让机器像人一样"看懂"图像,研究了人类视觉系统,该系统包含眼球(接收光信号)、视网膜(光信号转换为电信号,传输到大脑)、大脑皮层(提取电信号中的有效特征,引导人做出反应)。为了让机器模拟人类视觉系统,研究者用摄像头模拟"眼球"获得图像信息;用数字图像处理模拟"视网膜"将模拟图像变成数字图像,让计算机能识别;用计算机视觉模拟"大脑皮层",设计算法提取图像特征,做识别检测等任务。机器模拟人类视觉系统便是机器视觉,也称计算机视觉,其解决的是机器如何"看"的问题。

7.1.1　定义和能力

计算机视觉是一门研究如何使计算机能够理解和解释数字图像或视频的学科。它涉及使用数字计算机处理和分析图像以及从中提取有意义的信息。计算机视觉的目标是使计算机系统能够像人类视觉系统一样"看"和理解世界。更进一步地说,就是指用摄影机和计算机代替人眼对目标进行识别、跟踪和测量等机器视觉的应用,如图 7.1 所示。

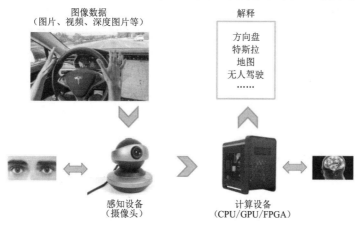

图 7.1　通过计算机设备处理图像数据

(图片来源:https://blog.csdn.net/mzpmzk/article/details/72236923)

计算机视觉主要用于模拟人类视觉的优越能力和弥补人类视觉的缺陷。

其中模拟人类视觉的优越能力主要包括：(1)识别人、物体、场景。(2)估计立体空间、距离。(3)躲避障碍物进行导航。(4)想象并描述故事。(5)理解并讲解图片。

弥补人类视觉的缺陷主要包括：(1)容易忽略很多细节，不擅长精细感知。(2)描述主观、模棱两可。(3)不擅长长时间稳定地执行同一任务。

7.1.2 计算机视觉的研究维度

计算机视觉的研究涉及多个方面，其中两个主要研究维度是语义感知(semantic)和几何属性(geometry)，如图 7.2。下面将详细介绍这两个方面。

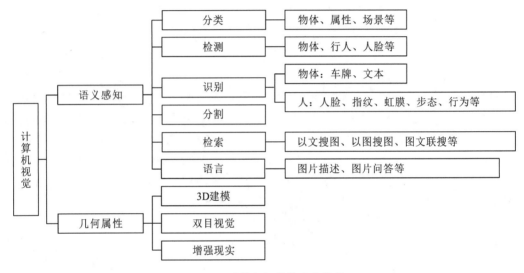

图 7.2 计算机视觉的研究维度

(图片来源：https://blog.csdn.net/mzpmzk/article/details/72236923)

7.1.2.1 语义感知

语义感知是指计算机系统对图像或视频中的内容进行理解和识别，以及对这些内容进行语义级别的理解的能力。这一维度主要关注于对图像中物体、场景、动作等高层语义信息的提取和分析。其主要特点和研究内容如下：

(1)分类(classification)。

分类是计算机视觉中的一项基本任务，旨在将图像或物体分配到预定义的类别或标签中。其目标是识别图像中的主要对象或场景，并将其归类为已知的类别之一。特点：分类任务通常是将整个图像或物体作为输入对象，并输出一个或多个预测的类别标签，代表图像中包含的内容。方法：常用的分类方法包括传统的机器学习方法(如支持向量机、随机森林等)和基于深度学习的方法(如卷积神经网络)。应用：分类在许多领域都有广泛的应用，如图像识别、医学影像分析、智能监控等。

(2)检测(detection)。

检测是识别图像中特定对象的位置和边界框的任务，与分类不同，检测不仅要确定图像中是否存在目标,还要确定目标的位置信息。特点:检测任务通常需要识别图像中的多个对象,并为每个对象生成一个边界框,以指示其位置。方法:常用的检测方法包括基于区域的方法(如 R-CNN 系列)、单阶段方法(如 YOLO 和 SSD)以及基于深度学习的方法。应用:检测在自动驾驶、视频监控、人脸识别等领域都有重要应用。

（3）识别（recognition）。

识别是指识别和推断图像中的对象或场景的任务,通常涉及对对象的更详细的理解和描述。特点:识别任务通常更加细粒度,不仅需要识别对象的类别,还需要推断其更详细的属性或特征。方法:识别任务通常结合了分类和检测的方法,同时考虑对象的类别和位置信息。应用:识别在人脸识别、物体识别、图像检索等方面都有广泛的应用。

（4）分割（segmentation）。

分割是将图像分割成不同区域或对象的任务,通常要求对图像中的每个像素进行分类,以将其分配到相应的语义类别中。特点:分割任务是像素级别的任务,旨在实现对图像的精细化理解和分析。方法:常用的分割方法包括基于区域的方法、基于边缘的方法和基于深度学习的方法。应用:分割在医学图像分析、地图制作、自动驾驶等领域都有重要应用。

（5）检索（retrieval）。

检索是从大规模图像数据库中检索相关图像的任务,通常通过图像内容的相似性进行匹配和检索。特点:检索任务通常涉及图像之间的相似性比较和匹配,以找到与查询图像相关的图像。方法:常用的检索方法包括基于特征的方法、基于内容的方法和基于深度学习的方法。应用:检索在图像搜索引擎、智能相册、社交媒体分析等方面都有广泛的应用。

（6）语言（language）。

语言与图像的结合是指将自然语言和图像信息进行融合和理解,以实现更深层次的语义理解和交互。特点:语言与图像的结合通常涉及图像标注、图像描述生成、视觉问答等任务,旨在实现对图像内容的深层次理解。方法:常用的方法包括基于深度学习的方法,如图像编码器—解码器模型、视觉注意力模型等。应用:语言与图像的结合在智能助手、智能图像搜索、智能图像编辑等方面有重要应用。

7.1.2.2 几何属性

几何属性是指计算机系统对图像或视频中的几何结构和空间关系进行理解和分析的能力。这一维度主要关注对图像中的几何信息进行提取和分析,如物体的位置、形状、尺寸等。其主要特点和研究内容如下:

（1）3D 建模。

3D 建模是指利用计算机技术将物体或场景以三维形式进行建模和重建的过程。它是计算机视觉中一个重要的几何属性,用于对物体的几何结构进行理解和分析。特点:3D 建模旨在实现对物体或场景的几何形状、结构和纹理等方面的建模和重建。方法:3D 建模方法包括基于传感器数据的重建方法(如激光扫描、立体摄影等)、基于图像的重建方法(如结构光法、立体匹配法等)以及基于深度学习的方法。应用:3D 建模在虚拟现实、增强现实、游戏开发、工程设计等领域有着广泛的应用。

（2）双目视觉。

双目视觉是指利用两个摄像头或传感器来获取场景的深度和立体信息的技术。它利用左右两个视角的图像信息进行比较和匹配,从而实现对场景的三维感知。特点:双目视觉能够获取场景的立体信息,实现对物体距离和深度的精确测量。方法:双目视觉方法包括立体匹配法、三角测量法、深度学习方法等。应用:双目视觉在机器人导航、三维重建、人脸识别、立体成像等方面有着重要的应用。

（3）增强现实（augmented reality,AR）。

AR 是一种将虚拟信息叠加到真实世界中的技术,通过计算机视觉和计算机图形学技术实现对真实世界的感知和增强。特点:增强现实技术可以将虚拟对象、信息或场景叠加到现实世界中,实现虚拟与真实的融合。方法:实现增强现实技术的方法包括图像识别与跟踪、虚拟物体渲染、场景重建等。应用:增强现实在游戏娱乐、教育培训、医疗保健、工业维修等领域有着广泛的应用。

7.1.3 计算机视觉的主要目标

计算机视觉的主要目标是让计算机能够理解和解释数字图像或视频,从而使其能够模拟人类视觉系统的功能,如图 7.3 所示。在这个过程中,图像被视为由像素组成的数字矩阵,每个像素都包含了图像的局部信息。计算机视觉系统通过对这些数字矩阵进行处理和分析,从中提取有意义的信息,以实现对图像的理解和解释。

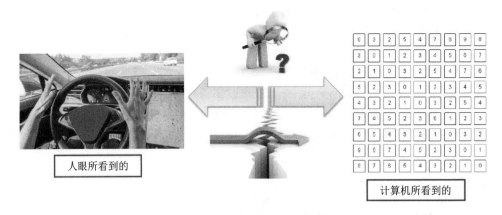

图 7.3 计算机看到的数字矩阵

（图片来源:https://blog.csdn.net/HUAI_BI_TONG/article/details/117002344）

首先,图像需要经过预处理阶段,以消除噪声、增强对比度、调整亮度,从而确保图像质量适合后续处理。接下来,计算机视觉系统会通过特征提取技术来捕获图像中的关键特征,例如边缘、角点、纹理等,这些特征有助于描述图像内容。然后,利用这些特征,系统可以执行各种任务,例如图像分类、目标检测、图像分割和视频跟踪。

在图像分类任务中,计算机视觉系统会将图像分为不同的类别或标签,从而对图像进行归类。这通常涉及使用机器学习或深度学习模型,通过学习图像的特征与相应类别之间的关系来进行分类。

目标检测是另一个重要的任务,它旨在识别图像中特定对象的位置和边界框。这涉及检测图像中存在的对象,确定它们的位置和形状,并将它们与事先定义的类别进行关联。

　　图像分割则是将图像分成不同的区域或对象,以便更详细地理解图像中的内容。这可以帮助系统更精细地识别和理解图像中的不同部分,为更高级的分析和应用提供基础。

　　视频跟踪旨在在视频序列中跟踪目标对象的位置、运动和行为。与静态图像不同,视频跟踪需要处理连续的图像帧,并在这些帧之间建立目标的连续性,从而实现对目标的持续监测和跟踪。

7.2　计算机视觉的研究内容

　　计算机视觉的研究内容集中在图像分类(Image Classification)、目标检测(Object Detection)、图像分割(Image Segmentation)、人脸检测与识别 (Face Detection and Recognition)、三维重建(3D Reconstruction)和视频图像分析(Video Image Analysis)等方面,下面对其中关键的研究内容进行介绍。

7.2.1　图像分类

7.2.1.1　基本定义

　　图像分类是计算机视觉中的一项基本任务,其目标是将输入的图像分配到预定义的类别或标签中,根据图像信息中所反映出来的不同特征,把不同类别的目标区分开,如图 7.4 所示。从计算机的视角来看,一张图片是一个值从 0 到 255 的矩阵,计算机对矩阵进行分析,得到类别结果,如图 7.5 所示。

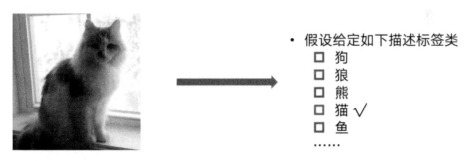

图 7.4　猫图像分类

(图片来源:https://blog.csdn.net/qingxiao__123456789/article/details/123020731)

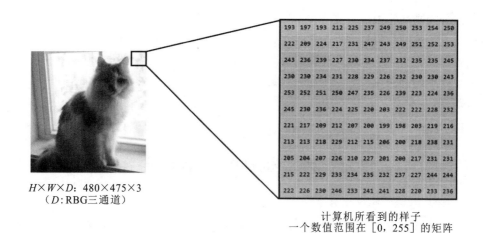

$H \times W \times D$：480×475×3
（D：RBG三通道）

计算机所看到的样子
一个数值范围在［0，255］的矩阵

图 7.5　计算机处理图像

（图片来源：https://blog.csdn.net/qingxiao__123456789/article/details/123020731）

7.2.1.2　应用场景和领域划分

图像分类的应用场景非常丰富，比如图像识别 APP，能够识别动物、植物，汽车的车型，水果、蔬菜等；比如 iPhone 手机上自带的照片自动分类功能；比如电商平台图像内容检索，用户每天可能会上传几万张鞋子图片，后台需要将照片进行分类处理，建立数据库，用户进行图像搜索时，能够实现更精准的搜索；另外，也可用于垃圾分类等场景。

图像的领域划分为：多类别图像分类、多标签图像分类、0 样本图像分类等。

多类别图像分类：其指每个图像只属于其中一个类别，比如一张图像只能属于猫或只能属于狗。特点为具有较大的类间方差、较小的类内误差，是图像分类中最简单最基本的任务。细粒度图像分类，比如两张图中都是猫，但属于不同品种的猫，具有相似的外观和特征，类内差异比较大，因此分类难度更高。

多标签图像分类：每个图像都拥有两种以上的类别，比如一张图中既有猫也有狗，因此标签类别既是猫也是狗。根据监督信息的不同，分为有监督、弱监督、无监督、自监督等学习。弱监督学习是机器学习中最经典的任务之一，在训练集中只有少数的标签数据，大部分为未标签数据，训练出的模型用来预测的测试集中有可能是有标签的，也有可能是无标签的；无监督图像分类指训练集中都是无标签的数据，训练出的模型用来预测的测试集中都是没有标签的。

0 样本图像分类：也称为 0 样本学习模型，能够识别出训练阶段没有出现过的类别，即训练集和测试集在数据的类别上没有交集，是解决类别标签缺失的一种方法。比如图像中训练的数据只有马、老虎和熊猫三个类别的数据，0 样本图像分类会通过已有的知识，比如马、老虎与熊猫的描述，对同时拥有马的形状、老虎的斑纹、熊猫的黑白颜色特征的动物识别为斑马。0 样本图像分类指利用类别的高维语义特征来代替样本的低维特征，使得训练出来的模型具有迁移性。比如斑马的高维语义指马的外形、老虎的斑纹和熊猫的颜色，通过高维的语义刻画了斑马类别的特征，从而识别出模型从来没有见过的斑马图像。

7.2.1.3　图像分类问题的 3 层境界

一般来说,图像分类有 3 层境界。首先是通用的多类别图像分类,在不同物种的层次上识别,往往具有较大的类间方差,例如识别猫和狗。其次是子类细粒度图像分类,其具有更加相似的外观和特征,导致数据间的类内差异较大,分类难度也更高,例如识别猫是否为同一品种属于细粒度图像分类。最后,实例级图像分类可以看作一个识别问题,例如识别同一种猫的不同行为。具体如图 7.6 所示。

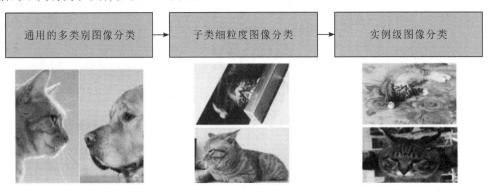

图 7.6　图像分类问题的 3 层境界

（图片来源:https://zhuanlan.zhihu.com/p/531824795）

7.2.1.4　图像分类的方法

在图像分类的方法中,可以分为传统的图像分类方法和基于深度学习的图像分类方法,如图 7.7 所示,下面将详细介绍这两种方法的流程和特点。

传统的图像分类方法首先对输入的图像进行预处理,包括去噪、尺寸标准化、颜色空间转换等操作,以确保图像数据的质量和一致性。其次利用手工设计的特征提取器对预处理后的图像进行特征提取。这些特征提取器可以是基于图像的局部特征,如 SIFT、SURF 等,也可以是基于图像的全局特征,如颜色直方图、形状描述符等。最后将提取的特征输入分类器中进行分类。常见的分类器包括支持向量机(SVM)、K 最近邻算法(K-NN)、决策树等。分类器将提取的特征映射到预定义的类别中,并输出最终的分类结果。

基于深度学习的图像分类方法通过端到端完成特征提取和分类,其将特征提取和分类器合并在一起,形成一个端到端的模型。这种模型通常由多个卷积层、池化层和全连接层组成,可以自动学习图像的特征表示,并将其映射到类别空间中进行分类。首先将原始图像直接输入深度学习模型中,无需手动设计特征提取器。其次利用深度学习模型通过反向传播算法自动学习图像的特征表示,无需人工干预。这使得模型能够更好地适应不同的图像数据和任务。最后,深度学习模型直接输出图像的分类结果,无需额外的分类器。模型通过学习大量数据进行训练,能够在各种复杂的图像分类任务中取得优秀的性能。

总的来说,传统的图像分类方法和基于深度学习的图像分类方法都包括数据的预处理、特征提取和分类的过程。但是,基于深度学习的图像分类方法通过端到端的训练方式,能够自动学习图像的特征表示,省去了手工设计特征提取器的过程,从而在图像分类任务中取得了更好的性能。

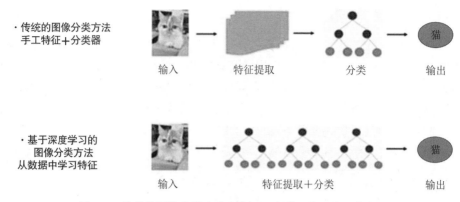

图 7.7　传统的图像分类方法和基于深度学习的图像分类方法

（图片来源：https://zhuanlan.zhihu.com/p/632337081）

7.2.2　目标检测

7.2.2.1　目标检测的概念和应用领域

与图像分类不同，目标检测（object detection）是计算机视觉领域中的一项核心技术，它旨在让计算机能够像人眼一样识别和定位图像中的物体。具体来说，分类（classification）解决"是什么？"的问题，即判断给定的一张图片或一段视频里面包含什么类别的目标；定位（location）解决"在哪里？"的问题，即定位出这个目标的位置；检测（detection）解决"在哪里？是什么？"的问题，即定位出这个目标的位置并且知道目标物是什么，它不仅需要识别出图像中有哪些对象，还要确定它们在图像中的位置（以边界框的形式表示）以及它们的类别，如图7.8所示。

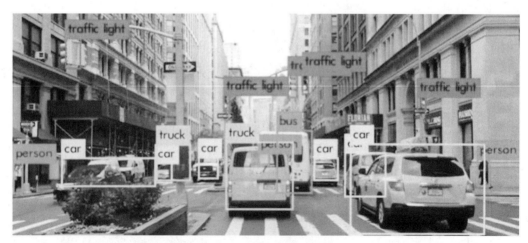

图 7.8　目标检测示意图

（图片来源：https://blog.csdn.net/m0_63462829/article/details/128719792）

目标检测的本质是对视觉信息进行解析,使计算机能够理解图像中的内容。这涉及图像处理、特征提取、模式识别和机器学习等多个层面。在技术层面,目标检测要解决的问题包括但不限于:对象分类、位置估计、尺寸变化、遮挡处理、背景干扰以及实时处理等。

目标检测的应用极其广泛,涵盖了安防监控、自动驾驶、工业自动化、医疗图像分析、零售分析以及智能视频分析等多个领域。例如,在零售行业中,目标检测可以用来跟踪顾客的行为、管理库存。在医疗领域,它可以帮助识别疾病标记,如 X 光片中的肿瘤。在自动驾驶技术中,它是车辆理解周围环境的关键技术,用于识别路标、行人和其他车辆等。

7.2.2.2 目标检测方法的历史发展

在过去的二十年里,目标检测技术经历了两个重要的历史阶段:传统目标检测时期(2014 年之前)和基于深度学习的检测时期(2014 年之后),如图 7.9 所示。

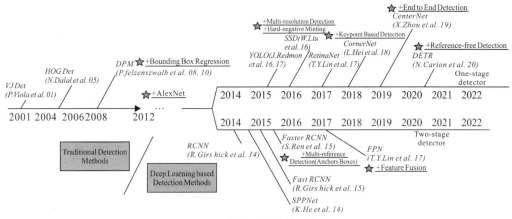

图 7.9 目标检测方法的历史发展

(图片来源:https://www.shangyexinzhi.com/article/585266.html)

在当前的计算机视觉领域,基于深度学习的目标检测技术主要分为两大类:单阶段目标检测器(One-stage Detectors)和两阶段目标检测器(Two-stage Detectors)。这两类检测器在设计理念、检测流程和应用场景上有所不同。如 Two-stage 检测器主要包括 R-CNN 系列,One-stage 检测器主要包括 YOLO、SSD 等。两者的主要区别在于 Two-stage 检测器需要先生成 proposal(一个有可能包含待检物体的预选框),然后进行细粒度的物体检测。而 One-stage 检测器会直接在网络中提取特征来预测物体分类和位置,如图 7.10 所示。

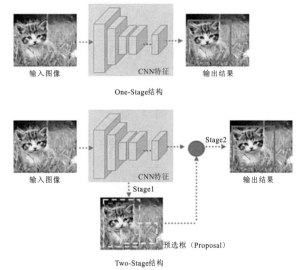

图 7.10 One-Stage 和 Two-Stage 结构

(图片来源:https://www.elecfans.com/d/2080559.html)

Two-stage 检测器首先利用各种 CNN 卷积神经网络作为主干网络,进行卷积和汇聚操作,完成图像特征提取;然后在图像特征基础上,对目标进行粗分类(区分前景和后景)和粗定位(anchor)。如图 7.11 所示,在输入图像的特征映射上产生候选区域 proposal,生成感兴趣前景框(roi)。最后,对感兴趣前景框(roi)进行汇聚操作(pooling),通过全连接网络(fc),完成目标的分类(Lcls)和回归(Lreg)。常用 Two-stage 检测器如图 7.12 所示。

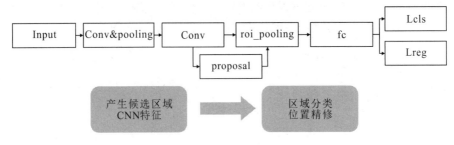

图 7.11　Two-Stage 检测器基本流程

(图片来源:https://www.elecfans.com/d/2080559.html)

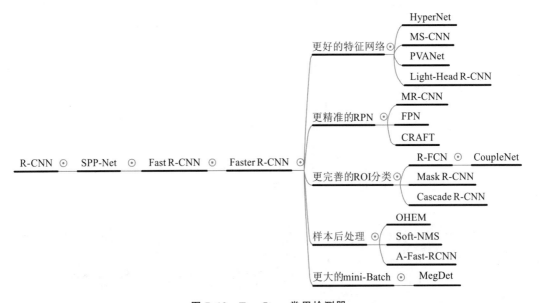

图 7.12　Two-Stage 常用检测器

(图片来源:https://blog.51cto.com/u_16213618/10151000)

单阶段目标检测算法使用 CNN 卷积特征,直接回归物体的类别概率和位置坐标值,其流程如图 7.13 所示。

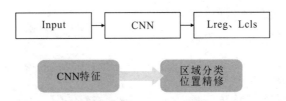

图 7.13　One-Stage 流程

(图片来源:https://blog.csdn.net/qq_43211132/article/details/90674600)

two-stage 与 one-stage 的对比如表 7.1 所示,具体区别如下:

Two-stage 检测器精度高,速度慢;One-stage 检测器速度快但精度低。Two-stage 检测器目标检测器采用两段结构采样,需要先生成候选区域,处理类别不均衡的问题,然后再进行更精确的目标检测。One-stage 检测器不需要生成候选区域,简化目标的检测过程。在小目标检测方面,Two-stage 检测器比 One-stage 检测器具有更好的性能,主要原因是 Two-stage 检测器包括两次检测,第一次是进行前景后景的分类(粗检测),第二次是在前景的基础上,完成更精准的目标检测(精准检测)。

表 7.1　One-Stage 检测器和 Two-Stage 检测器对比

	One-stage	Two-stage
优势	速度快,实时性高	精度高,对小目标检测效果好
	不需要生成候选区域,简化了检测过程	需要生成候选区域,检测过程烦琐
劣势	精度低,对小目标检测不理想	速度慢,时间复杂度高

7.2.2.3　新时代的特殊检测技术

CornerNet 是一种基于深度学习的目标检测方法,其基本原理是利用物体边界框的角点作为关键点来预测目标,而不是传统方法中使用的锚框。传统目标检测方法通常依赖于设计大量的锚框来覆盖各种目标形状和尺寸,然后通过卷积神经网络来对这些锚框进行分类和边界框回归。然而,这种方法存在着锚框设计和匹配的复杂性,同时也容易受到目标形状和尺寸的限制。

相比之下,CornerNet 直接从物体边界框的角点入手,通过预测目标的角点位置来完成目标检测任务。这种方法简化了目标检测的流程,减少了设计锚框和匹配的复杂性。由于角点具有更明确的定位特征,CornerNet 可以更准确地定位目标,同时也能够更好地适应各种目标形状和尺寸的变化。

在实际应用中,CornerNet 在精度和速度上相较于传统方法有所提升。由于不再需要设计大量的锚框,CornerNet 可以更高效地进行目标检测,从而提高推理速度。同时,通过直接检测角点,CornerNet 也能够提高目标检测的准确性和稳定性,尤其是在目标形状复杂、尺寸变化较大的情况下表现更为突出。

举例来说,当应用 CornerNet 进行行人检测时,传统方法需要设计大量不同尺寸和长宽比的锚框来覆盖不同大小和姿态的行人,而 CornerNet 则可以直接预测行人边界框的角点位置,从而避免了锚框设计和匹配的复杂性。这样一来,在精度和速度上都能够显著提升,使得目标检测效果更佳,并且能够更好地应对复杂的场景和变化。

CenterNet 是对 CornerNet 的进一步简化,它只使用物体中心作为关键点,并通过回归的方式预测所有相关属性,包括边界框尺寸和类别。相较于 CornerNet,CenterNet 更加简洁明了,将目标检测任务进一步简化为对物体中心点的定位和属性回归,降低了预测角点的复杂性。

CenterNet 的优势在于：

(1)简化设计。

相对于 CornerNet 使用角点作为关键点，CenterNet 只需预测物体的中心点，从而进一步简化了模型设计和推理过程。

(2)提高检测效率。

由于模型结构更加简单，CenterNet 能够在保持较高精度的情况下提高检测的效率，减少计算资源的消耗。

(3)减少参数数量。

相较于 CornerNet，CenterNet 的模型参数数量更少，训练和部署的成本更低，更容易应用于实际场景。

然而，CenterNet 也存在一些局限性或适用场景的考量：

(1)目标形状复杂性。

由于只使用物体中心点作为关键点，CenterNet 可能在处理一些形状复杂的目标时表现不如 CornerNet，例如需要精确检测目标边界的情况。

(2)小目标检测。

对于尺寸较小的目标，使用物体中心点可能不足以精确定位目标，这可能导致 CenterNet 在小目标检测方面性能略逊于 CornerNet。

(3)特定场景需求。

在某些特定场景下，可能需要考虑更多的目标属性或关键点信息，此时使用 CornerNet 或传统方法可能更为合适。

DETR(detection transformer)是一种基于 Transformer 结构的目标检测方法，其基本思路是将目标检测任务视为一种集合预测问题，摒弃了传统方法中使用锚框的设计。在 DETR 中，Transformer 被用来同时处理整个图像，并直接输出目标的位置和类别信息，而无须使用传统的锚框和非极大值抑制(NMS)等后处理步骤。

DETR 相较于传统方法和其他新方法的优势主要体现在以下几个方面：

(1)利用全局特征。

DETR 通过 Transformer 结构能够有效地捕获图像中的全局特征信息，不受锚框密度和大小的限制。这使得 DETR 在处理尺寸不同、数量不定的目标时能够更加灵活和准确。

(2)减少设计复杂性。

DETR 摒弃传统目标检测方法中设计大量锚框和复杂的后处理步骤的需要，简化整个目标检测流程。降低模型的复杂度，同时也减少训练和推理的计算量。

(3)端到端训练。

DETR 可以进行端到端的训练，使得模型更容易优化和调整，同时也提高了模型的泛化能力。

DETR 的应用场景主要包括：

(1)目标数量不定的场景。

DETR 适用于处理目标数量不定的情况，例如目标检测中出现多个目标、遮挡、重叠等情况。

（2）小目标检测。

DETR 能够利用 Transformer 结构对全局特征进行有效捕捉，因此在小目标检测方面表现较好。

（3）复杂场景。

DETR 在处理复杂场景中表现出色，例如密集目标、大尺度变化等情况。

然而，DETR 也存在一些局限性和挑战：

（1）计算资源需求。

由于 DETR 采用了 Transformer 结构，需要较大的计算资源进行训练和推理，因此在资源受限的环境中可能存在挑战。

（2）目标边界精度。

DETR 在一些情况下可能难以精确捕捉目标的边界信息，尤其是在目标形状复杂、尺寸较小的情况下。

（3）训练数据需求。

DETR 对于训练数据的需求较高，需要大量的标注数据来训练模型以达到较好的性能。

7.2.3　图像分割

7.2.3.1　基本定义和应用领域

图像分割是计算机视觉中的一项重要任务，其目标是将一幅图像分割成若干个具有语义信息的区域或像素集合。这些区域通常代表了图像中的不同物体、场景或区域。图像分割通常被用于许多应用领域，如医学图像分析、自动驾驶、视频编辑等。与图像分类和目标检测相比，图像分割更进一步地关注了图像中的细节和结构，并尝试将图像中的每个像素分配到特定的类别或区域中，而不仅仅是识别整个图像中的主要对象。它们之间的区别如图7.14 所示，具体如下：

图像分类：图像分类的任务是将整个图像分配到预定义的类别中，而不考虑图像中的像素之间的细节关系。例如，给定一张猫的图片，图像分类模型会输出"猫"这个类别。

目标检测：目标检测是识别图像中存在的特定物体并确定它们的位置。与图像分类不同，目标检测不仅能够识别图像中的对象，还能够给出它们的位置信息，通常用矩形边界框来表示。例如，在一张包含狗和猫的图片中，目标检测模型可以识别出狗和猫，并给出它们的位置。

图像分割：图像分割不仅要识别图像中的对象，还要精确地标记每个像素属于哪个对象或区域。这意味着每个像素都被分配到特定的类别，从而使得图像中的每个对象或区域都能被精确地描述和分割出来。例如，在一张包含狗和猫的图片中，图像分割会准确地标记出狗和猫的每个像素，而不仅仅是简单地识别它们的存在。举例来说，假设有一张图像，其中包含一只狗和一只猫，并且它们都在草地上。图像分类模型会输出"狗"和"猫"这两个类别，而目标检测模型会给出狗和猫的位置信息，例如它们在图像中的矩形边界框。而图像分割模型将会准确地标记出图像中每个像素属于狗、猫还是背景（草地），从而精确地分割出图像中的每个对象和区域。

图 7.14 图像分类、检测和分割的区别

（图片来源：https://www.elecfans.com/d/2080559.html）

7.2.3.2 图像分割的方法

当谈到图像分割时，我们可以将方法分为传统方法和深度学习方法。下面将分别介绍它们的原理和方法：

传统方法：

(1)基于阈值的分割。

这是最简单的图像分割方法之一。它将图像中的像素按照灰度值或颜色值与预先设定的阈值进行比较，从而将图像分成不同的区域。

(2)区域增长。

这类方法从种子点开始，逐渐扩展区域，通过合并具有相似属性（如灰度值或颜色）的相邻像素来扩展区域，直到满足某些停止条件为止。

(3)边缘检测和边缘分割。

边缘检测算法可以检测图像中的边缘或轮廓，然后通过连接边缘来分割图像中的区域。常见的边缘检测算法包括 Sobel、Canny 和 Laplacian 等。

(4)基于图的分割。

这类方法将图像视为图的节点集合，利用图的最小割或最大流算法来分割图像。基于图像分割的方法如 GrabCut 算法被广泛应用。

(5)基于聚类的分割。

这种方法将像素分组到不同的类别中，以便于相似的像素被分配到同一个类别，从而实现图像的分割。常见的聚类算法包括 K 均值聚类和基于密度的聚类等。

深度学习方法：

基于深度学习的图像分割的三个任务等级包括语义分割（semantic segmentation）、实例分割（instance segmentation）、全景分割（panoptic segmentation），如图 7.15 所示。

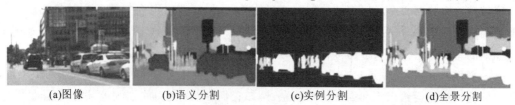

(a)图像　　(b)语义分割　　(c)实例分割　　(d)全景分割

图 7.15 图像分割的三个任务

（图片来源：https://blog.csdn.net/2301_79285641/article/details/135813069）

(1)语义分割。

语义分割的目的是把图像中的每个像素分为特定的语义类别,属于特定类别的像素仅被分类到该类别,而不考虑其他信息,例如:人、车、树、狗等就是不同的类别。它与普通的图像分割任务不同,语义分割要求对图像中的每个像素进行细粒分类,以便我们能够准确地理解图像中的内容。语义分割在自动驾驶、医学图像分析、图像理解等领域具有重要的应用价值。

语义分割的方法:基于全卷积网络(FCN)、深度解码网络(DeepLab)、U-Net、图像分割神经网络(SegNet)、Mask R-CNN等。

(2)实例分割。

实例分割根据"实例"而不是类别将像素分类,实例分割的目的是将图像中的目标检测出来,它不仅要对图像中的每个像素进行语义类别的分类,还要将同一类别的不同实例进行区分,并且对目标的每个像素分配类别标签以区分它们。实例分割能够对前景语义类别相同的不同实例进行区分。这种技术在物体检测、图像分析和医学图像处理等领域具有重要的应用,实现更精细的图像分析和理解。实例分割模型一般由三部分组成:图像输入、实例分割处理、分割结果输出。

实例分割的方法:Mask R-CNN、ShapeMask、全卷积实例分割(fully convolutional instance segmentation,FCIS)、PANet、YOLACT等。

(3)全景分割。

全景分割是最新开发的分割任务,可以表示为语义分割和实例分割的组合,其中图像中对象的每个实例都被分离,并预测对象的身份。和实例分割的区别在于,将整个图像都进行分割。与实例分割不同,全景分割不需要将像素分配给特定的实例,而是将其分为不同的语义类别。全景分割在自动驾驶、机器人导航、视觉增强现实、医学影像分析、地球观测和遥感、图像编辑和艺术创造等领域都有应用,随着深度学习和计算机视觉的发展,全景分割在更多领域中的应用也会不断增加。

全景分割的方法:fully convolutional network (FCN)、U-Net、DeepLab、Mask R-CNN、PANet等。

7.2.4　视频跟踪

7.2.4.1　基本原理和应用场景

视频跟踪是一种在视频序列中持续追踪物体或目标位置的技术。其基本概念是在视频帧中识别并跟踪感兴趣的目标,通过在连续帧之间检测目标的位置和运动来实现跟踪。

视频跟踪的应用场景主要包含以下几种,部分场景如图7.16所示:

(1)视频监控与安防。

用于监控场景中的人员、车辆或其他物体的运动轨迹,以及实时检测异常行为或事件。

(2)自动驾驶。

在自动驾驶系统中,跟踪其他车辆、行人和障碍物的位置和运动状态,以便规划和调整车辆的行驶路径。

（3）人机交互。

通过跟踪用户的手势、动作或表情来实现自然的人机交互,例如手势识别、头部追踪等。

（4）运动分析与体育竞技。

用于分析运动员的运动轨迹、姿态和行为,帮助教练和运动员改进训练和比赛表现。

（5）视频编辑与特效制作。

在视频编辑和特效制作中,跟踪视频中的特定物体或人物,以便进行特效添加、场景合成等操作。

图 7.16　视频跟踪部分应用场景(左田径比赛,右车辆跟踪)
（图片来源:https://zhuanlan.zhihu.com/p/152449665）

7.2.4.2　目标跟踪任务分类

目标跟踪有哪些研究领域呢? 目标跟踪可以分为以下几种任务:

（1）单目标跟踪:给定一个目标,追踪这个目标的位置。

（2）多目标跟踪:追踪多个目标的位置。

（3）Person Re-ID:行人重识别,是利用计算机视觉技术判断图像或者视频序列中是否存在特定行人的技术。广泛被认为是一个图像检索的子问题。给定一个监控行人图像,检索跨设备下的该行人图像。旨在弥补固定的摄像头的视觉局限,并可与行人检测/行人跟踪技术相结合。

（4）MTMCT:多目标多摄像头跟踪(multi-target multi-camera tracking),跟踪多个摄像头拍摄的多个人。

（5）姿态跟踪:追踪人的姿态。

按照任务计算类型又可以分为以下两类。

在线跟踪:在线跟踪需要实时处理任务,通过过去和现在帧,跟踪未来帧中物体的位置。

离线跟踪:离线跟踪是离线处理任务,可以通过过去、现在和未来的帧,推断物体的位置,因此准确率会比在线跟踪高。

7.2.4.3 目标跟踪方法和历史发展

目标跟踪的方法按照模式划分可以分为两类。

(1)生成式模型。

早期的工作主要集中于生成式模型跟踪算法的研究,如光流法、粒子滤波、Meanshift算法、Camshift算法等。此类方法首先建立目标模型或者提取目标特征,在后续帧中进行相似特征搜索。逐步迭代实现目标定位。但是这类方法也存在明显的缺点,就是图像的背景信息没有得到全面的利用。且目标本身的外观变化有随机性和多样性特点,因此,通过单一的数学模型描述待跟踪目标具有很大的局限性。具体表现为在光照变化、运动模糊、分辨率低、目标旋转形变等情况下,模型的建立会受到巨大的影响,从而影响跟踪的准确性;模型的建立没有有效地预测机制,当出现目标遮挡情况时,不能够很好地解决。

(2)鉴别式模型。

鉴别式模型是指将目标模型和背景信息同时考虑在内,通过对比目标模型和背景信息,将目标模型提取出来,从而得到当前帧中的目标位置。通过将背景信息引入跟踪模型,可以很好地实现目标跟踪。因此鉴别式模型具有很大的优势。2000年以来,人们逐渐尝试使用经典的机器学习方法训练分类器,例如 MIL、TLD、支持向量机、结构化学习、随机森林、多实例学习、度量学习。2010年,通信领域的相关滤波方法被引入目标跟踪中。作为鉴别式方法的一种,相关滤波无论在速度上还是准确率上,都显示出更优越的性能。然而,相关滤波器用于目标跟踪是在 2014年之后。自2015年以后,随着深度学习技术的广泛应用,人们开始将深度学习技术用于目标跟踪。

按照时间顺序,目标跟踪的方法经历了从经典算法到基于核相关滤波算法,再到基于深度学习的跟踪算法的过程。

(1)经典跟踪算法。

早期的目标跟踪算法主要是根据目标建模或者对目标特征进行跟踪。

基于目标模型建模的方法:通过对目标外观模型进行建模,然后在之后的帧中找到目标。例如,区域匹配、特征点跟踪、基于主动轮廓的跟踪算法、光流法等。最常用的是特征匹配法,首先提取目标特征,然后在后续的帧中找到最相似的特征进行目标定位,常用的特征有:SIFT 特征、SURF 特征、Harris 角点等。

基于搜索的方法:随着研究的深入,人们发现用基于目标模型建模的方法对整张图片进行处理,实时性差。人们将预测算法加入跟踪中,在预测值附近进行目标搜索,减少了搜索的范围。常见的预测算法有 Kalman 滤波、粒子滤波方法。另一种减小搜索范围的方法是内核方法:运用最速下降法的原理,按梯度下降方向对目标模板逐步迭代,直到迭代到最优位置。诸如,Meanshift、Camshift[①] 算法。

光流:光流法(lucas-kanade)的概念首先在 1950 年提出,它是针对外观模型对视频序列中的像素进行操作,通过利用视频序列在相邻帧之间的像素关系,寻找像素的位移变化来

① Comaniciu D,Meer P.Mean shift:a robust approach toward feature space analysis.IEEE Transactions on Pattern Analysis and Machine Intelligence,2002,24(5),603-619.

判断目标的运动状态,实现对运动目标的跟踪。但是,光流法适用的范围较小,需要满足三种假设:图像的光照强度保持不变;空间一致性,即每个像素在不同帧中相邻点的位置不变,这样便于求得最终的运动矢量;时间连续。光流法适用于目标运动相对于帧率是缓慢的,也就是两帧之间的目标位移不能太大。

Meanshift:Meanshift方法是一种基于概率密度分布的跟踪方法,其使目标的搜索一直沿着概率梯度上升的方向,迭代收敛到概率密度分布的局部峰值上。首先,Meanshift会对目标进行建模,比如利用目标的颜色分布来描述目标,然后计算目标在下一帧图像上的概率分布,从而迭代得到局部最密集的区域。Meanshift适用于目标的色彩模型和背景差异比较大的情形,早期也用于人脸跟踪。由于Meanshift方法的运算速度快,它的很多改进方法也一直适用至今。

粒子滤波:粒子滤波(particle filter)方法是一种基于粒子分布统计的方法。以跟踪为例,首先对跟踪目标进行建模,并定义一种相似度度量确定粒子与目标的匹配程度。在目标搜索的过程中,它会按照一定的分布(比如均匀分布或高斯分布)撒一些粒子,统计这些粒子的相似度,确定目标可能的位置。在这些位置上,下一帧加入更多新的粒子,确保在更大概率上跟踪上目标。卡尔曼滤波(Kalman filtering)是一种利用线性系统状态方程,通过系统输入输出观测数据,对系统状态进行最优估计的算法。卡尔曼滤波常被用于描述目标的运动模型,它不对目标的特征建模,而是对目标的运动模型进行了建模,常用于估计目标在下一帧的位置。

可以看到,传统的目标跟踪算法存在两个致命的缺陷:

一是没有将背景信息考虑在内,导致在目标遮挡、光照变化以及运动模糊等干扰下容易出现跟踪失败。

二是跟踪算法执行速度慢(每秒10帧左右),无法满足实时性的要求。

(2)基于核相关滤波的跟踪算法。

接着,人们将通信领域的相关滤波(衡量两个信号的相似程度)引入目标跟踪中。一些基于相关滤波的跟踪算法(MOSSE、CSK、KCF、BACF、SAMF)等,也随之产生,速度可以达到数百帧每秒,可以广泛地应用于实时跟踪系统中。其中不乏一些跟踪性能优良的跟踪器,诸如SAMF、BACF。

(3)基于深度学习的跟踪算法。

随着深度学习方法的广泛应用,人们开始考虑将其应用到目标跟踪中。人们开始使用深度特征并取得了很好的效果。之后,人们开始考虑用深度学习建立全新的跟踪框架,进行目标跟踪。

在大数据背景下,利用深度学习训练网络模型,得到的卷积特征输出表达能力更强。在目标跟踪上,初期的应用方式是把网络学习到的特征,直接应用到相关滤波或Struck的跟踪框架里面,从而得到更好的跟踪结果,比如前面提到的DeepSRDCF方法。本质上卷积输出得到的特征表达,更优于HOG或CN特征,这也是深度学习的优势之一,但同时也带来了计算量的增加,接下来将分别介绍基于深度学习的单目标跟踪和多目标跟踪方法。

(1)单目标跟踪(single object tracking)。

单目标跟踪旨在追踪视频序列中的单个目标,并准确地估计目标的位置和运动状态。基于深度学习的单目标跟踪算法通常分为以下几类:

① 孪生网络(siamese network)。孪生网络是一种常用于单目标跟踪的深度学习结构。它通常包含两个共享参数的子网络,用于提取目标和候选区域的特征表示,然后通过比较它们之间的相似度来确定目标的位置。

典型的孪生网络跟踪算法包括 SiamFC(fully convolutional siamese networks)、Siam-RPN(siamese region proposal network)、SiamMask 等。

② 端到端跟踪器。端到端跟踪器直接从视频序列中学习目标的外观和运动模式,无需手动设计的特征或模型。它们通过卷积神经网络(CNN)或递归神经网络(RNN)来提取图像特征,并结合循环结构来建模目标的运动。

例如,ATOM(adaptive temporal-spatial network)是一种端到端的目标跟踪器,它使用卷积神经网络提取图像特征,并结合长短期记忆(LSTM)网络来建模目标的运动,其中 LSTM 网络如图 7.17 所示,其中 YOLO 输入图像为原始输入帧。YOLO 输出结果为输入帧中包围框坐标的特征向量。LSTM 输入图像为拼接(图像特征,包围框坐标)。LSTM 输出结果为被跟踪目标的包围框坐标。我们这样理解图 7.17:①输入帧通过 YOLO 网络。②从 YOLO 网络得到两个不同的输出(图像特征和边界框坐标)③这两个输出送到 LSTM 网络。④LSTM 输出被跟踪目标的轨迹,即包围框。

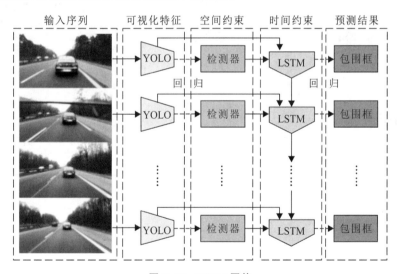

图 7.17 LSTM 网络

(图片来源:https://cloud.baidu.com/article/293263)

(2)多目标跟踪(multiple object tracking)。

多目标跟踪关注在视频序列中同时跟踪多个目标,包括目标的位置和运动轨迹,其原理如图 7.18 所示,具体可分为以下几点:①给定视频的原始帧。②运行对象检测器以获得对象的边界框。③对于每个检测到的物体,计算出不同的特征,通常是视觉和运动特征。④之后,相似度计算步骤计算两个对象属于同一目标的概率。⑤最后,关联步骤为每个对象分配数字 ID。

通常来说,基于深度学习的多目标跟踪分为以下两种:

①单阶段多目标跟踪算法。单阶段多目标跟踪算法将目标检测和目标跟踪任务融合在一起,通过单个神经网络模型实现端到端的目标跟踪。这类算法通常使用卷积神经网络(convolutional neural networks,CNN)提取图像特征,并利用循环神经网络(recurrent neural networkKs,RNN)或注意力机制(atention mechanism)进行时间序列建模。常见的单阶段多目标跟踪算法包括 JDE、CenterTrack、FairMOT、TransTrack 等。

②两阶段多目标跟踪算法。两阶段多目标跟踪算法将目标检测和目标跟踪任务分为两个阶段进行处理。首先,使用目标检测算法检测出图像中的目标,并生成候选框。然后,在目标跟踪阶段,利用深度学习模型对候选框进行跟踪。这类算法常常采用卷积神经网络进行特征提取,并使用卡尔曼滤波(Kalman filter)或者相关滤波器(Correlation Filter)等方法进行目标跟踪。常见的两阶段多目标跟踪算法包括 DeepSORT、SORT、ByteTrack 等。

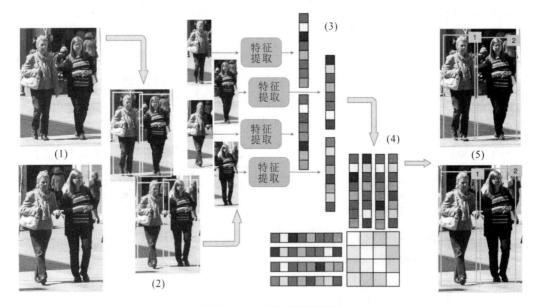

图 7.18　多目标跟踪原理

(图片来源:https://zhuanlan.zhihu.com/p/95499141)

7.3　计算机视觉的数据集及应用

7.3.1　CIFAR-10

CIFAR-10 数据集(加拿大高级研究所,10 个类别)是 Tiny Images 数据集的子集,由 60000 张 32×32 彩色图像组成。这些图像标有 10 个相互排斥的类别之一:飞机、汽车(但不是卡车或皮卡车)、鸟、猫、鹿、狗、青蛙、马、船和卡车(但不是皮卡车)。每类有 6000 张图像,每类有 5000 张训练图像和 1000 张测试图像,如图 6.16 所示。

7.3.2 ImageNet

ImageNet 数据集包含根据 WordNet 层次结构的 14,197,122 个带注释的图像。自 2010 年以来,该数据集被用于 ImageNet 大规模视觉识别挑战赛(ILSVRC),这是图像分类和对象检测的基准。公开发布的数据集包含一组手动注释的训练图像,还发布了一组测试图像,但保留了手动注释。ILSVRC 注释分为两类之一:(1)图像级注释,用于表示图像中是否存在对象类的二进制标签,例如"该图像中有汽车"但"没有老虎";(2)图像中对象实例周围的紧密边界框和类标签的对象级注释,例如,"有一把螺丝刀,其中心位置为(20,25),宽度为 50 像素,高度为 30 像素"。ImageNet 项目不拥有图像的版权,因此仅提供图像的缩略图和 URL。其数据集详细如下:非空 WordNet 同义词集总数:21841。图片总数:14197122。带边界框注释的图像数量:1034908。具有 SIFT 特征的同义词集数量:1000。具有 SIFT 特征的图像数量:120 万张,如图 7.19 所示。

图 7.19 ImageNet 数据集

(图片来源:https://blog.csdn.net/wzk4869/article/details/133106003)

7.3.3 MNIST

MNIST 数据库(修改后的国家标准与技术研究所数据库)是大量手写数字的集合。它有一个包含 60000 个示例的训练集和一个包含 10000 个示例的测试集。它是更大的 NIST 特别数据库 3(由美国人口普查局员工书写的数字)和特别数据库 1(由高中生书写的数字)的子集,其中包含手写数字的单色图像。这些数字已经超过尺寸标准化并位于固定尺寸图像的中心。来自 MNIST 的原始黑白(双层)图像经过尺寸标准化以适合 20×20 像素框,同时保留其纵横比。由于归一化算法使用的抗锯齿技术,生成的图像包含灰度级。通过计算像素的质心并平移图像以将该点定位在 28×28 场的中心,图像在 28×28 图像中居中,如图 7.20 所示。

图 7.20 MNIST 数据库

(图片来源:https://blog.csdn.net/wzk4869/article/details/133106003)

7.3.4 PASCAL VOC

PASCAL VOC 为图像识别和分类提供了一整套标准化的优秀的数据集,从 2005—2012 年每年都会举行一场图像识别挑战。该挑战的主要目的是识别真实场景中一些类别的物体。在该挑战中,这是一个监督学习的问题,训练集以带标签的图片的形式给出,其数据集如图 7.21 所示。这些物体包括 20 类:

Person:person

Animal:bird,cat,cow,dog,horse,sheep

Vehicle:aeroplane,bicycle,boat,bus,car,motorbike,train

Indoor:bottle,chair,dining table,potted plant,sofa,tv/monitor

该挑战主要包括三类任务:

分类(classification),检测(detection),分割(segmentation)。

所有的标注图片都有检测需要的标签,但只有部分数据有 Segmentation Label。

VOC2007 中包含 9963 张标注过的图片,由 train/val/test 三部分组成,共标注出 24640 个物体。VOC2007 的 test 数据 label 已经公布,之后的没有公布(只有图片,没有 label)。

VOC2012 的 trainval/test 包含 2008—2011 年的所有对应图片。trainval 有 11540 张

图片共 27450 个物体。对于分割任务，VOC2012 的 trainval 包含 2007—2011 年的所有对应图片，test 只包含 2008—2011 年的对应图片。trainval 有 2913 张图片共 6929 个物体。

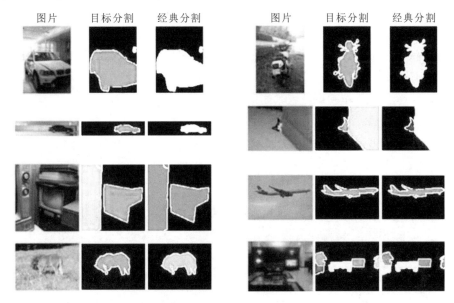

图 7.21 PASCAL VOC 数据集

（图片来源：https://blog.csdn.net/qq_29203987/article/details/133048578）

7.3.5 MS COCO

MS COCO 是微软公司建立的数据集。对于目标检测任务，COCO 包含 80 个类别，每年大赛的训练和验证集包含 120000 张图片，超过 40000 张测试图片，如图 7.22 所示。下面是这个数据集中的 80 个具体类别：

Person#1：

person

Vehicle#8：

bicycle，car，motorcycle，airplane，bus，train，truck，boat

Outdoor#5：

traffic light，firhydrant，stop sign，parking meter，bench

Animal#10：

bird，cat，dog，horse，sheep，cow，elephant，bear，zebra，giraffe

Accessory#5：

backpack，umbrella，handbag，tie，suitcase

Sport#10：

frisbee，skis，snowboard，sports ball，kite，baseball bat，baseball glove，skateboard，surfboard，tennisracket

Kitchen#7：

bottle，wine glass，cup，fork，knife，spoon，bowl

Food＃10：

banana，apple，sandwich，orange，broccoli，carrot，hot dog，pizza，donut，cake

Furniture＃6：

chair，couch，potted plant，bed，dining table，toilet

Electronic＃6：

tv，laptop，mouse，remote，keyboard，cell phone

Appliance＃5：

microwave，oven，toaster，sink，refrigerator

Indoor＃7：

book，clock，vase，scissors，teddy bear，hair drier，toothbrus

图 7.22　MS COCO 数据集

（图片来源：https：//www.jiangdabai.com/download/coco％E6％95％B0％E6％8D％AE％E9％9B％86）

7.3.6　KITTI

　　KITTI 数据集是由德国卡尔斯鲁厄理工学院（Karlsruhe institute of technology，KIT）和美国芝加哥丰田技术研究院（Toyota technological institute at Chicago，TTIC）于 2012

年联合创办,是目前国际上最为常用的自动驾驶场景下的计算机视觉算法评测数据集之一。该数据集用于评测立体图像(stereo)、光流(optical flow)、视觉测距(visual odometry)、3D物体检测(object detection)和 3D 跟踪(tracking)等计算机视觉技术在车载环境中的性能。KITTI 数据集包含市区、乡村和高速公路等场景采集的真实图像数据,每张图像中最多达15 辆车和 30 个行人,还有各种程度的遮挡与截断。KITTI 数据集针对 3D 目标检测任务提供了 14999 张图像以及对应的点云,其中 7481 组用于训练,7518 组用于测试,针对场景中的汽车、行人、自行车三类物体进行标注,共计 80256 个标记对象,如图 7.23 所示。

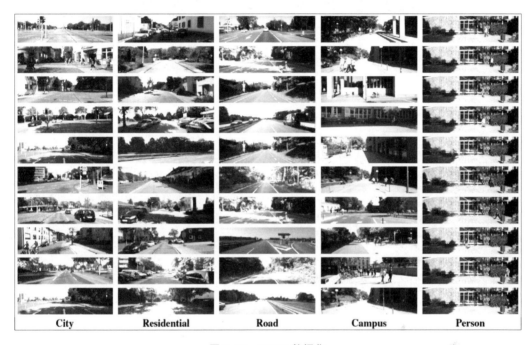

图 7.23　KITTI 数据集

(图片来源:https://www.jiangdabai.com/download)

7.3.7　TrackingNet

TrackingNet 是一个大规模的目标跟踪数据集,包含了 30643 个视频片段[1],平均每个视频片段时长 16.6 s。其从 140 个小时提取的 14431266 帧图像都使用了 bounding box 进行标注。TrackingNet 比之前的最大的同类型数据集大两个数量级以上。该数据集囊括了自然场景下的各种情形,包含了各种帧率、分辨率、上下文场景以及目标类别。与之前的目标跟踪数据集不同,TrackingNet 分为训练集和测试集两部分,其从 Youtube-BoundingBoxes 中选择了 30132 个训练视频,并构建了 511 个与训练集分布相似的视频构成测试集,如图 7.24所示。

---

① Liu Y,Zhang K,Li Y,et al.Sora:A Review on Background,Technology,Limitations,and Opportunities of Large Vision Models[J].arXiv preprint arXiv:2402. 17177,2024.

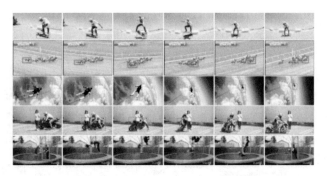

图 7.24 TrackingNet 单目标跟踪数据集

（图片来源：https://zhuanlan.zhihu.com/p/559342593）

7.3.8 LaSOT

论文"LaSOT：A High-quality Benchmark for Large-scale Single Object Tracking"详细阐述了 LaSOT 数据集的构造原理和评估方法，由亮风台、华南理工大学、美图-亮风台联合实验室等单位共同完成，收录于 CVPR 2019。LaSOT 包含 1400 个视频，每个序列平均 2512 帧。每一帧都经过仔细检查和手动标记，并在需要时对结果进行目视检查和纠正。这样，可以生成大约 352 万个高质量的边界框注释。此外，LaSOT 包含 70 个类别，每个类别包含 20 个序列，如图 7.25 所示。据了解，LaSOT 是迄今为止最大的具有高质量手动密集注释的对象跟踪数据集。与之前的数据集不同，LaSOT 提供了可视化边界框注释和丰富的自然语言规范，这些规范最近被证明对各种视觉任务都是有益的，包括视觉跟踪。这样做的目标是鼓励和促进探索集成视觉和语言功能，以实现强大的跟踪性能。

图 7.25 LaSOT 数据集

（图片来源：https://cloud.tencent.com/developer/article/1449381）

7.3.9 MOT 数据集

MOT(multiple object tracking)数据集是用于评估多目标跟踪算法性能的一系列数据集,可参考网址 https://motchallenge.net/。MOT 数据集可以分为以下几种:

MOT15:MOT15 是最早的 MOT 数据集之一,包含了多个视频序列,每个序列都包含了多个目标的运动轨迹。该数据集提供了详细的标注信息,包括目标的位置、尺寸、类别等。

MOT16:MOT16 是 MOT 数据集系列的一部分,它提供了更多的视频序列和更丰富的标注信息,用于评估多目标跟踪算法的准确性和鲁棒性。MOT16 数据集包含了来自不同场景和不同摄像头的视频序列。

MOT17:MOT17 是 MOT 数据集的扩展版本,它在 MOT16 的基础上增加了更多的视频序列和更丰富的标注信息。MOT17 数据集包含了一系列具有挑战性的视频序列,用于评估多目标跟踪算法在复杂场景下的性能。

MOT20:MOT20 是 MOT 数据集系列的最新版本,它包含了更多的视频序列和更丰富的标注信息,用于评估最新的多目标跟踪算法的性能。MOT20 数据集涵盖了各种不同的场景和运动模式,适用于评估多目标跟踪算法的泛化能力和鲁棒性。

7.3.10 DanceTrack 数据集

DanceTrack 数据集收集了 100 段视频,内容包括集体舞蹈、功夫、体操等,他们共同的特点是:(1)目标人物穿着相似甚至一致。(2)目标之间有大量的遮挡和位置交错。(3)目标的运动模式非常复杂,呈现明显的非线性,并且时常伴随多样的肢体动作。如图 7.26 所示。

图 7.26 DanceTrack 数据集

(图片来源:https://openaccess.thecvf.com/content/CVPR2022/papers/Sun_DanceTrack_Multi-Object_
Tracking_in_Uniform_Appearance_and_Diverse_Motion_CVPR_2022_paper.pdf)

7.3.11 其他数据集

除了以上公开发布的数据集以外,还有一些自建数据集,通过自建数据集可以满足特定领域或问题的需求,以及获取更精准、更专业的数据。这些自建数据集通常由研究机构、学术界或者企业自行采集、标注或生成。自建数据集的优势在于能够针对具体应用场景进行定制,满足特定算法或模型的训练需求,从而提高计算机视觉系统在实际应用中的性能和准确度。自建数据集在计算机视觉领域的应用举足轻重,特别是在动物行为分析方面。以猪的跟踪为例,自建数据集可以通过安装传感器、摄像头等设备来收集猪的运动数据,并对这些数据进行标注和处理,以生成可供机器学习算法训练的数据集。这些数据集可以包含猪在不同环境中的行为,如进食、活动、休息等,从而帮助研究人员理解猪的行为模式、健康状况以及生长情况。通过针对性地构建和使用自建数据集,研究人员可以更好地开发出针对猪行为分析的计算机视觉模型,从而提高畜牧业生产效率、动物福利和疾病监测能力。下面介绍一个群养生猪分割与跟踪数据集与百香果多目标跟踪数据集。

(1)群养生猪分割与多目标跟踪数据集。

群养生猪包含 23 个猪舍监控视频段,每个猪舍中的猪只数量不同,范围为 7~16 头,涵盖白天和夜晚的不同时间段。12 个视频段用于模型训练和验证,其余 11 个视频段用于测试。私有数据集共包含 8 个视频段(其中 4 个用于训练,4 个用于测试),在佛山商业猪场进行拍摄,包括 08:00—10:00 和 15:00—16:00 的晴天和阴天,每个猪舍有 6~11 头猪。每个视频段的时长为 1 分钟,帧率为每秒 5 帧,每个视频都包含 300 张图像。这 2 个数据集中都包含具有不同日龄、大小和数量的猪只视频。根据时间段的不同将猪只的活动水平分为 3 类:白天的高活动、白天(或夜晚)的中等活动、白天(或夜晚)的低活动。其中,猪只活动水平定义如下:根据视频的人工观察结果,白天(10:00—12:30)猪只的饮食和玩耍等行为较频繁,此时间段定义为猪只白天的高活动水平。在白天(12:30—17:00)或夜晚(17:00—20:00)猪只的饮食和玩耍等行为没有白天(10:00—12:30)高,此时间段定义为白天或夜晚的中等活动水平。在白天(07:00—10:00)或夜晚(20:00—07:00),猪只的饮食和玩耍等行为较少,躺卧行为较多,此时间段定义为白天或夜晚的低活动水平。详细的测试数据集如表 7.2 所示。

表 7.2 测试数据集

数据集	编号	白天	黑夜	活动水平	猪只个数
	0102	√	—	高	7
	0402	√	—	中	15
	0502	—	√	中	8
	0602	√	—	高	16
	0702	√	—	中	12
公开数据集	0802	—	√	低	13
	0902	√	—	中	14
	1002	—	√	中	14
	1102	√	—	高	16
	1202	√	—	低	15
	1502	—	√	中	16

续表

数据集	编号	白天	黑夜	活动水平	猪只个数
私有数据集	1602	√	—	低	11
	1604	√	—	中	11
	1701	√	—	高	6
	1703	√	—	低	6

部分数据样本如图 7.27 所示,其中图 7.27a 是公开数据集的示例,图 7.27b 是私有数据集的示例。在生猪各个生长阶段中,躺卧、饮食和站立是猪只行为研究的基础需求,对猪只的这些行为进行追踪,能更好地了解猪只生长过程的心理和生理状态,满足猪场管理实际需求。因此,该研究将生猪的行为分为四个类别,分别是躺卧、饮食、站立和其他。

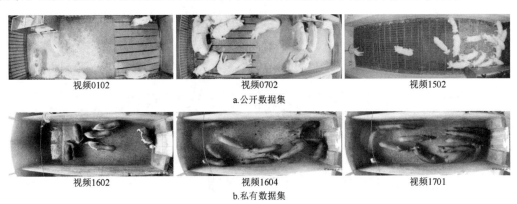

视频0102　　　　　　　　视频0702　　　　　　　　视频1502

a.公开数据集

视频1602　　　　　　　　视频1604　　　　　　　　视频1701

b.私有数据集

图 7.27　部分生猪图像①

(2)百香果多目标跟踪数据集。

百香果多目标跟踪数据集是天气晴朗的情况下,在广东省广州市增城区的百香果种植园中拍摄的,部分数据集如图 7.28 所示。数据集共包含 24 个视频,均由持智能手机的人采集,每段视频时长约为 1 分钟左右。视频的分辨率为 1080×1920,帧率为每秒 30 帧。这些视频被分为两组:一半是正对阳光拍摄,另一半是背对阳光拍摄。在良好的光线和拍摄角度下,我们能够清晰地拍摄到果实,如图 7.28 所示。

将视频帧率调整为每秒 5 帧。接着,使用 DrakLabel 软件对视频进行标注,并利用 FFmpeg 工具将所有视频切分成图像序列。标注信息则被转换为 YOLO 格式的标注数据,以适应后续的训练和验证过程。最后,根据训练集和验证集的划分将所有图像及其对应的标注信息进行组织。而跟踪和计数组中的这 5 个视频则直接通过 DrakLabel 进行标注,以用作跟踪和计数任务的验证。

① Psota T,Schmidt E,Mote T,et al .Long-Term Tracking of Group-Housed Livestock Using Keypoint Detection and MAP Estimation for Individual Animal Identification[J].Sensors,202020(13):3670.

图 7.28　部分百香果图像数据集

（图片来源：https://d.wanfangdata.com.cn/periodical/sysyjyts202111008）

7.4　猪只多目标跟踪实际应用

7.4.1　基于 JDE 模型的群养生猪多目标跟踪

研究[①]为实现群养生猪在不同场景下（白天与黑夜，猪只稀疏与稠密）的猪只个体准确检测与实时跟踪，提出一种联合检测与跟踪（joint detection and embedding，JDE）模型。首先利用特征提取模块对输入视频序列提取不同尺度的图像特征，产生 3 个预测头。预测头通过多任务协同学习输出 3 个分支，分别为分类信息、边界框回归信息和外观信息。3 种信息在数据关联模块进行处理，其中分类信息和边界框回归信息输出检测框的位置，结合外观信息，通过包含卡尔曼滤波和匈牙利算法的数据关联算法输出视频序列。试验结果表明，该模型在公开数据集和自建数据集的总体检测平均精度均值（mean average precision，MAP）为 92.9%，多目标跟踪精度（multiple object tracking accuracy，MOTA）为 83.9%，IDF1 得分为 79.6%，每秒传输帧数（frames per second，FPS）为 73.9。在公开数据集中，对比目标检测和跟踪模块分离（separate detection and embedding，SDE）模型，JDE 模型在 MOTA 提升 0.5 个百分点的基础上，FPS 提升 340%，解决了采用 SDE 模型多目标跟踪实时性不足的问题。对比 TransTrack 模型，JDE 模型的 MOTA 和 IDF1 分别提升 10.4 个百分点和 6.6 个百分点，FPS 提升 324%。实现养殖环境下的群养生猪多目标实时跟踪，可为大规模生猪养殖的精准管理提供技术支持。

---

① 涂淑琴,黄磊,梁云,等.基于 JDE 模型的群养生猪多目标跟踪[J].农业工程学报,2022,38(17),186-195.

7.4.1.1 模型主要模块介绍

JDE 模型的整体结构图如图 7.29 所示,该算法以群养生猪视频序列为输入;采用特征提取模块提取不同尺度的图像特征,得到 3 个不同尺度特征图的预测头,输入数据关联模块;预测头的分类信息和边界框回归信息用于得到检测框的位置结果,在跟踪部分,利用外观信息结合检测框,通过包含卡尔曼滤波和匈牙利算法的数据关联算法,输出检测与跟踪的视频序列结果。

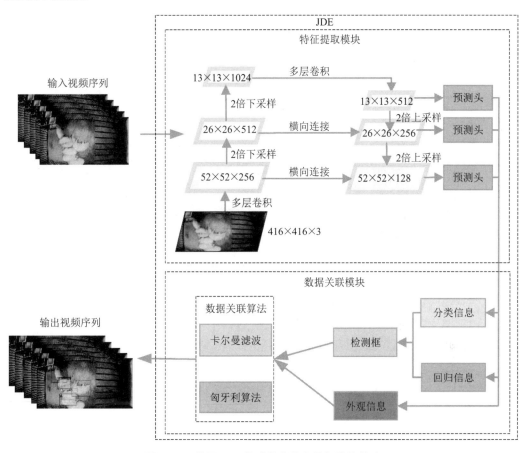

图 7.29 基于 JDE 的群养生猪多目标跟踪算法

JDE 模型通过分类损失和回归损失学习到的分类信息和回归信息生成检测框对视频帧中每个猪只进行定位,外观学习损失得到的外观信息包括每个猪只的外观特征,二者通过数据关联,对每头猪分配 ID,实现多目标跟踪。猪只多目标跟踪的具体实现流程如图 7.30 所示,具体步骤如下:

(1)创建初始跟踪轨迹。

对于给定的视频帧序列,第一帧将根据视频帧序列的检测结果利用卡尔曼滤波对轨迹进行初始化,并维护一个跟踪轨迹池,包含所有可能与预测值相关联的轨迹。

(2)数据关联。

对于下一帧的输出结果,利用卡尔曼滤波进行轨迹预测,计算出预测值与轨迹池之间的运动亲和信息和外观亲和信息,其中外观亲和信息采用余弦相似度计算,运动亲和信息采用马氏距离计算,然后利用匈牙利算法的代价矩阵进行轨迹分配。

（3）更新轨迹。

如果出现在 2 帧内的预测值没有被分配给任何一个轨迹池中的轨迹,那么这条轨迹将被初始化为新的轨迹,然后根据卡尔曼滤波进行所有匹配轨迹状态的更新,如果某条轨迹在连续 30 帧内没有被更新,则终止该轨迹,所有视频帧处理完毕后,输出视频帧序列。

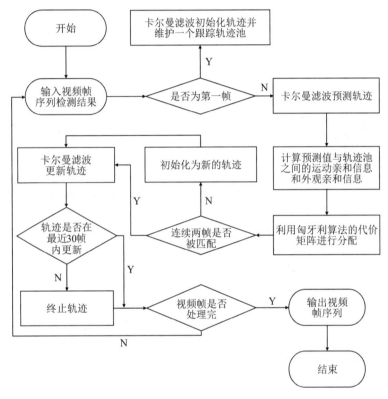

图 7.30　卡尔曼滤波结合匈牙利算法的猪只目标跟踪流程

7.4.1.2　数据集介绍

该研究采用的数据集包括两部分:一部分为公开数据集[①],包含不同日龄、大小、数量和不同环境的猪只视频,其中,视频 1、2、4、5 为保育猪(3～10 周龄),视频 6、7、8、9、10 为早期育成猪(11～18 周龄),视频 12、15 为晚期育成猪(19～26 周龄)。根据时间段的不同将猪只的活动水平分为 3 类:白天的高活动、白天(或夜晚)的中等活动、白天(或夜晚)的低活动。同时,根据人工观察,将猪只个数较多且黏连遮挡情况较为严重的视频定义为稠密视频,反之为稀疏视频。另外一部分为自建数据集。两部分数据集均为俯拍视频片段,由于摄像头高度及焦距的影响,不可避免拍摄到猪圈外的物品,因此,在试验中采用视频裁剪方法

---

①　Psota E T，Schmidt T，Mote B，et al. Long-term tracking of group-housed livestock using key-point detection and MAP estimation for individual animal identification[J]. Sensors (Basel，Switzerland，2020,20(13)：3670.

将视角固定为猪圈内,以减少外部环境的影响。

首先,利用 FFmpeg 软件完成视频剪辑,从中截取稠密、稀疏、白天、黑夜的视频,两部分数据集共 21 个视频。然后利用 DarkLabel 软件对数据进行标注,其中,公开数据集 11 个视频,共 3300 张图像,自建数据集 10 个视频,共 1000 张图像。部分数据集如图 7.31 所示。为对比不同场景下模型的检测和跟踪能力,选取不同的视频进行模型训练和测试,参与训练的视频不参与测试。

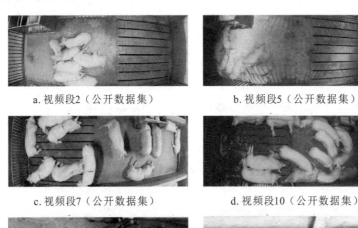

a. 视频段2(公开数据集)　　　　b. 视频段5(公开数据集)

c. 视频段7(公开数据集)　　　　d. 视频段10(公开数据集)

e. 视频段16(自建数据集)　　　　f. 视频段17(自建数据集)

图 7.31　部分数据集

该研究共设计 3 个试验,其中试验 1 以视频 4、6、12 为测试集,这些视频均为白天稠密,其余视频为训练集。试验 2 以视频 2、5、8 为测试集,其中视频 5、8 分别为夜晚稀疏与夜晚稠密,视频 2 为白天稀疏,其余视频为训练集。试验 3 以自建数据集的 7 个视频为测试集(视频 3、11、14、16、18、19、21),另外 3 个视频为测试集(视频 13、17、20),猪只活动水平定义同 7.3.11 中群养生猪分割与多目标跟踪数据集。

7.4.1.3　实验环境以及评价指标

该研究所有试验在同一计算机上完成,硬件配置为 12th Gen Intel(R) i9-12900KF CPU,NVIDIA GeForce RTX 3090 GPU,32 GB 内存,64 位 Linux 操作系统,Pytorch 版本 1.7.1,Python 版本 3.8,CUDA 版本 11.0。训练过程中设置图片尺寸为 416×416(像素),批处理大小(batchsize)设置为 32,初始学习率(learning rate)为 0.01,动量(momentum)设置为 0.9,共训练 30 个时期(epoch),使用随机梯度下降法(stochastic gradientdescent,SGD)进行优化,保存训练过程中精度最高的模型参数进行模型测试。

在评估模型的检测性能时,主要考虑 3 个指标。利用精确率(precision,P)度量模型在猪只目标检测中的准确性,具体计算方式见式(7.1),其中 DTP 表示正确检测的猪只目标数量,DTP 表示错误检测的猪只目标数量。

$$P = \frac{\text{DTP}}{\text{DTP}+\text{DFP}} \times 100\% \tag{7.1}$$

利用召回率(recall,R)评估模型在猪只目标检测方面的覆盖能力,具体计算方式见式(7.2),其中 DFN 表示漏检的猪只目标数量。

$$R = \frac{\text{DTP}}{\text{DTP}+\text{DFN}} \times 100\% \tag{7.2}$$

平均精度均值(mean average precision,mAP)则同时考虑精确率和召回率,具体计算方式见式(7.3),其中 $P(R)$ 表示以召回率 R 为自变量,精确率 P 为因变量的函数。

$$\text{mAP} = \int_0^1 P(R)\mathrm{d}R \tag{7.3}$$

选择多目标跟踪精度(multi-object tracking accuracy,MOTA)和 IDF1 得分(identity F1 score)作为多目标跟踪的主要评价指标。MOTA 衡量跟踪器检测目标和保持轨迹跟踪的性能。IDF1 为引入跟踪目标标号 ID 的 F1 值,由于引入了跟踪目标标号 ID,IDF1 更重视目标的轨迹跟踪能力。MOTA 计算方式如式(7.4)所示。

$$\text{MOTA} = 1 - \frac{\sum_t (\text{FP}+\text{FN}+\text{IDS})}{\sum_t g_t} \tag{7.4}$$

式中,FP 为在第 t 帧中目标误报总数(假阳性);FN 为在第 t 帧目标丢失总数(假阴性);IDS 为在第 t 帧中跟踪目标标号 ID 发生切换的次数;g_t 是 t 时刻观测到的目标数量。

IDF1 计算方式如式(7.5)所示。

$$\text{IDF1} = \frac{2\text{IDTP}}{2\text{IDTP}+\text{IDFP}+\text{IDFN}} \tag{7.5}$$

式中,IDTP 为 ID 保持不变的情况下正确跟踪到的目标总数,IDFP 为 ID 保持不变的情况下跟踪错误的目标总数,IDFN 为 ID 保持不变的情况下跟踪目标丢失总数。

此外,其他相关指标还有碎片数(fragmentation,FM)、主要跟踪到的目标(mostly tracked target,MT)(被跟踪到的轨迹比例大于 80%)、主要丢失目标(mostly lost target,ML)(被跟踪到的轨迹比例小于 20%)、部分跟踪到的目标(partially tracked target,PT)(被跟踪到的轨迹比例不大于 80% 且不小于 20%)、一条跟踪轨迹改变目标标号 ID 的次数(identity switches,IDS)以及每秒传输帧数(frames per second,FPS)。

对群养生猪目标跟踪模型性能的分析,选择 MOTA、IDF1 和 FPS 作为主要评价指标,辅助以 FP、FN、FM、IDS、MT、ML 等指标进行模型的性能评估。其中 MOTA、IDF1、MT 和 FPS 数值越高则模型性能越好,FP、FN、FM、IDS 和 ML 数值越低则模型性能越好。

7.1.4.4 实验结果

选取原文部分实验结果进行展示,如表 7.3、表 7.4、图 7.32、图 7.33 所示。可以看出,该模型实现了养殖场景下群养生猪实时多目标跟踪,为现代养殖业的智能化管理提供了有力技术支撑,具有很强的应用价值。

表 7.3 JDE 模型的检测结果

测试集	视频	$R/\%$	$P/\%$	mAP/%
公开测试集	2	94.8	96.0	96.2
	4	96.1	84.7	95.6
	5	79.2	81.2	77.0
	6	95.1	96.2	96.1
	8	87.9	99.2	98.0
	12	93.6	83.2	92.2
自建数据集	13	99.5	90.9	94.8
	17	93.1	99.0	98.6
	20	94.5	80.1	88.0

表 7.4 JDE 模型的跟踪结果

视频	猪只数	MT	PT	ML	FP	FN	IDS	FM	MOTA/%	IDF1/%	FPS
2	7	6	1	0	29	136	14	19	91.4	80.3	77.64
4	15	12	3	0	377	384	26	30	82.5	75.3	72.47
5	8	4	4	0	438	497	40	51	59.2	59.2	76.46
6	16	14	2	0	115	285	39	63	90.8	75.1	71.56
8	13	13	0	0	104	108	15	26	94.2	94.1	73.88
12	15	12	3	0	847	286	14	45	74.4	82.2	73.55
13	14	11	3	0	24	185	9	14	84.4	79.1	71.19
17	5	5	0	0	24	31	4	9	88.1	88.3	75.73
20	8	6	1	1	6	57	6	5	90.2	83.1	72.66

第100帧

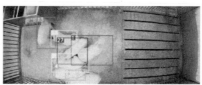
第217帧

a. 视频2（白天，稀疏）

第9帧

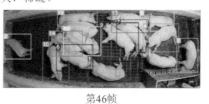
第46帧

b. 视频4（白天，稠密）

图 7.32 猪只白天稀疏和稠密分布情况的可视化分析结果

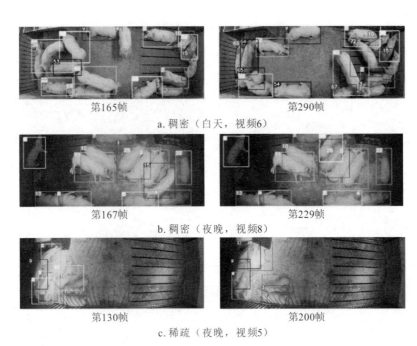

第165帧   第290帧

a. 稠密（白天，视频6）

第167帧   第229帧

b. 稠密（夜晚，视频8）

第130帧   第200帧

c. 稀疏（夜晚，视频5）

图7.33　猪只白天和夜晚不同分布情况的可视化分析结果

7.4.2　基于改进 ByteTrack 算法的群养生猪行为识别与跟踪技术

本小节所涉研究[①]为在猪只重叠与遮挡复杂场景中,实现群养生猪行为识别与稳定跟踪,提出了改进 ByteTrack 算法。首先,采用 YOLOX-X[②] 目标检测器实现群养生猪检测,然后,提出改进 ByteThrack 多目标跟踪算法。该算法改进包括:设计并实现 BYTE 数据关联的轨迹插值后处理策略,降低遮挡造成的 ID 错误变换,稳定跟踪性能;设计适合群养生猪的检测锚框,将 YOLOX-X 检测算法中的行为类别信息引入跟踪算法中,实现群养生猪行为跟踪。改进 ByteTrack 算法的 MOTA 为 96.1%,IDF1 为 94.5%,IDs 为 9,MOTP 为 0.189;与其他方法相比,在 MOTA 与 IDF1 上均具有显著提升,并有效减少了 IDs。改进 ByteTrack 算法在群养环境下能实现稳定的猪只行为跟踪,能够为无接触式自动监测生猪提供技术支持。

7.4.2.1　模型主要模块介绍

该研究提出的群养生猪多目标行为跟踪方法分为目标检测和多目标跟踪两阶段,其工作流程如图 7.34 所示。首先,将视频图像输入目标检测器,即 YOLOX-X 检测器,快速准确地检测出每头猪只信息,包括其置信度、检测框和行为类别。然后,将检测结果输入多目标

---

① 涂淑琴,汤寅杰,李承桀,等.基于改进 ByteTrack 算法的群养生猪行为识别与跟踪技术[J].农业机械学报,2022,53(12),264-272.

② Ge Z, Liu S, Wang F, et al. Yolox: Exceeding yolo series in 2021[J]. arXiv preprint at arxiv: 2107.08430,2021.

跟踪器。多目标跟踪器采用 BYTE 数据关联算法,其将检测结果分为高分检测框和低分检测框,分别采用卡尔曼滤波预测和匈牙利匹配算法,获得连续视频帧图像的目标轨迹框。最后,输出多目标跟踪图像序列结果。

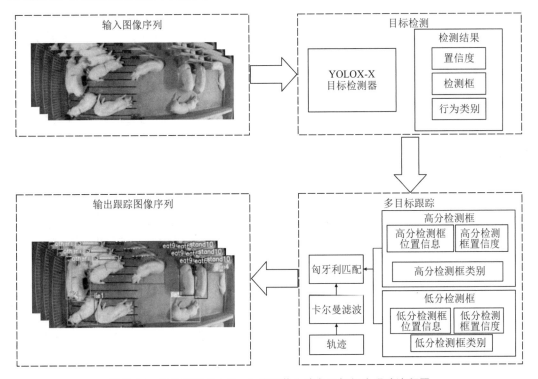

图 7.34　基于改进 ByteTrack 的群养生猪多目标行为跟踪流程图

BYTE 数据关联算法将高分框和低分框分开处理,利用低分检测框和跟踪轨迹之间的相似性,从低分框中挖掘出真正的物体,过滤掉背景。其具体流程如图 7.35 所示。

具体过程如下:

(1)将 YOLOX-X 目标检测结果分为高分和低分检测框。检测结果置信度值大于高分框阈值的检测框放入高得分检测框集合 D_{high} 中。检测框置信度值小于高分框阈值,并且大于低分框阈值,则将检测框放入低得分检测框集合 D_{low} 中,并过滤掉背景。

(2)将 D_{high} 与已有轨迹进行首次关联匹配。计算出 D_{high} 高分框与轨迹集合的 IoU 距离矩阵,用匈牙利算法进行匹配。对于成功匹配的轨迹,利用卡尔曼滤波更新,并放入当前帧轨迹集合中。对未能够成功匹配的轨迹放入第 1 次关联未能匹配的轨迹集合 T_{remain} 中,未能够成功匹配的高得分检测框放入第 1 次关联未能匹配的检测框集合 D_{remain} 中。

(3)将 D_{low} 与 T_{remain} 轨迹进行第 2 次 IoU 关联匹配。计算 D_{low} 低分框与 T_{remain} 轨迹集合的 IoU 距离矩阵,用匈牙利算法进行匹配。未能够成功匹配的轨迹放入丢失轨迹集合 T_{lost} 中,未能够成功匹配的低得分检测框直接删除,这个检测框被认为是背景框。对于成功匹配的轨迹,利用卡尔曼滤波更新,并放入当前帧轨迹集合中。

(4)轨迹创建、删除和合并。对于 D_{remain} 中的检测框,若置信度值大于跟踪得分阈值,则为其创建一个新的轨迹,并且合并放入当前帧轨迹集合中,否则不做处理。对于保留在 T_{lost} 里的轨迹,若超出 30 帧,则认为其为丢失轨迹并删除。返回当前帧的所有轨迹集合,将其作为下一帧图像的已有轨迹集合,输出轨迹集合,利用卡尔曼滤波预测轨迹新位置。

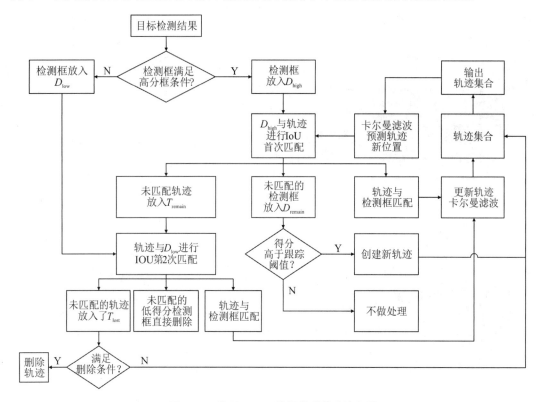

图 7.35 基于 BYTE 数据关联算法流程图

7.4.2.2 改进策略

基于 BYTE 的数据关联跟踪器只能用于跟踪单类别的行人,无法识别目标对象的行为动作类别,难以识别非行人的目标,因此,需要对 BYTE 数据关联算法进行改进。为实现群养生猪多种行为稳定跟踪,改进 ByteTrack 的多目标跟踪算法包括两部分:

(1)设计并实现 BYTE 数据关联的轨迹插值后处理策略。针对群养生猪之间存在的严重遮挡,导致目标 ID 错误变换,该策略能显著提升遮挡目标的稳定跟踪性能,如式(7.6)所示。其工作原理为:假设轨迹 T 在 t_1 帧和 t_2 帧之间因遮挡处于丢失状态,若当前轨迹 T 恰好处于第 t 帧($t_1 < t < t_2$),此时轨迹 T 的插值框的计算式见式(7.6),公式中,B_t 为第 t 帧的轨迹框坐标(包含 4 个值,分别为左上角坐标(x_1, y_1)和右下角坐标(x_2, y_2))。B_{t_1} 为第 t_1 帧的轨迹框坐标,B_{t_2} 为第 t_2 帧的轨迹框坐标。此外,还需要设置一个超参数 δ,代表进行轨迹插值处理时的最大帧数间隔,这表明只有当 $t_2 - t_1 < \delta$ 时才进行轨迹插值处理。

$$B_t = B_{t_1} + (B_{t_2} - B_{t_1})\frac{t - t_1}{t_2 - t_1} \tag{7.6}$$

(2)针对猪只形状,设计适合群养生猪的检测锚框。原本基于 BYTE 的数据关联跟踪器的检测框根据行人的窄高特点设计,去除对目标检测框的形状限制,同时设计适合生猪的检测框。同时,在基于 BYTE 的数据关联跟踪器中,增加猪只 4 类行为类别(躺卧、站立、饮食和其他)跟踪。首先,在 YOLOX-X 目标检测中,采用目标、分类和回归 3 个解耦头,每一个头部分支负责单一功能。设计群养生猪4种分类行为,分类信息由独立的一个解耦头负责。然后,将检测结果中检测框坐标和类别信息一起传入 BYTE 数据关联算法中,实现在跟踪模块中,对每个轨迹增加类别和置信度信息。使每个轨迹包含坐标信息、ID 号、置信度和类别信息,最终实现猪只行为类别跟踪。

7.4.2.3 数据集介绍

该研究同样使用了公开数据集①,但数据集处理与选择有所不同,具体如下:筛选保留15 段猪只移动较多的有效视频,每段视频 60 秒,每秒 5 帧。将视频分辨率裁剪为 2688×1012 像素,在视频段中只保留同一猪舍下的猪只。使用 DarkLabel 软件对视频段进行标注,构建 ByteTrack 数据集,其中随机挑选 4 段不同条件下的视频作为测试集,用于验证算法效果,分别为 0102、0402、0602、1502。

7.4.2.4 实验结果

选取原文部分实验结果进行展示,如表 7.5、表 7.6、图 7.36、图 7.37 所示。可以看出,该研究所构建群养生猪行为跟踪算法可以满足实际养殖环境中的需要,能够为无接触式自动监测生猪提供技术支持,在智慧养殖领域具有良好的应用前景。

表 7.5 ByteTrack 的群养生猪多目标跟踪结果

视频序号	GT	MOTA↑	IDs↓	IDF1↑	Rcll↑	Prcn↑
0102	7	88.3%	4	91.0%	94.8%	93.7%
0402	15	98.6%	2	97.4%	99.2%	99.5%
0602	16	93.3%	7	87.1%	96.9%	96.6%
1502	16	97.3%	0	98.7%	98.4%	98.9%
ALL	54	95.3%	13	93.9%	97.7%	97.7%

表 7.6 改进 ByteTrack 的群养生猪多目标跟踪结果

视频序号	GT	MOTA↑	IDs↓	IDF1↑	Rcll↑	Prcn↑
0102	7	90.4%	4	92.7%	95.0%	95.5%
0402	15	98.6%	2	92.4%	99.2%	99.5%
0602	16	94.3%	3	92.4%	97.3%	96.4%
1502	16	98.0%	0	98.8%	98.3%	99.3%
ALL	54	96.1%	9	94.3%	97.8%	98.0%

① Psota E T, Schmidt T, Mote B, et al. Long-term tracking of group-housed livestock using key-point detection and MAP estimation for individual animal identification[J]. Sensors (Basel, Switzerland, 2020,20(13): 3670.

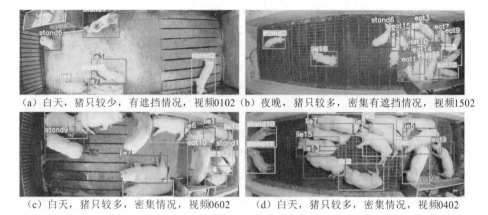

(a) 白天，猪只较少，有遮挡情况，视频0102 (b) 夜晚，猪只较多，密集有遮挡情况，视频1502

(c) 白天，猪只较多，密集情况，视频0602 (d) 白天，猪只较多，密集情况，视频0402

图 7.36 ByteTrack 算法跟踪部分结果

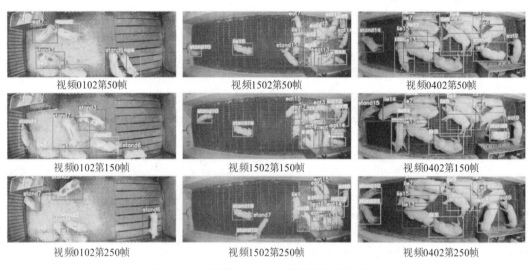

视频0102第50帧   视频1502第50帧   视频0402第50帧

视频0102第150帧   视频1502第150帧   视频0402第150帧

视频0102第250帧   视频1502第250帧   视频0402第250帧

图 7.37 改进的 ByteTrack 算法跟踪部分结果

7.5 尿液细胞的图像实例分割应用

7.5.1 基于 YOLOv5 的一阶段尿液细胞实例分割

　　准确高效地检测和分割尿液形态学成分可以为临床诊断提供参考和指导，包括尿路系统疾病、肾脏疾病和其他疾病。然而，人工显微镜检查是主观且耗时的，各种先前的检测和实例分割算法缺乏足够的准确性和速度。因此，本研究提出了基于 YOLOv5 的尿液形态学成分实例分割模型。该方法首先利用骨干网络结构从尿液细胞中提取特征。接下来，颈部网络将浅层图像特征与深度语义特征相结合，获得多尺度和多层次特征。最后，头部网络通过融合这些多层次特征获取目标的位置、分类和分割掩模结果。为了验证该方法在速度和准确性上的优势,研究者创建了专门的尿液形态学成分数据集。实验结果表明,YOLOv5方法在 IoU 为 0.5 时的平均精度(mAP50)达到 91.8%,帧速率(FPS)为 63.3。与 Mask R-CNN 和 YOLOv8 相比,其 FPS 分别提高了 62.6 和 60.9,几乎实现了百倍加速。mAP50分别提高了 3.6 和 1.4 个百分点。本研究提出的基于深度学习的新型自动化尿液细胞分析方法,预期可用于尿液形态学成分的自动分析和检测。实验结果还表明,YOLOv5n 可以实现更准确更快速的尿液形态学成分实例分割,为临床疾病诊断提供技术支持。

7.5.1.1 模型主要模块介绍

本实验采用基于 YOLOv5 的实例分割模型,其总体结构如图 7.38 所示,包括四个部分:输入端、骨干网络、颈部网络和头部网络。骨干网络获取来自输入端图片的特征信息并进行处理。颈部网络将浅层的图形特征和深层的语义特征相结合,获取多尺度多层次的特征。头部网络分为检测、分类和分割模块,获得目标的定位、分类和分割掩码结果。

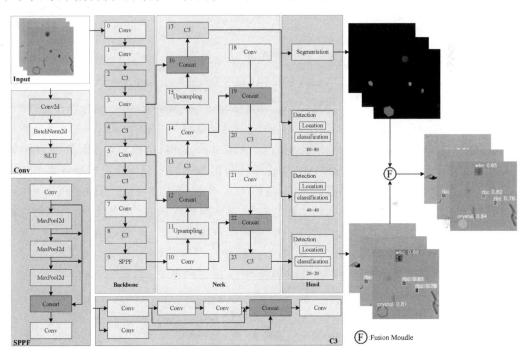

图 7.38 YOLOv5 的整体结构细节

具体细节如下:

(1)骨干网络包括 10 层,分别为由 5 个 Standard convolution module(Conv)层和 4 个 Cross Stage Partial Bottleneck with 3 convolutions (C3)层以及末端的 1 个 Spatial Pyramid Pooling with Features (SPPF)层组成,其主要作用是特征提取并不断缩小特征图。其中 Conv 层由 1 个卷积层、1 个归一化层和 1 个 SiLU 激活函数组成,该层可以提取特征和整理特征图。C3 层由 3 个 Conv 模块和 1 个 Bottleneck 模块组成,该层是更为重要的特征提取模块,先降维让卷积核更好地理解特征信息,再升维提取到更多的详细特征。SPPF 层的主要作用是融合多尺度特征。

（2）颈部网络将骨干网络中获取相对较浅的特征,与深层次的语义特征融合,构成多尺度多层次特征。其结构由图 7.39 中 10～23 层所示。10～17 层使用上采样的方式使得特征图尺度变大,做特征向上融合。18～23 层使用下采样的方式获取不同尺度的特征图,使浅层的图形特征与深层的语义特征进行更好的融合。

（3）头部网络分为对象检测头和实例分割头两部分。对象检测头实现目标定位和分类任务,其三个对象检测头具有三种不同的尺度,分别为 20×20,40×40 和 80×80,通过三者融合,能够获得一个更加精准的目标检测信息。实例分割头部结构如图 7.39 所示,包括一个小型全卷积神经网络,由三个 Conv 模块和一个上采样模块构成。首先,将颈部网络的输出（C3）作为输入,利用 Conv 模块获取深层特征信息;然后,利用上采样模块扩大特征图的尺寸,使特征图尺寸与输入图像的分辨率成比例。最后,利用两个 Conv 模块对上采样特征图进行特征提取,获得准确实例分割结果。

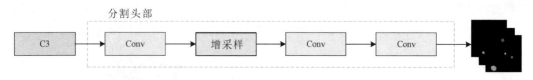

图 7.39 YOLOv5 实例分割头部的结构

7.5.1.2 数据集介绍

数据集包含 500 张分辨率为 2048×1536 的图像。这些图像使用 RZ1100 尿液分析仪获取,如图 7.40(a)所示,原始图像示意如图 7.40(b)所示。随机选择 400 张图像用于训练,100 张图像用于测试。使用 LABELME 软件来注释图像中的实例。注释的准确性由三位专家验证。数据集中包含三种类型的实例,包括 7252 个红细胞、1441 个白细胞和 202 个晶体,如图 7.40 所示。被红框框起来的物体是晶体,被绿框框起来的是白细胞,被蓝框框起来的是红细胞。训练集包含 6992 个实例,分为 5725 个红细胞、1102 个白细胞和 165 个晶体。测试集包含 1903 个实例,分为 1527 个红细胞、339 个白细胞和 37 个晶体。将在 ImageNet 数据集上预先训练的骨干网络的权重传输到模型上,以提高在较小数据集上的任务性能。

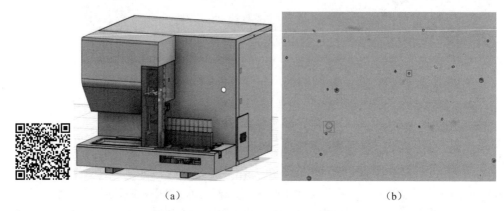

（a）　　　　　　　　　　　　（b）

图 7.40 尿液分析仪及获取的尿液图像

7.5.1.3　实验环境以及评价指标

对于实例分割算法,需要用性能评估来评估算法模型。在本研究中,精确度(P)、召回率(R)、F1 分数、mAP50、mAP0.50~0.95 和 FPS 被用来衡量实例分割算法的性能。在精确率与召回率上分为检测的精确度 $P(\text{box})$、召回率 $R(\text{box})$ 和分割的精确度 $P(\text{seg})$、召回率 $R(\text{seg})$。对于不同的算法,在 Mask R-CNN 系列的对比实验中,采用 $P(\text{box})$、$R(\text{box})$ 和 F1(box)分数衡量检测质量,用 FPS 指标衡量算法的推理速度,以 mAP50 和 mAP0.50~0.95 衡量分割质量。在 YOLOv5 系列消融实验中,以 F1(box)分数衡量检测质量,以 FPS 指标衡量算法的推理速度,以 $P(\text{seg})$、$R(\text{seg})$、F1(seg)、mAP50 和 mAP0.50~0.95 衡量分割质量。

实验配置环境如表 7.7 所示。实验采用随机梯度下降法(SGD)作为优化算法。实验的初始学习率设置为 0.01,SGD 的动量设置为 0.937,权重衰减系数为 0.0005。考虑到训练期间的 GPU 内存限制,输入图像尺寸设置为 1280,批量大小设置为 4,总共执行 200 次迭代。

表 7.7　实验配置

配置	参数
CPU	Intel Core i5－11400F
GPU	Nvidia GeForce RTX 3060
操作系统	Windows10
加速环境	CUDA 11.3、CUDNN 8.9.0
开发环境	Pycharm2022

7.5.1.4　实验结果

选取部分实验结果进行展示,如表 7.8、表 7.9、图 7.41、图 7.42 所示。可以看出,该模型实现了更准确更快速的尿液形态学成分实例分割,为临床疾病诊断提供技术支持。

表 7.8　YOLOv5 不同变体的实验结果

方法	$P(\text{box})$	$R(\text{box})$	F1(box)	$P(\text{seg})$	$R(\text{seg})$	F1(seg)	mAP50	mAP0.50~0.95	FPS
YOLOv5n	84.5	89.5	86.9	86.5	91.5	88.8	91.8	55.6	63.3
YOLOv5s	91.5	85.2	88.2	91.0	84.6	87.7	89.7	50.1	36.2
YOLOv5m	86.7	87.7	87.2	84.8	85.9	85.5	87.4	51.6	19.0
YOLOv5l	91.0	88.0	89.5	89.0	86.0	87.5	88.9	50.6	12.7
YOLOv5x	88.9	90.6	89.7	88.1	89.9	89.1	90.3	51.8	6.9

表 7.9　YOLOv5 与其他方法的比较结果

方法	Backbone	FPS	mAP50	mAP0.50~0.95	P(box)	R(box)	F1(box)
Mask R-CNN	Resnet-50-FPN	0.7	87.4	52.0	88.2	84.8	84.6
Mask R-CNN	Resnet-101-FPN	0.7	88.2	52.0	89.9	85.8	87.7
MS R-CNN	Resnet-50-FPN	0.6	88.8	52.2	88.4	84.1	86.1
MS R-CNN	Resnet-101-FPN	0.6	88.9	53.3	90.7	80.1	84.0
MSD R-CNN	Resnet-50-FPN	0.6	88.8	52.0	91.5	85.9	88.4
MSD R-CNN	Resnet-101-FPN	0.6	91.0	52.3	91.1	83.5	86.7
YOLOv8	Darknet53	2.4	90.4	51.1	92.8	88.2	90.4
YOLOv5	CSPDarknet53	63.3	91.8	55.6	84.5	89.5	86.8

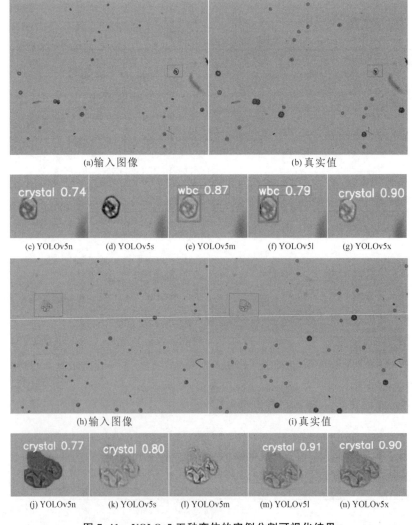

(a)输入图像　　　　　　　　　(b)真实值

(c) YOLOv5n　(d) YOLOv5s　(e) YOLOv5m　(f) YOLOv5l　(g) YOLOv5x

(h)输入图像　　　　　　　　　(i)真实值

(j) YOLOv5n　(k) YOLOv5s　(l) YOLOv5m　(m) YOLOv5l　(n) YOLOv5x

图 7.41　YOLOv5 五种变体的实例分割可视化结果

采用基于 YOLOv5 的尿液形态学成分实例分割模型,首先通过构建尿液有形成分图像数据集,然后将尿液有形成分图像输入训练好的 YOLOv5 模型进行实例分割,得到尿液有形成分实例分割结果;其中,YOLOv5 模型包括骨干网络、颈部网络和头部网络;将尿液有形成分图像输入骨干网络进行特征提取,得到第一尿液有形成分图像特征;颈部网络对尿液有形成分图像特征的定位信息与语义信息进行增强处理,得到第二尿液有形成分图像特征;将第二尿液有形成分图像特征输入头部网络进行定位和分类处理,并对定位和分类处理结果进行分割掩码处理,得到尿液有形成分实例分割结果,该方法提高了尿液有形成分实例分割的分割准确性和速度。

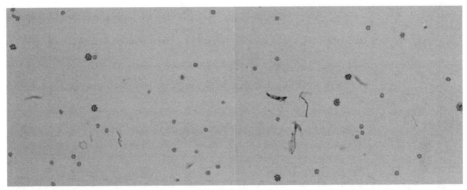

(a) 真实值

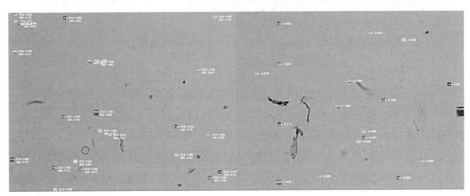

(b) Mask R-CNN

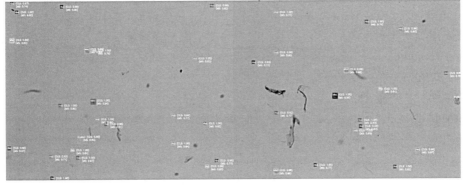

(c) MS R-CNN

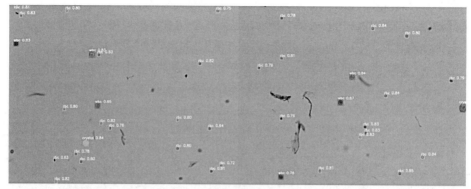

（d）YOLOv8

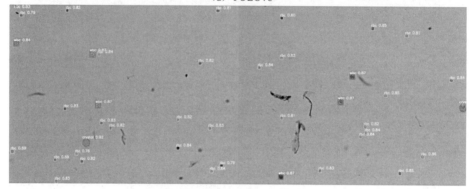

（e）YOLOv5

图 7.42　YOLOv5 与其他方法的可视化结果对比

▌7.5.2　基于改进 Mask Scoring R-CNN 的二阶段尿液细胞实例分割

　　准确而高效地检测并分割尿液有形成分,并对尿液中的有形成分进行分析,对于泌尿系统疾病的诊断具有重要的作用。然而,当前实例分割方法在处理细胞等小目标时容易丢失细节信息,细胞之间的相互遮挡更可能导致目标信息丧失。因此,我们针对 Mask Scoring R-CNN(MS R-CNN)[①]在尿液有形成分的实例分割中存在的漏检、错检、过分割、分割质量差等问题,提出了一种改进的实例分割方法,称为 MSCD R-CNN。该方法首先融合 CBAM (convolutional block attention module)注意力模块,称为残差 50/101-CBAM-FPN。该模块可提高模型对重点区域的关注度,从而提升检测性能与分割质量;其次添加生成对抗网络 (generative adversarial networks,GANs)头部,将预测掩码与真实掩码对抗训练提高分割性能。我们在测试集上进行实验并采用标准的 COCO 评价指标,结果表明 MSCD R-CNN 方法的 AP@0.50 为 91.84%,AP@0.50~0.95 为 55.55%,AR@0.50 为 96.49%,AR@ 0.50~0.95 为 62.25。对比 MS R-CNN,AP@0.50 与 AP@0.50~0.95 分别提高了 2.94 个百分点与 2.30 个百分点,AR@0.50 与 AR@0.50~0.95 分别提高了 4.24 个百分点与

---

　　①　Huang Z,Huang L,Gong Y,et al.Mask scoring r-cnn[C].Proceedings of the IEEE/CVF conference on computer vision and pattern recognition,2019.

0.98 个百分点。我们还分别统计了红细胞、白细胞、晶体三类不同物质的各种指标结果,实验结果表明,MSCD R-CNN 使三类物质分割结果都取得了有效提升,证实了该方法在准确实现尿液有形成分的分割方面的有效性,为临床疾病诊断提供了有力的技术支持。

7.5.2.1　模型的主要模块介绍

MSCD R-CNN 的整体框架如图 7.43 所示。MSCD R-CNN 包括 5 个模块:融合 CBAM 注意力模块的骨干网络 ResNet50/101-CBAM-FPN、Region Proposal Network (RPN)、MaskIoU Head、Mask Head 和对抗网络头部 MaskDis Head。ResNet50/101-CBAM-FPN 可以有效提高重叠情况下小细胞的检测准确度,RPN 输出 proposal 和原图感兴趣区域,Mask Head 输出分类和检测的结果以及分割掩码,MaskIoU Head 以 RoIAlign 层的 Feature 与预测的掩码作为输入对象,输出各个类别的 MaskIoU 得分。

ResNet50/101-CBAM-FPN 由 ResNet,CBAM 和 FPN 模块构成,ResNet 由经典的 ResNet50 和 101 使用特征金字塔结构构成,ResNet50/101-CBAM-FPN 是在基本的 Res-Net+FPN 网络中,将最后一层的 1×1 的卷积替换为 CBAM 注意力机制。

我们在 Mask Scoring R-CNN 的基础上增加了一个对抗网络头部分支,该头部分支被称为 MaskDis Head,其结构如图 7.44 所示。左下角的 Mask Head 作为生成器,中间由卷积层包裹的区域为判别器。根据 GANs 的思想,生成器试图从随机噪声中生成与真实数据相似的数据,而判别器则试图区分真实数据和生成器生成的数据。这两个网络相互竞争并不断地进行训练,最终生成器可以生成接近真实数据的样本,从而提高分割的质量。

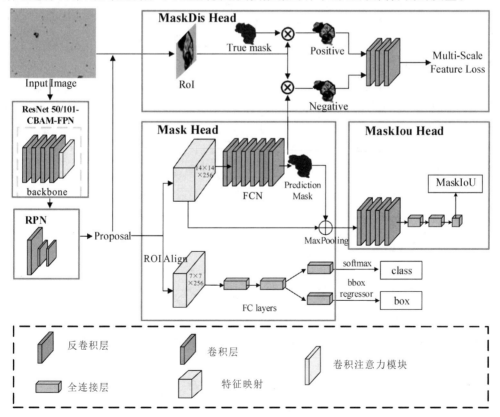

图 7.43　基于改进 Mask Scoring R-CNN 的尿液细胞实例分割算法

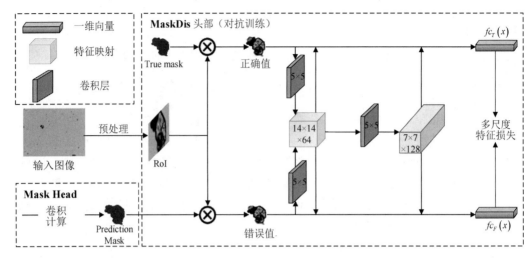

图 7.44　对抗网络头部 MaskDis Head 结构

7.5.2.2　数据集介绍

实验所用数据集与 YOLOv5 实例分割实验所用数据集相同。

7.5.2.3　实验评价指标及参数设置

实验的评价指标采用标准的 COCO 评价指标,包括 AP、AR、AP50、AR50。AP 和 AR 跨越 10 个 IoU 阈值,范围从 0.50 到 0.95,增量为 0.05,在该实验中,称 AP 和 AR 为 AP@ 0.50～0.95 和 AR@0.50～0.95。AP50 和 AR50 表明 AP 和 AR 选取的 IoU 阈值为 0.5, 在该实验中称其为 AP@0.50 和 AR@0.50。

这些模型通过 PyTorch 实现网络。使用 Imagenet 预训练网络作为骨干,实验采用 10000 次迭代,使用单个 GPU,批处理大小为 2。我们对各方法进行调参,其中 Mask R-CNN 学习率 为 0.001,MS R-CNN 学习率为 0.0001,MSD R-CNN 学习率为 0.0005,MSCD 的学习率为 0.0005。在 Backbone 模块中设置使用 Resnet101-FPN 的结构,其中 FPN 使用 Resnet101 网络 的第 2 到第 5 层,FPN 的输出通道为 256。在 RPN 模块中调整经过后处理 NMS 后保留的前 景个数,设置其大小为 1000。在 Solver 模块中设置学习率为 0.0025,迭代次数为 10,000,学习 率退化的规模为 0.1,L2 正则化的 weight decay 因子设置为 0.0001。

7.5.2.4　实验结果

选取原文部分实验结果进行展示,如表 7.10、表 7.11、图 7.45、图 7.46 所示。可以看 出,该方法准确地实现尿液有形成分的分割,为临床疾病诊断提供了有力的技术支持。

用 MS R-CNN 融合对抗网络和 CBAM 注意力机制的消融研究如表 7.10 所示。使用 的骨干网络为 Resnet101-FPN。从表中我们可以观察到,添加 GANs 后,指标总体提升,只 添加 CBAM 注意力机制比只添加 GANs 的效果更差一些,但是融合 GANs 和 CBAM 注意 力机制得到的结果是最佳的。采用不同骨干网络对分割质量影响的结果,如表 7.11 所示, 总体来看,使用 Resnet101 的结果是最好的。

表 7.10　MSCD R-CNN 的消融实验

方法	GANs	CBAM	AP@0.50	AR@0.50	AP@0.50－0.95	AR@0.50－0.95
MS R-CNN			88.90	92.25	53.25	61.27
MSD R-CNN	√		90.99	95.77	52.89	62.52
MSC R-CNN		√	89.90	97.45	50.33	60.89
MSCD R-CNN	√	√	91.84	96.49	55.55	62.25

表 7.11　不同方法采用不同骨干网的分割性能

方法	Backbone	AP@0.50	AR@0.50	AP@0.50～0.95	AR@0.50～0.95
MS R-CNN	Resnet50-FPN	88.76	94.10	52.24	61.85
MSD R-CNN		88.82	94.13	52.02	61.70
MSCD R-CNN		89.28	94.28	52.47	61.69
MS R-CNN	Resnet101-FPN	88.90	92.25	53.25	61.27
MSD R-CNN		90.99	95.77	52.89	62.52
MSCD R-CNN		91.84	96.49	55.55	62.25

图 7.45 为表 7.11 三种方法的可视化结果对比,从图 7.46 上半部分我们可以看到,MS R-CNN 与 MSD R-CNN 都存在漏检的问题,而我们的方法能够有效地解决将前面两种方法存在的问题。图 7.47 为 MSCD R-CNN 不同骨干下的实例分割可视化结果。方框框住的区域为我们所要关注的区域,其放大图像置于该图像的右上方。从图上半部分我们可以发现真实值中没有标注的内容(杂质)在骨干网络使用 Resnt50-FPN 时被误检,而在骨干网络使用 Resnet101-FPN 时则没有误检。从图下半部分的真实值中我们可以看到,红细胞和杂质混合在一起。左侧部分的杂质在骨干网络使用 Resnet50-FPN 时被错误分割了,而在骨干网络使用 Resnet101-FPN 时没有被错误分割。虽然前者的分割得分更高,为 0.78,比后者 0.71 高 0.07。但是这是由于前者错误地将杂质和正确区域一起分割,其正确重叠部分自然相对更高,故这是不准确的。

在上面的消融实验中,我们观察到 Resnet-101-FPN 的分割性能要优于 Resnet-50-FPN。此外,我们将改进的方法与其他的方法(MS R-CNN、MSD R-CNN、MSCD R-CNN)进行了比较。

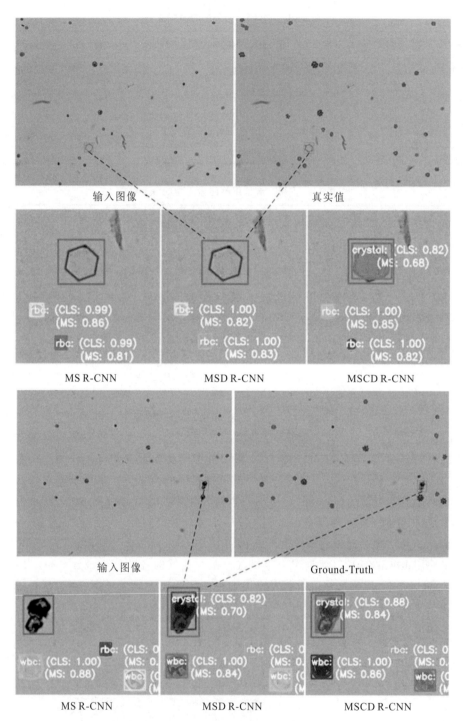

图 7.45　三种方法的可视化结果对比

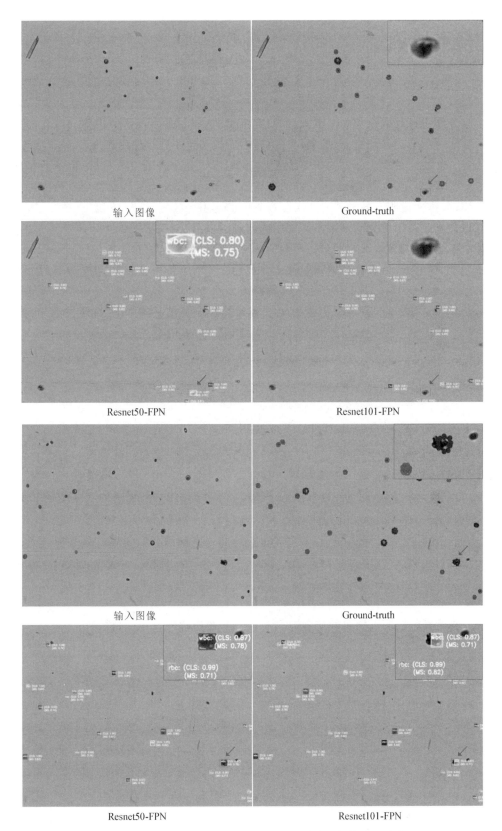

图 7.46　MSCD R-CNN 采用不同骨干网络的可视化结果对比

7.6　小结

本章介绍了计算机视觉的基本概念、研究维度、主要目标以及研究内容。首先,我们明确了计算机视觉的定义和能力,即利用计算机对图像和视频进行理解和分析,从而实现各种视觉任务。在探讨计算机视觉的研究维度时,我们着重介绍了其主要目标,包括图像分类、目标检测、图像分割和视频跟踪等。在研究内容方面,我们深入探讨了每个目标的原理、方法和应用,并举例说明了各种技术在实际场景中的应用。

图像分类是将图像分到预定义类别中的任务,目标检测是在图像中定位和识别多个目标的任务,图像分割是将图像划分为不同的区域并标记每个区域的任务,视频跟踪是在视频序列中跟踪目标的位置和运动轨迹的任务。我们还介绍了计算机视觉领域常用的数据集和应用场景,如 ImageNet、COCO、MOT 等数据集。

通过本章的学习,读者可以更全面地了解计算机视觉的基本概念、研究内容和应用场景,为进一步深入学习和研究计算机视觉技术打下良好的基础。

7.7　思考题

(1)计算机视觉在无人驾驶车辆中的应用面临哪些挑战,如何处理复杂交通环境下的各种未知因素?

(2)目前计算机视觉很多数据都需要依赖标注,缺乏注释的图像数据对计算机视觉训练的影响是什么?

(3)假设有一个包含输入层、隐藏层和输出层的神经网络。输入层有 4 个神经元,隐藏层有 6 个神经元,输出层有 3 个神经元。如果每个神经元都有一个偏置项,那么这个神经网络总共有多少个参数(权重和偏置项)?

(4) 假设卷积层输入的图像信息为 $\begin{bmatrix} 0 & 1 & 2 \\ 3 & 4 & 5 \\ 6 & 7 & 8 \end{bmatrix}$,核函数为 $\begin{bmatrix} 0 & 1 \\ 2 & 3 \end{bmatrix}$,则输出为什么?

(5)简述神经网络在多目标跟踪中的应用,并给出一个具体的应用实例,理解其实现代码。

第8章

大数据挖掘及应用

在数字化时代的浪潮中，大数据已成为推动全球创新与发展的关键力量。它如同一座沉睡的火山，随着技术的进步逐渐觉醒，爆发出前所未有的能量。从早期的数据收集和简单处理到现在的复杂算法和高效计算，大数据的发展跨越了技术与思维的界限。第 8 章将带您深入探讨大数据的概念、关键技术以及如何在多个行业中实现价值转化。随着我们一步步揭开大数据的神秘面纱，您将更加深刻地理解这一概念背后的科技革命及其广泛应用。

学习目标
(1) 理解大数据的基本概念和特征。
(2) 掌握大数据关键技术。
(3) 认识大数据在生物医学和电子商务等领域的具体应用。
(4) 探讨大数据战略实施中面临的挑战。

8.1 大数据概述

大数据时代的到来标志着数据处理和分析能力的一次革命性飞跃。在这个信息爆炸的时代,数据量呈指数级增长,各种类型的数据源不断涌现,包括但不限于传感器数据、社交媒体数据、移动设备数据等。大数据的"大"不仅体现在数据量上,更在于其潜在的价值和对决策过程的影响。大数据的不断发展和应用,为人类社会带来了前所未有的变革和机遇,同时也带来了挑战和风险,例如隐私保护、数据安全等问题备受社会关注。因此,要充分利用大数据时代带来的机遇,需要在技术、法律、伦理等多个方面做出努力,确保大数据的合理、安全和可持续发展。此外,在大数据时代,跨学科的合作变得尤为重要。数据科学家、软件工程师、业务分析师和决策者需要紧密合作,共同开发和实施有效的数据策略。教育和培训也必须跟上时代的步伐,培养能够理解和应用大数据技术的人才。

8.1.1 大数据概念

8.1.1.1 大数据

大数据通常指的是规模巨大的数据集合,其在获取、存储、管理、分析等方面远远超出了传统数据库软件工具的能力范围。这些数据不仅包括结构化数据,还包括半结构化和非结构化数据,其中非结构化数据指的是在获取前无法预先定义其结构的数据,如文本、图像、视频等。

大数据中的"大"是一个随着技术发展不断演变的概念。随着移动设备、成本低廉且数量庞大的信息传感物联网设备、航空(遥感)设备、软件日志、相机、麦克风、射频识别(RFID)读卡器和无线传感器网络等设备的不断增加,可用数据集的规模和数量也迅速增长。如图8.1所示,国际数据公司(IDC)发布的 2023 年全球数据领域报告表明中国的数据量预计从2022 年的 23.88 ZB 增长至 2027 年的 76.6 ZB,年均增长速度达到 26.3%,位居全球首位。政府、媒体、专业服务、零售、医疗、金融等领域是数据的主要来源,它们拥有更多的数据,但也带来了更大的存储治理和分析管理压力。这也为数据管理服务提供了更多机会,以激活数据并挖掘商业和社会价值。

经过多年技术和产业的发展,中国大数据领域内部逐渐细化,形成数据存储与计算、数据管理、数据流通、数据应用、数据安全五大核心领域。如图 8.2 所示,数据源通过数据存储与计算实现压缩存储和初步加工,通过数据管理提升质量,通过数据流通配置给其他相关主体,通过不同数据应用直接释放价值,并由数据安全技术进行全过程的安全保障[①]。

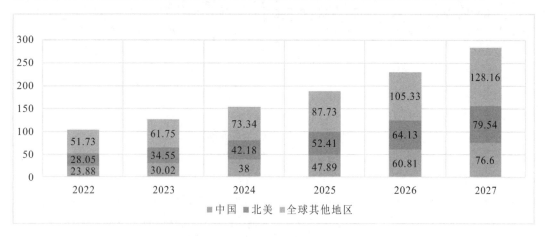

图 8.1　全球数据圈数据量规模增长趋势图

注:IDC 将每年被创建、采集或复制的数据集合定义为数据圈(DataSphere)。

(图片参考:IDC Global DataSphere,2023)

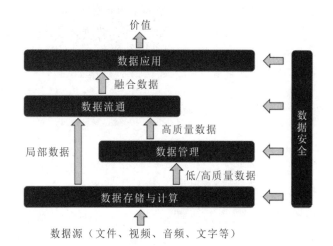

图 8.2　大数据产业五大核心领域

(图片参考:中国信息通信研究院)

8.1.1.2　大数据的特征

大数据的特征,常被概括为“4V”,即数据量大(volume)、数据类型多(variety)、产生和处理速度快(velocity)和价值密度低(value)。

---

① 中国信息通信研究院.中国数字经济发展白皮书(2022 年)[R].2022.

(1)数据量大。

随着信息技术的飞速发展,数据的生成和存储规模已经达到了前所未有的水平。数据的规模不仅决定了其潜在的洞察力和价值,而且也标志着数据是否能够被归类为"大数据"。目前,数据的度量单位已经从 GB 或 TB 扩展到了 PB、EB 甚至 ZB,这反映了数据量的爆炸性增长。

(2)数据类型多。

大数据的来源广泛,其可以来自社交网络、传感器、交易系统等多种渠道,并且类型包括结构化、半结构化和非结构化数据。值得注意的是,目前收集到的数据中,超过 85% 是非结构化或半结构化的,如图像、音频、视频、网络日志和链接信息等,这为数据的处理和分析带来了新的挑战。

(3)产生和处理速度快。

大数据时代的数据产生速度极快,同时与以往的档案、广播、报纸等传统数据载体不同,大数据的交换和传播是通过互联网、云计算等方式实现的,远比传统媒介的信息交换和传播速度快。

(4)价值密度。

尽管大数据背后潜藏的价值巨大,但真正能够发挥出价值的只是其中一小部分。大数据的真正价值在于从海量、多样化的数据中挖掘出对未来趋势和模式具有预测分析价值的信息,并通过机器学习、人工智能或数据挖掘等先进技术进行深度分析,进而在农业、金融、医疗等多个领域创造更大的经济和社会价值。

大数据的四个核心特征共同塑造了大数据的内涵,并为相关技术的进步与应用提供了指导性的原则。随着大数据技术的日益成熟,其应用领域也在不断拓宽,涵盖了从商业智能、公共安全到科学研究、个人健康管理等多个方面,显示出其在现代社会中不可或缺的重要性。大数据的兴起标志着数据量增长的一个质的飞跃,它不仅改变了我们处理信息的方式,也对我们的认知模式产生了深远的影响。

在数据量相对较小的传统认知中,我们习惯于基于典型数据进行思考,设计数据模型以管理未来可能遇到的各种数据,或者开发算法以高效处理未来可能面临的各种情况。然而,大数据的出现颠覆了这种设计方法。当前,数据量已经达到了一个全新的量级,其规模之大足以覆盖各种可能性,使得基于现有海量数据所构建的全面而简洁的数据模型和算法能够更加精准地应对各种复杂情况。

因此,数据模型与算法设计的首要任务已经从基于少量典型数据的假设性思考转变为基于机器对海量数据的分析与归类。这种从依赖猜测和假设的设计到基于事实和经验的归纳总结的转变,代表了人类认知过程的一次重大进步。大数据的这一革命性进展,正是其激动人心之处,它不仅改变了我们对数据的理解,也为我们提供了一种全新的视角,来以更加科学、系统的方式理解和应对世界。

8.1.2　大数据系统

大数据处理的应用和算法,最终都需要在计算机系统的支持下进行存储和计算,数据规模的爆炸性增长给数据处理系统的设计和实现提出了巨大的挑战。本小节将向读者简要介绍大数据系统的前沿技术,使读者初步具备针对问题的特点和规模选取合适的大数据系统解决方案的能力。

8.1.2.1 NoSQL

NoSQL(Not only SQL)数据库的兴起,是应对互联网快速发展和 Web 应用需求变化的产物。传统关系型数据库,以其结构化的数据处理、便捷的 SQL 查询语言以及对事务处理的严格支持,曾是应用程序后端进行数据存储的唯一选择。然而,随着数据规模的不断扩大和对读写性能要求的提高,传统数据库的局限性逐渐显现。在此背景下,NoSQL 数据库应运而生,它们在特定应用场景下展现出超越传统 SQL 数据库的性能。广义地说,可以把所有不是关系型数据库的数据库统称为 NoSQL。

NoSQL 数据库专门构建用于特定的数据模型,并且拥有灵活的架构以适应现代应用程序的需求。这些数据库采用了多种数据模型来访问和管理数据,它们针对需要处理大数据量、要求低延迟以及需要灵活数据模型的应用程序进行了特别优化。这种优化通常通过放宽传统数据库在数据一致性方面的某些限制来实现。NoSQL 数据库数量众多,典型的 NoSQL 数据库通常包括键值存储数据库、列族数据库、文档存储数据库和图形数据库。

(1)键值存储数据库。

键值存储数据库是最简单的 NoSQL 数据库,它将数据存储在键值对中,每个键对应一个值。这种数据库可以存储任意类型的数据,包括文本、图像和视频等。键值存储数据库的优点是读写速度快,但是不支持复杂查询。相关产品有:Redis,Chordless,Memcached 等。

(2)列族数据库。

列族数据库将数据存储在列族中,列族包含多个列,每个列包含多个单元格。这种数据库适合存储大量的结构化数据,支持高效的数据访问和查询。相关产品有:Cassandra,HBase,HadoopDB 等。

(3)文档存储数据库。

文档存储数据库将数据存储在文档中,文档可以是 JSON、XML 或 BSON 等格式。文档存储数据库可以存储半结构化数据,支持嵌套,可以方便地进行复杂的查询和数据分析。相关产品有 MongoDB,CloudKit,Jackrabbit 等。

(4)图形数据库。

图形数据库适合存储关系型数据,它将数据存储为节点和边的形式。节点表示实体,边表示实体之间的关系。图形数据库可以方便地进行复杂的关系查询和数据分析,适合于社交网络、推荐系统等场景。相关产品有:Neo4J,OrientDB,GraphDB 等。

NoSQL 数据库的出现为大规模数据的存储和处理提供了有效的解决方案,不同类型的 NoSQL 数据库各有优缺点,需要根据实际需求选择合适的数据库。

8.1.2.2 分布式计算

随着问题规模的日益增长,单台计算机的处理能力已逐渐不足以应对日益复杂的计算需求。因此,学术界和工业界开始探索通过构建由多台计算机组成的协同处理系统来提升计算能力,这种系统通常被称为分布式系统。在分布式计算领域中,将大规模计算任务分解为较小的子任务,由多台计算机并行处理,随后将这些子任务的结果进行汇总得出整体结论,已成为一种常见的计算模式。分布式计算的核心在于分布式系统架构中的计算机通过消息传递机制进行通信,各个模块和架构组件之间存在相互依赖性。

分布式计算的优势主要体现在以下几个方面:

(1)可扩展性。

企业能够根据其工作负载和计算需求向分布式计算网络中添加计算资源,从而实现计算能力的扩展。

(2)可用性。

通过将应用程序分散部署在不同的服务器上,分布式计算系统能够灵活地适应业务需求的变化,从而提高系统的稳定性和可靠性。

(3)一致性。

在分布式系统中,各计算机节点之间共享信息和数据,确保数据的一致性。

(4)透明度。

分布式计算系统提供用户和物理设备之间的逻辑分离,企业可以拥有不同的硬件、中间件、软件和操作系统,协同工作并保证系统顺利运行。

(5)效率。

分布式系统通过优化资源分配和任务调度,充分利用底层硬件资源,从而提供更高的计算效率和更快的响应时间。

综上所述,分布式计算作为一种新兴的计算模式,通过其独特的系统架构和通信机制,为解决大规模计算问题提供了有效的解决方案,并且在可扩展性、可用性、一致性、透明度和效率等方面展现出显著的优势。

8.1.2.3　Hadoop

Hadoop 是 Apache 基金会旗下的一个开源的分布式计算平台。该平台以 Java 语言为基础构建,有很好的跨平台特性,并且可以部署在廉价的计算机集群中。Hadoop 的设计允许用户在无需了解分布式系统的底层细节的情况下,开发分布式应用程序,从而充分利用集群的计算和存储能力进行高速数据处理。图 8.3 中展示了 Hadoop 生态系统的架构。

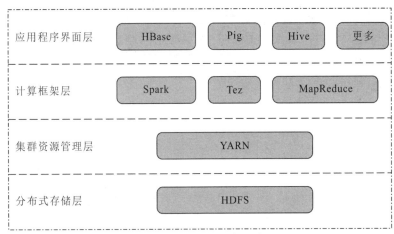

图 8.3　Hadoop 生态系统

(图片来源:林子雨《大数据技术原理与应用(第 2 版)》)

接下来,我们将对 Hadoop 生态系统中的几个关键组件进行简要介绍:

(1)HDFS。

HDFS 是 Hadoop 生态系统的核心组件之一,是一个高容错性的分布式文件系统。它设计用于在低成本的通用硬件上运行,能够检测和应对硬件故障,确保数据的可靠性和可用性。HDFS 通过将数据分成块并在多个数据节点上存储,实现分布式存储和并行处理。

(2)HBase。

HBase 是一个高可靠、高性能、面向列、可伸缩的分布式数据库,它是 Google BigTable 的开源实现。HBase 主要用于存储非结构化和半结构化的松散数据,其设计目标是处理非常庞大的数据表,能够通过水平扩展的方式,利用廉价的计算机集群处理包含超过 10 亿行数据和数百万列元素的数据表。

(3)YARN。

YARN(yet another resource negotiator)是 Hadoop 的资源管理和调度框架,它允许多个应用程序共享计算资源,并按照需求进行资源的调度和分配。YARN 的引入显著提升了集群的资源利用率和资源管理的统一性。

(4)MapReduce。

MapReduce 是由 Google 提出的并行编程模型,它将任务的处理流程划分为 Map 和 Reduce 两个阶段。在 Map 阶段,输入数据被拆分为多个基本项,用户编写的 mapper 函数对这些项进行处理,并生成键值对。在 Map 和 Reduce 阶段之间,系统会对这些键值对进行排序和合并,确保具有相同键的项聚集在一起。在 Reduce 阶段,用户编写的 reducer 函数对这些合并后的键值对进行处理,最终生成 MapReduce 任务的输出结果。

(5)Spark。

Spark 是 UC Berkeley AMP Lab 开源的通用分布式并行计算框架,由 Scala 语言编写。Scala 是一种基于 Java 虚拟机的函数式编程语言,因此 Spark 在操作的丰富性和灵活性方面超越了 MapReduce。Apache 在 Spark 的官方网页中使用了四个词来描述 Spark 的特性:简单易用(simple)、高效快速(fast)、可扩展性(scalable)和统一通用(unified)。

Hadoop 的组件和对应功能概览如表 8.1 所示:

表 8.1　Hadoop 生态系统组件及功能①

组件	功能
HDFS	分布式文件系统
MapReduce	分布式并行编程模型
YARN	资源管理和调度器
Tez	运行在 YARN 之上的下一代 Hadoop 查询处理框架
Hive	Hadoop 上的数据仓库
HBase	Hadoop 上的非关系型的分布式数据库
Pig	一个基于 Hadoop 的大规模数据分析平台,提供类似 SQL 的查询语言 Pig Latin
Sqoop	用于在 Hadoop 与传统数据库之间进行数据传递
Oozie	Hadoop 上的工作流管理系统

① 林子雨.大数据技术原理与应用 [M].2 版.北京:人民邮电出版社,2017.

组件	功能
Zookeeper	提供分布式协调一致性服务
Storm	流计算框架
Flume	一个高可用的、高可靠的、分布式的海量日志采集、聚合和传输的系统
Ambari	Hadoop 快速部署工具,支持 Apache Hadoop 集群的供应、管理和监控
Kafka	一种高吞吐量的分布式发布订阅消息系统,可以处理消费者规模的网站中的所有动作流数据
Spark	类似于 Hadoop MapReduce 的通用分布式并行计算框架

8.1.2.4　云计算

云计算是信息技术行业最重要的技术之一。美国国家标准与技术研究所(national institute of standards and technology,NIST)认为,云计算是通过网络使得一组可配置的计算资源(例如网络、计算机、存储、应用程序、服务等)能够在任何地点,方便地、按需地进行访问的模型,资源的提供和释放可以快速完成,管理开销低,与提供商的交互简便易行。

云计算的服务模式主要分为三种类型:软件即服务(software as a service,SaaS)、平台即服务(platform as a service,PaaS)和基础设施即服务(infrastructure as a service,IaaS)[①]。这三种类型分别向用户提供不同层次的服务:SaaS 提供了具体的应用软件服务;PaaS 允许用户通过特定的 API 开发并部署自己的应用程序;而 IaaS 则直接向用户提供了虚拟机和存储空间等计算资源。这些服务模型之间的关系可以通过图 8.4 进行直观展示。此外,云计算的部署模式根据服务受众的不同,可以划分为私有云、混合云和公有云,以满足不同用户群体的特定需求。云计算技术的普及和发展降低了大数据处理的门槛,使得普通开发者和用户能够以较低的成本获取处理大数据的能力。

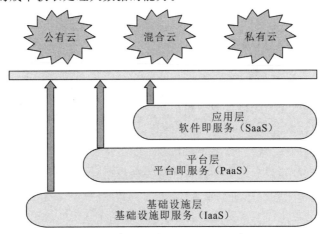

图 8.4　云计算的服务模式及部署模式

(图片来源:林子雨《大数据技术原理与应用》(第 2 版))

---

① 林子雨.大数据技术原理与应用 [M].2 版.北京:人民邮电出版社,2017.

随着数字化转型的不断深入,数字经济正逐渐成为推动国民经济增长的关键动力。在国家层面,数字中国的建设已被提升为一项重要的战略目标。国家及地方政府相继推出了多项数字产业相关政策,其中云计算作为新兴的数字产业之一,为数字经济的发展提供了坚实的基础设施支持。在"十四五"规划期间,云计算被列为重点发展产业之一。数据中心作为云计算的重要物理载体,为云计算提供了必要的硬件资源,包括计算能力、存储空间和带宽等,同时为各种平台和应用程序提供了稳定的运行支撑环境。图8.5给出了数字福建云数据中心、中国电信数字青海绿色大数据中心、贵阳市大数据国家工程实验室的实景图片。

　(a) 数字福建云数据中心　　　(b) 中国电信数字青海绿色大数据中心　　　(c) 贵阳市大数据国家工程实验室

图 8.5　福建、青海、贵州的大数据中心

(图片来源:https://news.fznews.com.cn/fzxw/20220216/304dlD2exa.shtml,http://www.chinatelecom.com.cn/news/06/ZQFU/ZQDT/202305/t20230519_74277.html,https://new.qq.com/rain/a/20220527A0CN5Z00)

8.1.3　大数据挑战

8.1.3.1　数据的异构性和不完备性

数据的异构性是指直接从现实世界中获取的数据往往具有多样化的格式和结构,如社交媒体上的帖子、博客文章、图像和视频等。计算机算法在处理同质化数据时效率较高,但面对复杂数据结构时则能力有限。因此,如何将这些异构数据有效地组织成合理的结构,成为大数据管理领域中一个亟待解决的问题。以医疗记录为例,一个病人在不同医院的就医记录可能包含多种形式的数据。创建电子医疗记录时,可以采用不同的数据结构设计方法:可以为每次医疗程序或化验项目单独创建记录,也可以为病人的整个住院期间创建一条综合记录,或者将病人在医院的所有就医历史合并为一条记录。不同的数据结构设计对于数据分析系统有着不同的适用性和效率。数据的不完备性是指在大数据环境下获取的数据往往包含不完整的信息和错误。这种不完备性需要在数据分析阶段得到妥善处理。

综上所述,大数据的异构性和不完备性要求我们开发新的数据表示、管理和分析技术。这不仅需要对现有的数据结构和算法进行创新,还需要探索新的数据处理框架,以适应大数据环境下的复杂性和动态性。通过这些努力,我们可以更有效地管理和分析大数据,从而为决策提供更准确的支持。

8.1.3.2　数据处理的时效性

在信息化时代,数据处理的时效性对于企业和社会的决策具有至关重要的影响。随着大数据的兴起,数据量呈指数级增长,这给数据处理速度带来了前所未有的挑战。

首先,数据规模的扩大直接导致了数据处理时间的延长。尽管可以设计出针对特定数据量优化的系统以实现快速处理,但这种系统往往难以适应大数据环境的多变性。在现实世界中,用户通常期望能够迅速获得数据分析的结果。以在线交易为例,一旦发现潜在的欺诈行为,就必须立即进行分析并采取措施,以防止类似事件的发生。这要求系统能够实时处理和分析数据。

在大数据集中进行高效的关键字查询仍然是一个技术难题。传统的全数据集扫描方法在大数据环境下显得力不从心。为了提高查询效率,可以采用建立索引结构的方法。索引结构能够显著加快数据查找的速度,但现有的索引设计往往只适用于简单的数据类型。面对大数据环境中复杂的数据结构,如何设计合适的索引结构以支持高效的查询,成为一个亟待解决的问题。

以交通管理系统为例,为了找出用户出行路线上的交通堵塞点并提供备选路线,系统需要对移动物体的运动轨迹进行空间邻近查询。这要求建立能够支持此类查询的索引结构。随着数据量的不断增长,以及对查询时间要求的提高,索引结构的设计变得尤为重要。

综上所述,数据处理的时效性在大数据时代面临着严峻的挑战。为了应对这些挑战,需要从系统设计、数据处理策略、索引结构的创新等多个方面进行深入研究和探索。通过这些努力,可以提高数据处理的速度和效率,从而更好地服务于决策制定和社会运行。

8.1.3.3 数据的隐私保护

隐私保护在大数据时代是一个至关重要的议题,它不仅涉及技术层面,更触及社会学的深层次问题。在大数据分析和处理过程中,确保数据隐私的安全性是维护公众利益和个人权益的关键。

在现代社会,个人数据的不当使用和泄露可能导致严重的后果,尤其是当多组相关联的数据同时泄露时。因此,大数据的分析和管理必须兼顾技术和社会层面的隐私保护需求。以移动终端为例,用户的位置信息常常被服务提供商(如社交软件等)收集。这种信息的共享极易导致用户隐私的泄露,因为攻击者可以通过监测特定的网络连接点来追踪用户的位置,进而推断出用户的居住地或工作地点。此外,对于更为敏感的个人信息,如医疗记录或宗教信仰等,攻击者也可能通过长期观察和分析获得。

保护位置信息的隐私尤为困难,因为在众多移动应用服务中,用户的位置信息往往可以被轻易访问和获取。这就需要我们在技术层面上寻求创新的解决方案,以确保用户隐私的安全。

除了技术挑战,数据隐私保护领域还存在许多研究问题。例如,许多在线服务要求用户提供私人信息,但社交媒体等平台的私人信息共享仍然存在许多问题。尽管现有的隐私保护技术已经取得了一定的进展,但它们在实际应用中仍面临诸多挑战。随着现实生活中数据的不断积累和变化,数据隐私保护技术也需要不断地更新和发展。

因此,如何在大数据环境下确保信息共享的安全性,以及如何为用户提供更加精细的数据共享安全控制策略,成为亟待研究和解决的问题。这不仅需要技术创新,还需要法律、政策以及社会各界的共同努力,以确保个人隐私得到充分的尊重和保护。通过这些努力,我们可以在享受大数据带来的便利的同时,确保每个人的隐私安全不受侵犯。

8.1.3.4 大数据分析的人为参与

在大数据分析领域,尽管计算机技术已经取得了显著的进步,能够执行许多智能分析任务,但它们在处理复杂数据时仍然存在一定的局限性。因此,人的参与在数据分析过程中扮演着不可或缺的角色。为了实现更全面和深入的数据分析,系统必须能够整合来自不同领域专家的知识和见解。这些专家可能来自世界各地,他们可以在不同的时间点与系统进行交互,从而利用人类的集体智慧来提升系统的分析效率和准确性。

众包(crowd sourcing)是当前一种流行的利用群体智慧解决问题的方法。维基百科就是利用众包原理成功运作的典型案例。它依赖于众多匿名用户提供的信息,系统通常假设这些信息是准确可靠的。然而,也存在一些人可能会故意提供错误的信息,试图误导他人。在众包过程中,错误信息往往能够被其他参与者发现并纠正。为了确保大数据分析和管理的准确性,需要开发必要的技术支持,以促进众包工作的顺利进行。

除了人与人之间的相互纠错机制外,还需要建立一个框架来分析和解决人们描述中出现的相互矛盾的信息[①]。这个框架的目的是确保所提供信息的准确性和可靠性。在大数据环境下,这种框架尤为重要,因为数据量巨大,来源多样,且可能包含大量的噪声和错误。通过有效的众包和信息验证机制,可以显著提高数据分析的质量和效率。

综上所述,人的参与对于大数据分析至关重要。通过整合不同领域专家的知识和利用众包原理,可以充分发挥人类的智慧,提高数据分析的质量和效率。同时,建立有效的信息验证和纠正机制,可以确保所提供信息的准确性,从而为决策者提供更可靠的数据支持。

8.2 数据获取与处理

在这个数据无处不在的时代,每一次用户互动、每一台传感器的输出以及无数的数字交易都生成了庞大的数据流。这些数据,从社交媒体动态到智能设备记录,构成了现代数据分析的基石。然而,单有数据的堆积并不产生价值,关键在于我们如何通过高效的数据获取和处理技术来提取有意义的信息。本节将探讨在大数据环境下,数据的获取与处理策略,包括关键的技术、工具和方法论如何帮助我们从这些庞杂的数据集中提炼出有价值的信息。我们将讨论数据清洗、集成和变换等关键步骤,以及这些步骤如何为数据分析和决策提供支持。

▌8.2.1 数据获取

在 Web 2.0 时代,互联网转变成一个参与性、协作性和共享性的平台,其中用户不仅仅是内容的消费者,同时也成为内容的创造者。社交网络、博客、论坛、用户评论以及视频和图片分享网站,无不体现了用户生成内容(UGC)的爆炸性增长。这些内容不仅仅具有丰富的

---

① 周晓方,陆嘉恒,李翠平,等.从数据管理视角看大数据挑战[J].中国计算机学会通讯,2012,8(9):16-20.

信息价值,也构成了互联网数据的宝贵财富。

随着信息技术的迅猛发展,企业和研究机构越来越意识到从海量的互联网数据中抽取有价值信息的重要性。从这些数据中可以提取用户偏好、市场趋势、公共意见以及其他各种有用的商业智能信息。然而,由于数据量庞大、分布广泛,手动收集这些信息既不切实际也效率极低。因此,自动化的数据获取技术——网络爬虫,就显得尤为重要。

下面以网络爬虫为例说明数据的获取过程。

网络爬虫是一种自动访问互联网并从中提取信息的程序。它模拟人工浏览网页的过程,按照一定的规则自动地从网页中抓取数据。

使用网络爬虫,我们能够高效地收集到结构化和非结构化的大数据,支持对海量数据进行分析和挖掘。通过这种技术,我们能够对互联网进行全面的数据搜集和分析,从而洞察用户行为、市场变化并及时做出战略决策。

图 8.6 所示为爬虫基本技术的框架及工作流程,包括 URL 确定、网页获取、信息提取、数据存储 4 个部分。

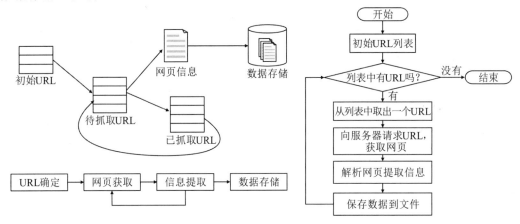

图 8.6 爬虫基本技术的框架及工作流程

8.2.1.1 URL 确定

爬虫技术的工作流程启动于一个设定的 URL 列表,这个列表中包含了初步选定的网页地址。在获取互联网信息的过程中,这些 URL 充当了信息获取的起点。特别是当涉及一系列相关网页时,爬虫会根据 URL 的变化模式系统地确定下一批要爬取的网页地址。

8.2.1.2 网页获取

一旦目标 URL 确定,爬虫就会利用 HTTP 协议向 Web 服务器发起请求。在 Python 的编程生态中,诸如 urllib、urllib3 和 requests 这样的库使得发送这些请求变得非常便捷。以 requests 库为例,它的使用方式十分接近我们平日访问网页的模式,且提供了包括但不限于维护活动连接池、国际域名支持、持久化 cookie 会话在内的多种功能。requests 库中常用的函数是 get(),其基本语法格式如下:

Response＝requests.get(url,params＝None,＊＊kwargs)

url:想要获取的网页的链接。params:url 的额外参数,字典或字节流格式,可选。

＊＊kwargs:12 个控制访问的参数。

它通过 HTTP 的 GET 方法发送请求,并将响应封装为一个 Response 对象,该对象既包含了服务器的回应,也包含了最初的请求详情。Response 对象的属性如表 8.2 所示。

表 8.2　Response 对象的属性

属性	含义
requests.status_code	HTTP 请求的返回状态,200 表示连接成功,404 表示失败
requests.text	HTTP 响应内容的字符串形式,即 ur 对应的页面内容
requests.encoding	从 HTTP header 中猜测的响应内容编码方式
requests.apparent_encoding	从内容中分析出的响应内容编码方式(备选编码方式)
requests.content	HTTP 响应内容的二进制形式

实例:

```
＃导入 request 包
import requests
＃get()获取网页
r＝requests.get('https://www.baidu.com')
＃检查连接状态
print(r.status_code)
＃检测 r 的类型
print(type(r))
＃获取页面的头部信息
print(r.headers)
```

返回内容为:

```
200
<class 'requests.models.Response'>
{'Content-Encoding':'gzip','Content-Length':'1145','Content-Type':'text/html','Server':'bfe','Date':'Tue,24 Mar 2020 07:31:58 GMT'}
```

8.2.1.3　信息提取

网页内容获取后,爬虫会解析这些内容以确定数据的具体位置。在 Python 中,网页内容可以使用诸如 re(正则表达式)、bs4(beautifulsoup4)或 lxml 等库进行解析[①]。这些工具能够处理复杂的网页标记语言,帮助爬虫提取出有价值的数据和进一步的 URL 链接。通

---

① 罗娟.计算与人工智能概论[M].北京:人民邮电出版社,2022:226-228.

过解析得到的新 URL,爬虫可以继续爬取相关联的网页。以上三种解析工具的性能比较如表 8.3 所示。

表 8.3　解析工具性能比较

性能	re(正则表达式)	bs4(BeautifulSoup)	lxml
解析速度	快	中等	非常快
使用难度	高(需要正则知识)	低	中等
功能强大度	强(灵活但复杂)	中	强(功能最丰富)
容错能力	低	高	高
适用场景	文本匹配和提取	轻量级的 HTML 解析	大规模的数据抓取与 XML 解析
库依赖	内置库,无需安装	需要安装第三方库	需要安装第三方库

在众多可用的工具中,bs4 库因其强大的功能而广受欢迎。它的核心能力在于将繁杂的 HTML 源码转化成 Python 能够直接操作的对象结构,即形成了一个由多个 Python 对象构成的清晰的文档树形结构,如图 8.7 所示。在这个结构中,网页的每一个元素都被封装成了 Tag 对象,每个 Tag 都代表了 HTML 中的一个标记。通过这个文档树,程序员能够轻松地对网页内容进行细致的遍历和查询,并能对其进行修改。bs4 库还提供了多种文档解析器的选择,支持文档到 Unicode 的转换以及对文档的局部解析,使得从网页中抽取信息变得灵活且高效。

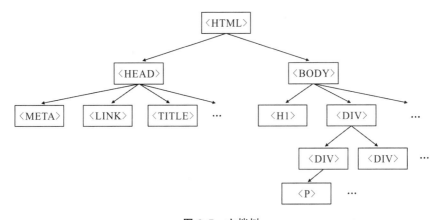

图 8.7　文档树

bs4 的基本使用如下:

```
from bs4 import BeautifulSoup

#构造一个网页数据
html_doc="""
<html>
  <head>
```

```
        <title>The Dormouse's story</title>
    </head>
    <body>
        <p class="title">
            <b>The Dormouse's story</b>
        </p>
        <p class="story">Once upon a time there were three little sisters;and their
names were
        <a href="http://example.com/elsie" class="sister" id="link1">Elsie</a>
        <a href="http://example.com/lacie" class="sister" id="link2">Lacie</a>
        <a href="http://example.com/tillie" class="sister" id="link3">Tillie</a>
        and they lived at the bottom of a well.</p>

        <p class="story">…</p>
    </body>
</html>
"""

#创建一个 BeautifulSoup 对象 res,并使用 lxml 解析器来解析变量 html_doc 中的 HT-
ML 内容。
res=BeautifulSoup(html_doc,'lxml')

#获取标签
tag_a=res.a
#获取标签内的文本
tag_a_text=res.a.text
…
```

8.2.1.4 数据存储

最后,为了方便数据的长期保存和后续使用,爬虫会将提取出的信息存储在文件中。这些文件一般采用 TXT、CSV 或 JSON 等格式,以支持不同的数据分析和处理需求。

8.2.2 数据清洗

在利用大数据进行分析和应用之前,考虑到原始数据集中可能潜在的各种数据质量问题,进行数据清洗成为关键的先决步骤。数据中的质量问题,如数据缺失、数据异常,不仅会对分析结果造成干扰,而且在某些情况下可能导致严重的负面后果。因此,数据清洗的工作对于保障大数据价值的提取和安全应用至关重要。

8.2.2.1　数据缺失

数据缺失是指由于各种原因,导致数据集中某些数据或某些属性不完整的情况。

为什么数据会缺失?缺失值产生的原因有很多,主要有以下几种:

(1)数据在采集过程中被遗漏或丢弃。在手动输入数据或使用自动化工具收集数据时,可能由于疏忽、误操作或系统故障导致某些字段未被记录。

(2)设备故障。数据采集设备或存储介质可能出现故障,导致在特定时段内的数据丢失。例如,传感器可能因为电池耗尽或故障而未能记录数据。

(3)数据传输问题。在数据从采集点传输到数据库的过程中可能会出现丢包或错误,尤其是在网络连接不稳定的情况下。

(4)用户遗漏信息。在调查问卷或表格填写过程中,用户可能会遗漏某些回答,或者选择不回答某些问题。

(5)隐私保护策略。有时,为了遵守隐私法规或保护个人隐私,故意对某些数据进行省略或匿名处理,从而造成数据的不完整。

8.2.2.2　数据异常

数据异常是指在一个数据样本中显著偏离其他观测值的个别数据点。这种异常可能指向两种情形:一种是由于错误或不精确的数据录入造成的实际错误——即真正的异常,我们通常称之为噪声;另一种则是数据确实正确,但由于某种罕见的变量或独特的情况,它们与常规数据显著不同——这类我们称为假异常,或者说是真实的离群点。例如,人的身高记录为 100 米显然是一种不切实际的真异常值。

那么如何判别异常数据是真异常还是假异常呢?除了通过利用专业知识来评估数据点的可信度,我们还可以用机器学习中的聚类算法来识别。不属于任何群组的点可能是噪声;如果一个点与其他点在同一群组但值显著不同,这可能是离群点。离群点在局部看是异常的,但从全局看是正常的。

数据异常的来源主要有以下几个方面:

(1)技术性错误。这包括在数据收集过程中可能遇到的仪器失灵、操作失误,或者外界环境因素的干扰,它们可能会导致数据读数不准确。此外,人工输入数据时也可能发生诸如键入错误、数据遗漏或误解数据含义等情形,这些都可能产生异常值。

(2)数据处理错误。这发生在数据的后期处理阶段,比如数据的清洗、转换过程中,或是在应用某些算法时由于错误的数据映射或编码导致的问题。另外,如果在数据的抽样过程中方法不够严谨,如抽样方法不随机或样本代表性不强,则可能导致部分数据点与整体数据分布不一致。

(3)自然的离群点。有时候,异常值是由于自然变异而产生的,尤其在生物统计数据中,因为个体间的自然差异,可能会出现一些完全正常的异常值。

数据缺失和异常可能会对数据分析造成影响,因为它可能导致分析结果的偏差或不准确。对不同的数据异常需要进行不同的处理。

(1)数据缺失的处理办法。

①直接删除。当少数样本存在多列特征缺失时,可以将这些样本整行删除;当某列特征大部分缺失时,可将这列属性整列删除。这种方法简单直接,但可能会导致信息的大量丢失,尤其是当缺失数据较多时。

②数据填补。根据原始数据中的样本分布情况,数据填补可以分为以下几种:

固定值填充:若缺失值本身含有一定的信息,则可将缺失值作为一种特征值进行标记,比如0或一些特殊字符。

统计值填充:将数据中的特征分为数值特征和类别特征,数值特征可以采用其他样本的均值或中位数进行填充;类别特征可采用众数进行填充。

就近补齐:找到最相似的样本的特征值进行填充。

建模填充:利用机器学习算法对缺失值进行预估,如 KNN、线性回归、随机森林等。

③不处理。有些算法具备处理缺失值的能力,如 XGBoost、LightGBM、贝叶斯网络、人工神经网络等。

举例:表8.4记录了学生的数学和英语成绩。

表 8.4　数据缺失处理办法举例

学生 ID	数学成绩	英语成绩
1	88	92
2	74	85
3	68	78
4	82	86
5	NaN	79
6	91	NaN
7	85	87

在这个例子中,学生5缺失了数学成绩,学生6缺失了英语成绩。下面我们通过上述数据缺失处理办法对缺失数据进行处理。

直接删除:在此例子中,我们可以直接删除学生5和学生6的数据。

数据填补:这里使用统计值填充,采用其他学生数据的均值进行填充。数学成绩的均值为$(88+74+68+82+91+85)/6=81.3$,英语成绩的均值为$(92+85+78+86+79+87)/6=84.5$。那么学生5的数学成绩可以填补为81.3,学生6的英语成绩可以填补为84.5。

(2)数据异常的检测办法。

①三倍标准差判别法:观察数据是否落在历史数据平均值的"正负三倍标准差"范围之内。其中,方差和标准差是判断数据波动性的两个指标。如图8.8所示,如果数据在平均值的正负三倍标准差(1σ)范围之内波动,则视为正常数据;如果数据在平均值的正负三倍标准差(3σ)范围之外,则视为异常数据。

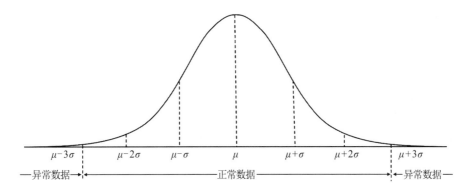

图 8.8　三倍标准差判别法

例如,表 8.5 为某公司 2022 年 1 月 1 日—1 月 15 日的收入数据(单位:万元)。

表 8.5　某公司收入数据

日期	1	2	3	4	5	6	7	8	9	10	11	12	13	14	15
收入	15	30	25	38	30	35	26	35	30	35	50	50	50	40	30

通过上表数据,可以求出平均值$=35$,标准差 $\sigma=11.3$。平均值的正负三倍标准差(3σ)范围为 $1.1\sim68.9$。若 1 月 16 日收入数据为 80 万,那么 1 月 16 日数据在 3σ 范围之外,则属于严重异常数据。

②四分位距(IQR)法。IQR 是第三四分位数(Q_3)与第一四分位数(Q_1)的差值,即 $\mathrm{IQR}=Q_3-Q_1$。通常认为任何低于 $Q_1-1.5\times\mathrm{IQR}$ 或高于 $Q_3+1.5\times\mathrm{IQR}$ 的数据点是异常的。

通过表 8.5 中的数据,可以求出 $Q_3=39$,$Q_1=30$,$\mathrm{IQR}=Q_3-Q_1=9$。那么最大值估计为 52.5,最小值估计为 16.5,收入的阈值在 16.5 至 52.5 之间。收入低于 16.5 或高于 52.5 的数据为异常数据。

(3)数据异常的处理办法。

①视为缺失值。将异常值视作缺失值并标记为 NaN 是一种简单且在多数情况下常用的处理方法;此外,如果异常值的数量不多,建议直接删除这些异常值,相当于在数据集中移除了这些异常点。这种做法可以简化数据处理流程,保证数据的整洁性。

②数据填补。当数据集中的异常值数量较多时,可能需要采取适当的填补措施。常用的填补方法包括使用平均值、中位数、众数以及随机数进行填补。

③不处理。一些异常值也可能同时包含有用的信息,是否需要剔除,应由分析人员自行判断。

8.2.3　数据集成

8.2.3.1　数据冗余

数据冗余是指在一个数据集合中重复的数据。

数据冗余产生的原因主要有以下几个方面：

(1)设计缺陷。数据库设计不当或设计过程中缺乏足够的前瞻性可能导致数据冗余。例如，数据表之间缺乏有效的关联定义或使用不当的数据模型。

(2)系统间数据同步。在多个系统或应用之间共享数据时，常常需要在各个系统中存储数据的副本以保证系统的独立运行和数据的即时可用性，这种做法易导致数据在各系统中重复。

(3)数据迁移和集成错误。在将数据从一个系统迁移到另一个系统的过程中，由于技术或操作上的问题，可能会无意中产生额外的数据副本。

(4)性能优化。在某些情况下，为了减少查询时间和提高性能，开发者可能会决定复制数据到多个位置，这样可以加快数据的检索速度，尤其是在分布式系统中。

(5)人为错误。在数据录入或处理过程中的人为错误，例如数据被错误地输入多次或在同步过程中重复传输，都可能导致数据冗余。

8.2.3.2　数据不一致

数据不一致是指数据集中的信息在不同的源头或在同一数据源中随时间变化而发生冲突或不匹配的现象。数据不一致可能表现为相同实体的不同属性值在多个位置或记录中出现矛盾，或者数据在逻辑上彼此冲突，导致信息的不完整、误导或错误。

数据不一致产生的原因主要有以下几个方面：

(1)多个数据源内容信息不一致。当企业或组织从多个独立的数据源收集数据时，这些数据源可能因为标准和格式的差异而记录不同的信息。例如，两个系统中的客户数据可能因为更新频率和数据录入标准的不同而导致不一致。

(2)缺乏数据同步。在分布式系统中，如果数据同步机制不充分或存在延迟，可能导致数据在不同节点间不一致。例如，一个节点上的数据已更新，而另一个节点上的数据尚未刷新。

(3)错误的数据迁移或集成。在数据迁移或集成过程中，由于转换错误、软件缺陷或操作失误，数据可能会在目标系统中出现不一致。这包括错误的字段映射、数据类型不匹配或不完整的数据转换。

(4)并发更新。在高并发环境中，多个用户或进程同时更新数据可能导致数据不一致。如果没有适当的锁定机制或事务控制，最终数据可能反映不出所有用户的更新。

(5)缺乏标准化或规范化。如果数据管理缺乏统一的标准化流程，不同的人或部门可能按照自己的理解或习惯输入和管理数据，导致数据在格式或内容上的不一致。

数据冗余和不一致可能会对多源数据的集成造成影响。为了应对这些影响，并确保数据集成的质量和效率，需要采取一系列的处理措施。

8.2.3.3　数据冗余的去重办法

(1)基于哈希算法的去重。将数据集中的每条记录通过哈希算法转换为一个唯一的哈希值，并将哈希值相同的数据视为重复数据。

(2)基于排序的去重。将数据集中的记录按照某个字段进行排序，然后依次比较相邻的记录，去除重复的记录。

（3）基于分组的去重。将数据集中的记录按照某个字段进行分组,然后在每个分组内部去除重复的记录。

（4）基于规则的去重。定义去重规则,对数据集中的记录进行筛选,将符合规则的记录视为重复记录,然后去除重复的记录。

（5）基于模糊匹配的去重。使用模糊匹配算法对数据集中的记录进行匹配,将相似的记录视为重复记录。

8.2.3.4　数据值冲突的检测办法

（1）数据比对。比较来自不同数据源的相同实体的数据值。

（2）数据质量分析。通过设置阈值和规则,自动识别那些违反数据质量标准的记录,这些记录很可能存在数据值冲突。

（3）异常值检测。使用统计或机器学习方法识别数据集中的异常值。异常值可能指示数据错误或冲突,如某个产品的价格远高于平均价,可能是数据输入错误或不同数据源的冲突所致。

（4）基于规则的检测。预先定义一组逻辑或规则,用来识别数据中的潜在冲突。这些规则可能基于数据的类型、格式、范围或两个数据项之间的预期关系。

8.2.3.5　数据值冲突的处理办法

（1）优先级规则。根据数据源的可靠性、数据的新旧程度或其他业务规则来设置优先级。冲突时,根据预定的优先级来决定保留哪个值。

（2）数据融合。将冲突的数据融合成一个综合的结果,这可能包括合并文本信息或计算数值的平均值。

（3）使用算法和模型。开发或应用算法来解析数据冲突,例如通过机器学习模型预测最有可能的正确值。

（4）日志和审核跟踪。记录所有冲突及其解决方式的详细日志,用于未来的审计和持续改进。

8.2.4　数据变换

8.2.4.1　数据离散化方法

数据离散化是将连续变量的值分布转换成有限数量的离散区间的过程。主要有以下几种变换方法。

等宽法:此方法将属性的值域均匀划分为具有相同宽度的区间。区间的数量可以根据数据的特性确定,或由分析者根据需要设定。这种方法类似于制作频率分布表,其中每个区间都有相同的范围。

等频法:在等频离散化方法中,每个区间包含相同数量的记录。这种方法通过确保每个区间内数据点的数量均等,来实现数据的均匀分布。

基于聚类分析的方法:这种方法包括两个主要步骤。首先,使用聚类算法(例如 K-

Means 算法)对连续属性的值进行聚类;然后,将结果聚类(簇)中的数据点合并,所有属于同一簇的数据点被标记为同一类别。在聚类分析的离散化过程中,需要用户指定簇的数量,这一数量直接影响最终产生的区间数。

举例:

表 8.6 为一组年收入数据,通过上述数据离散化方法,将表内数据离散化为 A,B,C,D。

表 8.6　数据离散化举例

序号	1	2	3	4	5	6	7	8	9	10
年收入(万元)	30	45	22	41	55	48	110	98	38	76

(1)等宽法。

将年收入范围划分为四个等宽区间,最小年收入是 22 万元,最大年收入为 110 万元。区间宽度为(110-22)/4=22 万元。

区间如下:

A:[22,44]

B:(44,66]

C:(66,88]

D:(88,110]

因此序号 1、3、4、9 离散化为 A,序号 2、5、6 离散化为 B,序号 10 离散化为 C,序号 7、8 离散化为 D。

(2)等频法。

将数据点平均分布到四个区间,每个区间包含 10/4=2.5,由于每个区间不能有 2.5 个数据点,必须对数据点进行四舍五入或找到合适的分布方式。但是需要保持尽可能均匀的分布,可以选择有两个区间各包含 3 个数据点,另两个区间各包含 2 个数据点。排序后的年收入数据为:

22;30;38;41;45;48;55;76;98;110。

所以,22,30,38 离散化为 A;41,45,48 离散化为 B;55,76 离散化为 C;98,110。离散化为 D。

(3)基于聚类分析的方法。

假设我们使用 K-Means 聚类算法,指定 4 个簇。假设聚类结果如下:

簇 1:22;30;38;41

簇 2:45;48;55

簇 3:76;98

簇 4:110

所以 22,30,38,41 离散化为 A;45,48,55 离散化为 B;76,98 离散化为 C;110 离散化为 D。

8.2.4.2　数据规范化方法

数据规范化(归一化)是数据挖掘中的基础工作,对于确保数据分析结果的准确性极为重要。在实际的数据集中,不同的评价指标往往具有不同的量纲和数值范围,这些差异如果不经处理,可能会对数据分析造成不利影响。为了消除指标之间的量纲影响和数值范围差异,进行数据规范化处理必不可少。这一处理过程通常涉及按比例缩放数据,使其落入一个特定的区间,如[0,1]或[-1,1],从而便于后续的综合分析。

(1)Min-Max 规范化。

Min-Max 规范化,亦称为离差标准化,通过对原始数据进行线性变换,将数据值映射到[0,1]区间内。其转换公式为:

$$x^* = \frac{x-\min}{\max-\min}$$

其中,max 是样本数据的最大值,min 是样本数据的最小值。这种方法简单且能保留数据中的原始关系,但其缺点在于,若数据集中且存在极端大的数值,则规范化后的值将十分接近 0,并且相互之间差异较小。此外,若后续数据中出现超过当前[min,max]范围的值,需要重新确定这两个参数。

(2)零-均值规范化。

零-均值规范化,也称为标准差标准化,处理后的数据具有 0 的均值和 1 的标准差。其公式为:

$$x^* = \frac{x-\overline{x}}{\sigma}$$

其中 $\overline{x}$ 的平均数为原始数据的均值,σ 为原始数据的标准差。这种方法通过标准化处理,减少了数据中的偏差,使得数据分布更加标准化。

(3)小数定标规范化。

通过移动属性值的小数位数,将属性值映射到[-1,1]之间,移动的小数位数取决于属性值绝对值的最大值。公式如下:

$$x^* = \frac{x}{10^k}$$

k 取决于属性值绝对值的最大值。这种方法直接依据数值的大小调整比例,简单直观。

举例:表 8.7 为 5 名员工的年收入,通过上述三种规范化方法对 5 名员工的年收入进行数据变换。

表 8.7　数据规范化示例

员工 ID	1	2	3	4	5
年收入(万元)	30	45	22	41	55

①Min-Max 规范化。先找到数据中的最大值(55)和最小值(22),然后应用 Min-Max 规范化公式对 5 名员工的年收入进行规范化:

员工 1 的规范化收入:$\frac{30-22}{55-22}\approx 0.242$,员工 2 的规范化收入:$\frac{45-22}{55-22}\approx 0.697$,计算其他员工规范化收入方法类似,规范化后员工的收入见表 8.8。

表 8.8　Min-Max 规范化后员工的收入

员工 ID	1	2	3	4	5
年收入(万元)	0.242	0.697	0	0.576	1

②零-均值规范化。首先计算平均收入和标准差：

平均收入：$\bar{x} = \dfrac{30+45+22+41+55}{5} = 38.6$，

标准差：$\sigma = 12$，

则员工 1 的规范化收入：$\dfrac{30-38.6}{12} \approx -0.717$，员工 2 的规范化收入：$\dfrac{45-38.6}{12} \approx 0.533$，计算其他员工规范化收入方法类似，规范化后员工的收入见表 8.9。

表 8.9 零-均值规范化后员工的收入

员工 ID	1	2	3	4	5
年收入（万元）	−0.717	0.533	−1.383	0.2	1.367

③小数定标规范化。假设最大值 55 决定了 k 的值，我们取 $k=2$（即 $10^2 = 100$）以确保所有值都在 −1 到 1 之间。

根据公式可得员工 1 的规范化收入为 $\dfrac{30}{100} = 0.3$，员工 2 的规范化收入为 $\dfrac{45}{100} = 0.45$，计算其他员工规范化收入方法类似，规范化后员工的收入见表 8.10。

表 8.10 小数定标规范化后员工的收入

员工 ID	1	2	3	4	5
年收入（万元）	0.3	0.45	0.22	0.41	0.55

8.2.5 数据规约

数据分析中使用的数据集往往非常庞大，进行复杂的数据分析和挖掘可能耗时很长。因此，数据规约成为一种有效的策略，通过产生更小但保持原数据完整性的数据集，可以提高数据处理的效率。在这些经过规约的数据集上进行分析和挖掘，不仅可以节省时间，还能保持分析质量。

数据规约指的是在保持数据的原始含义和信息完整性的基础上，通过减少数据量的过程，以提高数据处理速度并减少存储需求。

数据规约的常用方法包括数据抽样和特征降维。

8.2.5.1 数据抽样

数据抽样是一种有效的数据归约技术，它通过使用数据集的一个较小的随机子集（样本）来代表整个大型数据集。假设我们有一个大型数据集 D，包含 N 个元组（数据记录）。以下是一些常用的抽样方法，这些方法可以帮助我们在减少数据量的同时，保持数据集的核心信息：

（1）无放回简单随机抽样。

这种方法从数据集 D 中随机抽取 s 个样本，每次抽取一个样本后就不再将其放回数据集中。这意味着每个样本只能被抽取一次，这样做可以防止某些数据被重复抽取，确保每个样本的独立性。

（2）有放回简单随机抽样。

这种抽样方法与无放回抽样类似，不同之处在于，每次从数据集 D 中抽取一个样本后，该样本会被放回原来的数据集中，这使得它可以在后续的抽取中再次被抽到。这种方法适用于需要重复观察某些样本的情况。

（3）簇抽样。

如果数据集 D 中的元组可以自然地分组成多个簇，那么可以进行簇抽样。在这种方法中，首先将数据集划分为 M 个互不相交的簇，然后从这些簇中随机选择 s 个簇进行抽样，其中 $s < M$。这种方法特别适用于数据具有明显的地理或逻辑分组特征的情况。

（4）分层抽样。

当数据集 D 能够按某种方式被划分为若干个互不相交的层时，可以使用分层抽样。在这种方法中，数据集首先被分成几个层，每个层代表了数据集的一个子集，然后从每一层中独立进行简单随机抽样。这样做可以确保每个层中的特征都能在样本中得到代表，特别是在数据倾斜或某些群体较小的情况下非常有用，例如，可以根据顾客的年龄分层，确保每个年龄组都被平等代表[①]。

8.2.5.2　特征降维

特征降维是一种常用的数据处理技术，它通过减少数据的维数来简化模型建立和分析过程，同时尽可能地保持数据的核心信息。下面介绍几种常见的特征降维方法，这些方法能有效提高数据分析和建模的效率。

（1）主成分分析（PCA）和因子分析（FA）。

主成分分析（PCA）：PCA 是一种通过数学变换将原始数据转换到新的坐标系统的方法，新坐标的基是原始数据集的方差最大的方向。这种方法通过保留最重要的几个成分（即方差最大的方向），来减少整体数据集的复杂度。而因子分析（FA）则寻找多个变量背后的共同因素，这些共同因素称为"因子"。这些因子是不可观测的潜在变量，它们通过线性组合来描述观测到的变量。因子分析通常用于探索数据中的潜在结构。

（2）奇异值分解（SVD）。

奇异值分解是一种将矩阵分解为其构成元素的技术，这些元素包含了矩阵的重要数学属性。虽然 SVD 的计算成本相对较高，且其降维结果的可解释性不如 PCA，但它特别适用于处理稀疏数据集，如在图像压缩和推荐系统中的应用。

（3）聚类。

聚类是一种将数据集中的样本根据相似性分组的方法。通过聚类，相似的数据点被归入同一组，每一组或"簇"可视为一个单独的实体。这样，原始数据集中的多个变量就可以通过较少的"簇"来表示，从而大幅降低数据的维度。

（4）线性组合。

这种方法通过将多个变量结合成单一变量来降低维度。例如，在进行线性回归时，可以根据每个变量对目标变量的贡献权重，将这些变量组合成一个新的变量。这不仅简化了模

① 潘晓，吴雷，王书海.数据分析与应用入门（Python 版）［M］.北京：清华大学出版社，2023：128.

型,还保留了变量的主要信息。

(5)流形学习。

流形学习是一系列先进的技术,用于从复杂的非线性数据结构中提取简化的低维结构。它适用于那些简单的线性方法难以处理的情况,例如当数据在较低维度中呈现复杂的流形结构时。流形学习方法包括局部线性嵌入(LLE)、t-SNE 等,这些方法在 sklearn 等机器学习库中有实现。

8.3　大数据在生物医学中的应用

在生物医学领域,随着高通量数据存储技术的革新、基因组测序成本的显著降低,以及医院信息化和现代数字化研究、诊疗系统的发展,已经催生了海量的生物医学数据。这种数据的爆炸性增长,已经促使研究者和临床医生的思维方式从单纯的数据生产和积累,转变为对数据进行深层次分析和处理。大数据技术在医学研究、疾病诊疗、公共卫生管理和健康危险因素分析等方面发挥了至关重要的作用,生物医学的进步已经与大数据技术的支撑密不可分。

8.3.1　大数据时代的生物信息处理

生物信息学,作为一门交叉学科,融合了数学、信息学、统计学和计算机科学的方法,专注于生物学问题的系统研究。近年来,科技的飞速发展极大地提升了我们获取生物学数据的能力,生物信息学也从后基因组时代过渡到了大数据时代。生物学数据的类型、内容和复杂度的不断增加,迫使生物信息学研究人员必须思考如何有效地整合这些日益增长的数据,以深入研究生命系统的复杂运作机制。

生物信息学的进步与以下两大类数据的积累密切相关:一是传统生物学数据,包括物种基础数据、生理生化数据、性状遗传信息、环境资料等;二是各类组学数据,如基因组学、转录组学、蛋白组学、代谢组学、表观遗传组学、表型组学等。这些数据被系统地存储于各类生物信息学数据库中,为研究者提供了宝贵的信息资源。

目前,已有数以万计的生物信息学数据库,它们针对不同的研究对象和领域方向,整合了丰富的原始数据和第二手数据。国际学术期刊《核酸研究》(*Nucleic Acids Research*)每年出版的数据库专辑对当年发表的有重大影响的生物信息学数据库进行汇编和评述。此外,*Database*、*Bioinformatics* 等专业期刊也定期发表有关生物信息数据库的研究论文。这些经过整理的生物学数据,通常可以通过文献检索和数据库查询的方式进行收集和整合。

生物信息学领域内的主要数据库和工具,如图 8.9 所示,为研究人员提供了强大的数据支持和分析手段,进一步推动了生物医学研究的深入发展。

图 8.9　主要生物信息学数据库、工具

（图片来源：陈铭《大数据时代的整合生物信息学》）

在大数据时代，生物信息学研究人员正面临数据密集型科研的新范式。为了有效应对这一挑战，研究人员需将人工智能等前沿信息技术与传统的计算生物学方法相结合，以支撑科研新范式的实践。这种结合能够高效地解读海量、多维度、多层次的生物医学数据，实现生物医学大数据的汇聚与深入研究。

近年来，人工智能已成为信息科学发展的一个重要方向，其在生物医学大数据特征的数据库构建、算法开发和计算环境搭建中的应用正日益广泛和深入。人工智能技术的融入，不仅能够揭示人类大脑难以分析和理解的数据结构，捕捉生物学特征，还能模拟人类思考的特点，甚至超越传统思考模式。这种类脑方法在生命科学领域的应用，可以更有效地处理生命现象的极端复杂性，使研究更贴近生命的本质。因此，人工智能技术对于生物医学领域的研究具有实现关键性突破、革新研究范式、拓展研究范围以及阐明悬而未决的基本问题的潜力。

目前，人工智能技术已在生物医学研究的多个方向进行了应用和探索，并在复杂研究场景中取得了新的发现。

在分子细胞机理研究方面，深度学习方法的应用建立了高效的分子相互作用预测模型，帮助科学家解读生物过程背后的分子规律。例如，深度学习模型的发展和应用促进了对细胞内基因时空表达、顺式-反式调控、蛋白-蛋白相互作用、蛋白-代谢小分子相互作用以及细胞间通信等生物过程机理的理解。

在生命组学数据分析方面，基于自然语言处理和人工智能逻辑的组学数据分析平台，如DrBioRight，为下一代组学分析提供了新的范式。该平台能够准确识别非专业用户的分析请求，帮助用户理解相关数据和结果，并通过用户反馈不断优化平台性能，同时与智能移动平台和社交媒体的整合增加了分析流程的灵活性。

在生物医学知识图谱的发展方面,监督的深度学习策略和关系抽取模型能够在无需人工标注数据的情况下,应用于生物医学关系抽取,从大量科研文献中挖掘药物、靶点、病毒、副作用等实体间的相互作用规律,构建生物医学实体关系网络,为实验验证提供指导。

在生物模型算法的发展方面,如 SC DEC 算法使用生成对抗网络将单细胞数据映射到低维隐空间,再映射回高维空间,为单细胞数据分析提供了集数据降维、生成与聚类于一体的智能算法。此外,基于卷积神经网络的人工智能模型能够在大量临床影像数据上进行学习训练,辅助临床医生实现高准确率的诊断[1]。

随着生物信息学迈入大数据时代,飞速增长的生物学数据已远远超出了传统生物信息学方法的能力范围,生物组学大数据的数据挖掘与整合分析已成为当前生物信息学研究的新挑战。

8.3.2 基于 K 近邻的蛋白质-靶点预测

K 近邻(KNN)算法是一种基于距离度量的分类算法,同样适用于回归分析。该算法的运作原理简洁而直观:在给定一个训练数据集的情况下,对于一个新的输入项,KNN 算法将计算该新项与训练集中每个样本之间的距离,并识别出距离最近的 K 个样本。随后,依据这 K 个样本的类别,通过投票机制来预测新项的类别,或通过计算这些样本的平均值来预测新项的数值。图 8.10 展示了 KNN 算法的直观示例:假设我们拥有标记为 A 类和 B 类的数据点,并希望确定测试点(以星号表示)的类别。若选择 K 值为 3,考虑 3 个最近的邻点,我们将预测测试点属于 B 类;而若 K 值为 6,则预测结果将倾向于 A 类[2]。

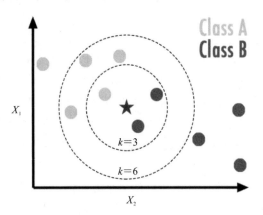

图 8.10 KNN 算法示例图

(图片来源:https://blog.csdn.net/dream_of_grass/article/details/126358577)

基于 K 近邻的蛋白质功能预测是一种生物信息学方法,它的核心思想是,一个未知的蛋白质的功能可以通过分析与其在特征空间中距离最近的 K 个已知蛋白质的功能来预测。

其方法步骤如下：

(1)特征提取。

首先,从蛋白质序列或结构中提取特征。这些特征可以包括氨基酸序列、结构域、亚基、拓扑结构等信息。这些特征可以定量描述蛋白质的特性。

(2)相似性度量。

对于每个待预测的蛋白质,通过计算它与已知功能的蛋白质之间的相似性来确定最近邻。相似性度量可以使用各种方法,如欧氏距离、余弦相似度、汉明距离等。

(3)K 值选择。

确定 K 值,即最近邻居的数目。K 值的选择对模型的性能有很大影响,通常通过交叉验证来确定最优的 K 值。

(4)预测功能。

对于待预测的蛋白质,将其与 K 个最近邻进行比较,并使用多数投票或加权投票等方法来预测其功能。例如,如果大多数最近邻是酶蛋白质,则可以预测待预测蛋白质也是酶蛋白质。

(5)模型评估。

使用适当的评估指标(如准确率、召回率、F_1 分数等)来评估模型的性能。

基于 KNN 的蛋白质-靶点预测方法在药物设计、药物重定位、药物副作用预测等领域具有重要应用。它的优势在于：

(1)简单易懂:算法原理简单,易于理解和实现。

(2)无需训练:作为一种懒惰学习算法,KNN 不需要复杂的训练过程。

(3)适应性强:可以很好地适应数据分布的变化。

然而,这种方法也面临一些挑战和限制：

(1)计算成本:随着数据量的增加,计算距离的复杂度会显著增加。

(2)参数选择:K 值的选择对模型性能有很大影响,需要通过交叉验证等方法来确定。

(3)特征空间:高维特征空间可能导致"维度诅咒",影响预测准确性。

8.4 大数据在电子商务中的应用

在大数据时代,电子商务平台收集了海量的用户行为数据,这些数据包括但不限于用户的搜索历史、购物行为和页面浏览时间。这些数据的有效利用关键在于能够精确地解析和预测用户的需求和偏好。因此,通过分析用户的历史行为来预测并推送可能感兴趣的商品或服务,从而实现个性化的购物体验是电子商务成功的关键。

8.4.1 基于大规模行为数据的用户理解

在大数据时代,电子商务领域正面临前所未有的信息爆炸问题。随着互联网技术的迅速发展,用户在互联网上的活动留下了丰富的数据痕迹,这些数据包括搜索历史、购物行为、页面浏览时间等,构成了庞大的数据集。虽然搜索引擎为用户提供了信息查找的便利,但在用户没有明确购物目标的情况下,单凭搜索引擎往往难以帮助用户有效地筛选和定位感兴趣的商品或服务。面对这种信息过载的情境,推荐系统的应用显得尤为重要,它不仅能提升用户的购物效率,还能显著提高用户满意度。

推荐系统作为大数据技术在电子商务中的一种典型应用,主要功能是分析用户的历史行为数据,以此来预测用户可能感兴趣的商品或服务,并主动将这些信息推送给用户,实现个性化的购物体验。这种系统的优势在于能够根据用户的个人偏好和行为模式,提供定制化的购物建议,从而在海量的商品信息中筛选出最符合用户需求的选项。

为了使推荐结果更加符合用户口味,深入了解用户显得尤为关键。理想情况下,用户可以在注册平台时直接表明他们的喜好,然而这种方法存在几个显著的缺点。首先,目前的自然语言处理技术尚不能完全准确地理解和解析用户描述兴趣的语言,这限制了通过直接询问获取用户偏好的效果。其次,用户的兴趣往往是动态变化的,他们可能不会频繁更新自己的兴趣描述,导致所收集的信息快速过时。最后,很多用户可能并不完全了解自己的真实喜好,或者难以用具体的语言来描述[①]。

因此,推荐系统越来越依赖于通过算法自动挖掘用户的行为数据来识别用户的兴趣和需求。例如,通过分析用户在电商平台上的浏览记录、购买历史以及搜索行为,推荐系统可以构建用户的兴趣模型,并根据这一模型预测用户可能感兴趣的新商品。这种方法的优势在于能够动态地调整和更新用户的兴趣画像,从而提供更精准的推荐。

推荐系统的核心技术之一是协同过滤算法。这种算法通过分析大量用户的行为数据,发现用户之间在商品喜好上的相似模式。例如,如果多个用户经常同时购买某两种商品,系统便可以推断出这两种商品之间可能存在某种关联,将来其他类似用户浏览其中一种商品时,系统就会推荐另一种商品(如图8.11所示)。这种基于用户行为模式的分析不仅增加了销售的机会,还能提升用户的购物满意度。

啤酒和尿布的故事是协同过滤算法中一个著名的例子。这个故事展示了如何通过分析表面上不相关的商品组合来发现潜在的用户购买模式。在这个例子中,一家超市发现许多年轻父亲在购买尿布时也会顺便购买啤酒。这种看似偶然的组合实际上反映了特定用户群的生活方式和购买行为。超市通过将啤酒和尿布放置在一起,成功地增加了这两种商品的销售量。

通过不断地分析和学习用户的行为数据,推荐系统能够不断优化算法,更精确地预测用户的需求,从而实现真正意义上的个性化服务。这不仅使用户能够在信息海洋中,更快地找到他们真正需要的商品,也极大地提升了购物的便捷性和效率。随着技术的进步和数据分析能力的增强,推荐系统将在电子商务领域扮演越来越重要的角色,成为连接用户和商品的桥梁,不断推动电子商务向更高水平发展。

---

① 项亮.推荐系统实践[M].北京:人民邮电出版社,2012:52-53.

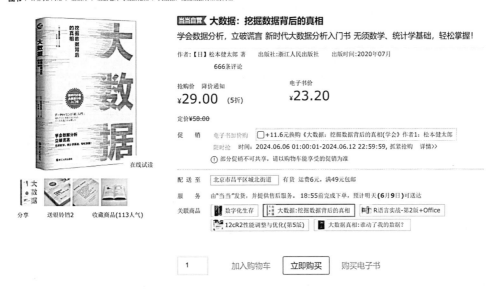

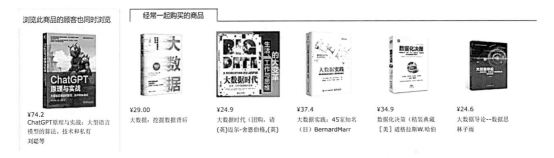

图 8.11　协同过滤算法的运用

（图片来源：当当网 http://www.dangdang.com/）

8.4.2　基于因子分解机的推荐算法

因子分解机（factorization machines，FM）是由 Steffen Rendle 在 2010 年提出的一种高效的因子分解模型，旨在解决传统因子分解模型的限制。传统因子模型每遇到新问题，都需要在矩阵分解的基础上建立一个新模型，推导出新的参数学习算法，并在学习参数过程中调节各种参数，不仅耗时且容易出错，难以结合特征工程来提高学习性能。相比之下，因子分解机通过特征向量模拟因子分解，并能够模拟不同特征间的交互作用，从而提高预测精度和操作的便捷性。FM 的设计理念是结合特征工程的通用性与因子分解的强大建模能力，使得模型不仅易用而且高效，借助 libFM 这类开源工具，FM 可以快速实施，成为一种类似支持向量机的简单、高效的学习工具。

在推荐系统中，进行点击率预估的一个基本方法是使用逻辑回归（LR）。这种方法涉及将特征线性组合并通过 sigmoid 函数转换以输出一个概率值。虽然 sigmoid 函数是单调递增的(保证了输入的线性关系在输出中得以保持),但这种方法本质上仍是一个线性模型。逻辑回归的一个主要局限在于它处理特征时,假设各特征间相互独立,不涉及特征之间的交互作用。这种忽视特征间相互关系的做法限制了模型的效果,通常导致在复杂的推荐任务中表现不佳,甚至可能出现错误结论。下面通过一个例子进一步说明。

表 8.11 和表 8.12 为某购物平台中男性和女性用户点击商品的数据。

表 8.11 男性用户

商品	点击(次)	曝光(次)	点击率
商品 A	20	800	2.5%
商品 B	70	1600	4.38%

表 8.12 女性用户

商品	点击(次)	曝光(次)	点击率
商品 A	230	2700	8.52%
商品 B	110	1200	9.17%

从以上数据可以看出,无论男性还是女性用户,对商品 B 的点击率都高于商品 A,显然推荐系统应该优先考虑向用户推荐商品 B。但是如果忽略性别这个维度,将数据汇总,如表 8.13 所示。

表 8.13 数据汇总

商品	点击(次)	曝光(次)	点击率
商品 A	250	3500	7.14%
商品 B	180	2800	6.43%

在汇总结果中,商品 A 的点击率会比商品 B 高,如果根据此数据进行推荐,会得出与之前的结果完全相反的结论。这是因为分组实验相当于使用"性别"+"商品 id"的组合特征计算点击率,而汇总实验则使用"商品 id"这一单一特征计算点击率。逻辑回归只对单一特征做简单加权,不具备特征交叉生成高维组合特征的能力,因此表达能力很弱[1]。

针对逻辑回归模型的局限性,最直接的解决方法是考虑引入所有可能的二阶交叉项,使其具备特征交叉的能力。也即将目标函数由原来的

$$y = w_0 + \sum_{i=1}^{n} w_i x_i$$

变为

$$y = w_0 + \sum_{i=1}^{n} w_i x_i + \sum_{i=1}^{n-1} \sum_{i+1}^{n} w_{ij} x_i x_j$$

但是该式中,只有当 x_i 与 x_j 均不为 0 时,式中的二阶交叉项才会生效。为了解决这个问题,因子分解机(FM)使用如下优化函数:

---

[1] 王喆.深度学习推荐系统[M].北京:电子工业出版社,2020:33-37.

$$y = w_0 + \sum_{i=1}^{n} w_i x_i + \sum_{i=1}^{n} \sum_{i+1}^{n} <v_i, v_j> x_i x_j$$

这里针对每个维度的特征分量 x_i 引入辅助向量：

$$v_i = (v_{i1}, v_{i2}, \cdots, v_{ik})^{\mathrm{T}}, i = 1, 2, \cdots, n$$

其中 $k \in \mathbf{N}^+$ 为超参数。

可以看到，FM 模型做出的唯一改动就是把 w_{ij} 替换为了 $<v_i, v_j>$。将每个交叉项系数 w_{ij} 用隐向量的内积 $<v_i, v_j>$ 表示，这是 FM 模型的核心思想。具体地说，FM 为每个特征学习了一个隐权重向量，在特征交叉时，使用两个特征隐向量的内积作为交叉特征的权重。这样做之后，交叉项的参数由原来的 $\dfrac{n(n-1)}{2}$ 降低为 nk 个，远少于二阶多项式模型中的参数数量。原来的函数中，对于任意两个二阶交叉项，$w_{ih} x_i x_h$ 和 $w_{ij} x_i x_j$，$j \neq h$，其参数 w_{ih}, w_{ij} 是相互独立的，而参数因子化后其参数不再相互独立，涉及共享项 v_i。

8.5　小结

本章系统地介绍了大数据的基本概念、系统架构、面临的挑战、数据获取与处理方法，以及在生物医学和电子商务领域的应用。通过对大数据的全面剖析，我们不仅理解了其在现代科技中的核心地位，还学习了如何有效利用大数据技术解决实际问题。

我们首先定义了大数据的概念，包括其"4V"特征：数据量大（volume）、数据类型多（variety）、产生和处理速度快（velocity）和价值密度低（value）。接着，我们介绍了大数据系统中的几种关键技术，包括 NoSQL 数据库、分布式计算、Hadoop 框架和云计算。最后，我们讨论了大数据带来的挑战，如数据的异构性和不完备性、数据处理的时效性、数据的隐私保护和大数据分析的人为参与。

在数据获取与处理部分，我们详细讨论了数据挖掘的各个阶段。从数据获取的策略和工具，到数据清洗、集成、变换和规约的技术，每一步骤都是确保数据质量和可用性的关键。

我们还深入探讨了大数据在生物医学和电子商务两个领域的应用。在生物医学领域，我们讨论了如何利用大数据技术处理和分析生物信息数据，并具体介绍了如何使用 K 近邻算法来预测蛋白质的功能。在电子商务领域，我们分析了如何基于用户的行为数据来深入理解用户需求，并介绍了基于因子分解机的推荐算法，这是一种有效的个性化推荐方法，能够根据用户的历史行为和偏好来推荐商品或服务。

大数据技术正迅速改变着我们的世界，它不仅为我们提供了前所未有的数据处理能力，也带来了新的机遇和挑战。通过本章的学习，我们认识到了大数据挖掘的重要性，并掌握了一些关键的应用技术。随着技术的不断进步，我们期待大数据在未来能够解决更多的问题，为社会带来更多的价值。

8.6 思考题

（1）在大数据时代，个人隐私和数据安全面临哪些新的挑战？我们应该如何平衡数据利用与个人隐私保护之间的关系？

（2）大数据挖掘在商业上的应用已经日益普遍，但是否存在一种情况，即数据分析结果被滥用或误解，导致了错误的商业决策？如何预防这种情况的发生？

（3）大数据挖掘技术的发展给社会带来了哪些伦理和道德挑战？例如，数据偏见、算法歧视等问题如何解决？

（4）社交媒体和在线平台产生的大数据如何影响社会互动和公众意见的形成？这种影响是正面的还是负面的？

（5）结合大数据和人工智能技术，可以如何推动医疗健康领域的进步？你认为这种技术融合将带来哪些新的伦理和实践问题？

第9章 ▶▶▶ 生成式人工智能

想象一下，如果你的电脑能够像人类一样理解语言，甚至创作诗歌和编写程序代码，这将是一件多么令人兴奋的事情！在人工智能的众多分支中，自然语言处理被称为"人工智能皇冠上的明珠"，它可以让机器处理文本数据、理解文字，甚至能够用自然语言与人类进行交流。近些年，以 ChatGPT 为代表的大规模语言模型（large language models，LLMs）的诞生掀起了一场生成式人工智能（generative artificial intelligence）技术浪潮。它们不再是冰冷的算法，而是赋予了机器以语言智能的魔法。大规模语言模型通过处理和学习海量的文本数据，理解了文字背后的语法逻辑规则，掌握了现实社会世界的事实信息，并在多种语言任务上展现出惊人的能力。从机器翻译到情感分析，从文本摘要到创意写作，大规模语言模型正在重塑人类与机器的交流方式。

　　本章将带您了解大规模语言模型和生成式人工智能的发展背景、基本概念、模型架构、构建流程以及在自然科学等领域中的应用。同时，本章还将探讨生成式人工智能目前尚未解决的问题以及未来的发展方向。

学习目标

(1)理解生成式人工智能的发展背景和基本概念。

(2)掌握生成式人工智能的模型架构和构建流程。

(3)了解生成式人工智能在自然科学中的具体应用。

(4)了解生成式人工智能的局限性和未来的发展趋势。

(5)思考生成式人工智能对社会以及各行各业的影响。

9.1　生成式人工智能概述

生成式人工智能的核心是创造出新的数据实例,这些实例在结构和内容上与训练数据相似,但又具有独特性。因此,生成式人工智能以其独特的创造力和广泛的应用前景而备受关注。

9.1.1　发展背景

大规模语言模型诞生至今,虽然时间不长,但其发展速度令人瞩目。截至 2024 年 4 月,国内外已经发布了超过百余款大模型。大规模语言模型的发展可以划分为三个阶段:基础模型阶段、能力探索阶段和突破发展阶段[①]。每个阶段都标志着模型参数量和能力的显著提升,反映出该领域的快速进步。

9.1.1.1　基础模型阶段

这一阶段以 2017 年 Vaswani 等人提出的 Transformer[②] 架构为起点,它在机器翻译任务上取得了显著进展。2018 年,Google 的 BERT[③] 和 OpenAI 的 GPT-1[④] 相继问世,开启了预训练语言模型的新纪元。BERT-Base 和 GPT-1 的参数量分别达到了 1.1 亿和 1.17

---

① 张奇,桂韬,郑锐,等.大规模语言模型:从理论到实践[M].北京:电子工业出版社,2024.

② Vaswani A,Shazeer N,Parmar N,et al.Attention is all you need[C].Advances in neural information processing systems,2017:5998-6008.

③ Devlin J,Chang M W,Lee K,et al.Bert:Pre-training of deep bidirectional transformers for language understanding[C].Proceedings of the 2019 Conference of the North American Chapter of the Association for Computational Linguistics:Human Language Technologies,Volume 1 (Long and Short Papers).2019:4171-4186.

④ Radford A,Narasimhan K,Salimans T,et al.Improving language understanding by generative pre-training[J].2018.

亿,而 BERT-Large 更是达到了 3.4 亿。2019 年,OpenAI 发布了参数量达 15 亿的 GPT-2[①],同年 Google 推出了 110 亿参数的 T5[②] 模型。到了 2020 年,OpenAI 的 GPT-3 以 1750 亿参数量再次刷新了纪录。国内也涌现了诸如清华大学的 ERNIE[③] 和华为的盘古-α[④] 等模型。这个阶段的研究主要集中在模型结构上进行探索,例如使用仅编码器、编码器—解码器、仅解码器等架构搭建模型,并采用针对不同任务的预训练微调范式。

9.1.1.2　能力探索阶段

面对大规模语言模型的参数量庞大、难以针对特定任务微调的挑战,研究人员开始探索如何更有效地利用模型的生成能力[⑤]。2019 年,基于 GPT-2 的研究表明,即使是在零样本(zero shot)的情况下,大规模语言模型也能处理多种任务。2020 年,OpenAI 推出了具有里程碑意义的 GPT-3(generative pre-trained transformer 3),这是一个由 1750 亿参数构成的神经网络模型。GPT-3 的发布标志着大规模语言模型新时代的开启,它不仅在技术上取得了突破,也为自然语言处理领域带来了新的可能性。然而,由于模型的参数量极为庞大,若要在各种不同任务上进行微调,所需的计算资源将会非常巨大。因此,传统的预训练微调的训练范式对于大规模语言模型而言变得不太适用。研究人员开始探索新的训练策略,例如通过语境学习(in context learning,ICL)和提示学习(prompt learning)等技术,无需调整模型的参数,只需将任务相关的少量标注实例输入到模型,就可以使得模型能够理解任务并生成正确的答案。这种方法在多个评测集合上展现了强大的能力,有时甚至超过了传统的有监督学习方法。为了进一步提升模型性能,研究人员提出了指令微调[⑥](instruction tuning)方案,将多种任务统一处理为生成式自然语言理解框架,并进行指令微调。2022 年,研究人员提出 InstructGPT 算法,该方法结合了有监督微调和强化学习方法,进一步提升了模型遵循人类指令的能力[⑦]。这些方法在直接利用大规模语言模型进行零样本和少样本(few shot)学习的基础上,逐渐扩展为利用生成式框架针对自然语言处理任务进行有监督微调的方法,有效利用了模型的生成能力,提升了模型在多任务上的泛化性能。

9.1.1.3　突破发展阶段

这个阶段以 ChatGPT 的发布作为里程碑事件和标志。它通过一个简单的对话框,展

①　Brown T,Mann B,Ryder N,et al.Language models are few-shot learners[J].Advances in neural information processing systems.2020,33:1877-1901.

②　Raffel C,Shazeer N,Roberts A,et al.Exploring the limits of transfer learning with a unified text-to-text transformer[J].The Journal of Machine Learning Research,2020,21(1):5485-5551.

③　Zhang Z,Han X,Liu Z,et al.Ernie:Enhanced language representation with informative entities[C].Proceedings of the 57th Annual Meeting of the Association for Computational Linguistics.2019:1441-1451.

④　Zeng W,Ren X,Su T,et al.Pangu-α:Large-scale autoregressive pretrained chinese language models with auto-parallel computation[J].arXiv preprint arXiv:2104.12369,2021.

⑤　张奇,桂韬,郑锐,等.大规模语言模型:从理论到实践[M].北京:电子工业出版社,2024.

⑥　Chung H W,Hou L,Longpre S,et al.Scaling instruction-finetuned language models[J].arXiv preprint arXiv:2210.11416,2022.

⑦　Ouyang L,Wu J,Jiang X,et al.Training language models to follow instructions with human feedback[J].Advances in neural information processing systems,2022,35:27730-27744.

示了大规模语言模型在问题回答、文稿撰写、代码生成、数学解题等方面的强大能力。2023年3月，OpenAI发布了改进后的GPT-4，它从处理文本数据的单模态模型升级为可以处理文本和图像的多模态大规模语言模型，在语言理解、逻辑推理和问题回答等方面带来了更明显的进步，甚至在多种基准考试中超过了人类应试者，展现出接近"通用人工智能（artificial general intelligence，AGI）"的能力。与此同时，各大公司和研究机构看到生成式人工智能的发展前景，纷纷加入该技术浪潮并相继推出了自己的系统，例如Google的Bard、百度的文心一言、科大讯飞的星火大模型、智谱清言的ChatGLM和月之暗面的Kimi智能助手等。从2022年开始，大规模语言模型的发展呈现出爆发式增长，不同类型的大模型纷纷问世，标志着自然语言处理技术的新时代和生成式人工智能的新训练范式已经到来。

9.1.2　定义与分类

生成式人工智能是利用复杂的算法、模型和规则，从大规模数据集中自动学习，以创造新的原创内容的人工智能技术。这项技术能够生成文本、图片、声音、视频和代码等多种类型的内容，全面超越了传统软件的数据处理和分析能力。

2022年，OpenAI推出的ChatGPT标志着这一技术在文本生成领域取得了显著进展，同年，OpenAI推出基于Transformer的图像生成模型DALL-E[①]。2023年，许多科技公司和研究机构从面向文本数据的单模态大模型转向可以同时处理文本和图像等多模态大模型。因此，2023年被称为生成式人工智能的突破之年。生成式人工智能按照不同的数据类型可以分为面向文本、图像或语音的生成式人工智能模型，随着技术的发展，这些生成式人工智能模型不仅仅处理单一模态的数据，它们正在从单一的语言生成逐步向多模态、具身智能快速发展。

在图像生成领域，DALL-E系列的生成式人工智能模型在生成图像方面取得了显著的进步。DALL-E是基于变分自编码器（Variational Auto-Encoders，VAE）和Transformer架构的生成模型。首先使用一个VAE将图像编码为离散的潜在表示，然后使用一个大型Transformer模型学习从自然语言描述到这些离散潜在表示的映射。DALL-E可以根据给定的文本输入提示，生成与文本描述相匹配的图像，它通过Transformer模型按顺序生成图像中的每个像素，然后由VAE解码以获得完整的输出图像。DALL-E能够生成高分辨率、逼真的图像，并且可以处理和理解复杂的文本描述进行创建图像，图9.1展示了由文本生成对应图像的两个示例。同时，生成式人工智能在语音领域也在快速发展。Whisper是一个端到端的语音识别系统，它采用基于Transformer的Encoder-Decoder结构，支持多语种识别和多种任务，如语音识别、语音活性检测、声纹识别和语音翻译等[②]。同时支持多达99种语言的识别，包括中文，并且通过大量数据训练，展现了高鲁棒性和准确率。它的多任务能力使得其在语音处理领域具有广泛的应用潜力。

① Ramesh A，Pavlov M，Goh G，et al.Zero-shot text-to-image generation[C].International conference on machine learning.Pmlr，2021：8821-8831.

② Radford A，Kim J W，Xu T，et al.Robust speech recognition via large-scale weak supervision[C].International Conference on Machine Learning.PMLR，2023：28492-28518.

图 9.1　DALL-E 文本生成图像模型示例图像

（图片来源：https://openai.com/dall-e-2）

9.2　生成式人工智能模型的构建流程

语言模型的任务是捕捉和模拟自然语言中的各种概率关系。研究者们已经从多个维度对语言模型进行了深入研究，包括基于统计的 n 元语言模型（n-gram language models）、利用神经网络的神经语言模型（neural language models，NLM），以及通过大量数据训练得到的预训练语言模型（pre-trained language models，PLM）等。这些模型在不同发展阶段都极大地推动了自然语言处理的进步。随着基于 Transformer 架构的语言模型不断涌现，以及预训练微调的方法在各种 NLP 任务中取得显著成果，大规模语言模型的研究开始受到更多关注。特别是自 2021 年 OpenAI 推出 ChatGPT 以来，这一领域的研究更是取得了飞速发展。尽管这些大规模语言模型拥有海量的参数，能够完成众多复杂的任务，但它们的任务目标依然是对自然语言的概率分布进行精确建模。

OpenAI 联合创始人 Andrej Karpathy 在微软 Build 2023 大会上展示了构建大规模语言模型的流程，该流程大致可分为四个关键阶段：预训练、有监督微调、奖励建模和强化学习。每个阶段都需要不同规模的数据集和算法，产生不同类型的模型，并且对资源的需求也有很大差异。构建流程如图 9.2 所示。

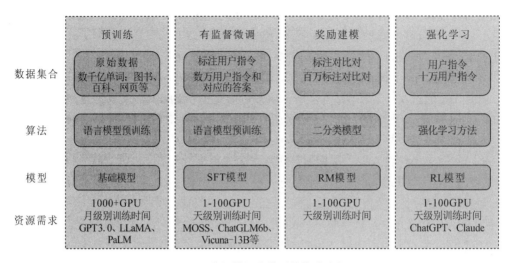

图 9.2　大规模语言模型的构建流程

（图片来源：张奇，桂韬，郑锐，黄萱菁《大规模语言模型：从理论到实践》）

在预训练阶段，模型需要使用大量的无标注数据，如互联网网页、维基百科、书籍、GitHub 代码库、学术论文和问答网站等，来构建一个包含数千亿甚至数万亿单词的多样化语料库。这一阶段通常需要使用由数千块高性能 GPU 和高速网络组成的超级计算机，花费数十天时间来训练深度神经网络的参数，从而构建基础语言模型[①]。这个基础模型不仅能够生成文本，还能根据输入的提示词补全句子。一些研究者认为，在这个过程中，模型也隐含地学习到了包括事实性知识和常识知识在内的世界知识。

以 GPT-3 为例，其一次训练所需的计算量极为庞大。如果使用 NVIDIA A100 80G GPU 并假设平均利用率为 50%，那么需要近一个月的时间和 1000 块 GPU 来完成训练。同样参数量为 1750 亿的 OPT 模型使用了 992 块 NVIDIA A100 80G GPU，训练时间接近 2 个月。而 BLOOM 模型，参数量也是 1750 亿，其训练耗时 3.5 个月，使用了 384 块 NVIDIA A100 80G GPU 的集群[②]。显而易见，大规模语言模型的训练不仅需要巨大的计算资源，还需要大量的时间。其他如 LLaMA 系列、Falcon 系列、百川（Baichuan）系列等模型也经历了这一阶段的训练。由于训练过程中计算资源消耗巨大，且容易受到超参数的影响，如何提高分布式计算的效率并确保模型稳定收敛，是训练基础模型和该研究方向的重点。

有监督微调，也被称作指令微调，是大规模语言模型构建流程中的一个关键步骤。这一阶段使用相对较少的高质量数据，这些数据包括用户的输入提示词和期望的输出结果。用户输入可以是问题、闲聊对话、任务指令等多种形式。通过这些有监督数据，研究人员使用与预训练阶段相同的算法对基础语言模型进行进一步训练，从而获得一个有监督微调模型（SFT 模型）。SFT 模型经过训练后，能够理解指令和上下文，执行如开放领域问答、阅读理解、翻译、代码生成等任务，并具备一定的泛化能力，以应对未知任务。与预训练阶段相比，有监督微调所需的训练数据量较小，因此训练过程的计算成本也相对较低。根据不同模型

[①]　张奇，桂韬，郑锐，等.大规模语言模型：从理论到实践[M].北京：电子工业出版社，2024.

[②]　张奇，桂韬，郑锐，等.大规模语言模型：从理论到实践[M].北京：电子工业出版社，2024.

的大小和训练数据量,通常需要数十块 GPU,训练时间从几天到一周不等。SFT 模型训练完成后,它们可以被部署供用户使用,许多类似于 ChatGPT 的模型,如 Alpaca[①]、Vicuna[②]、MOSS、ChatGLM-6B、LlaMA3-7B 等,都属于这一类。这些开源模型在某些情况下的表现非常出色,甚至在一些评估中超过了 ChatGPT3.5。

研究人员通过实验发现,有监督微调阶段的数据选择对 SFT 模型的性能有着显著影响[③]。因此,如何精心挑选少量但高质量的训练数据,是构建 SFT 模型的关键,同时,这对于提升模型的最终效果也十分重要。

奖励建模阶段旨在开发一个能够评估文本质量的对比模型,即奖励模型(reward model)。这个模型通过比较 SFT 模型针对同一提示词生成的多个不同输出,来对它们生成的文本质量进行排序。不同于基础语言模型和 SFT 模型,RM 模型本身并不直接提供给用户使用,而是作为后续强化学习阶段的一个关键工具。RM 模型的训练通常需要大规模的标注数据,这些数据需要对成对的输出结果进行不同等级的标注。为了达到高准确率,RM 模型的训练需要百万量级的对比数据标注,而这些标注工作往往耗时且复杂。此外,保持众包标注人员之间的一致性,以及 RM 模型的泛化能力,是奖励建模阶段需要重点解决的关键问题。

大规模语言模型构建流程的最后一步是强化学习(reinforcement learning,RL)阶段,这一阶段利用数十万用户的提示词,结合上一阶段训练的 RM 模型,对 SFT 模型生成的文本补全结果进行质量评估。通过强化学习,可以在 SFT 模型的基础上进一步调整参数,以生成更高质量的文本。尽管强化学习阶段使用的提示词数量与有监督微调阶段相似,但它不需要人工提前给出每个提示词的理想回复。研究人员比较了强化学习和有监督微调的效果,在模型参数量相同的情况下,强化学习能够进一步提升模型的性能,获得更好的文本生成结果[④]。然而,为什么强化学习能够获得更好的效果,目前还没有完整且得到普遍共识的解释。同时,强化学习也存在一些问题,例如为了使模型生成的结果与人类偏好接近,它可能会减少模型输出的多样性。此外,强化学习方法的稳定性不高,超参数众多,模型收敛难度大,再加上 RM 模型的准确率问题,使得在大规模语言模型中有效应用强化学习面临挑战。

最终,经过强化学习将模型与人类价值观进行对齐,训练完成后的模型此时将成为提供给用户使用、能够理解用户指令和上下文的类 ChatGPT 系统。尽管强化学习优化模型存在挑战,但强化学习仍然是提升模型性能的重要手段。

① Taori R,Gulrajani I,Zhang T,et al.Stanford alpaca:An instruction-following llama model[J].2023.

② Chiang W L,Li Z,Lin Z,et al.Vicuna:An open-source chatbot impressing gpt-4 with 90% * chatgpt quality[EB/OL].(2023-03-20)[2024-05-10].https://vicuna.lmsys.org.

③ Zhou C,Liu P,Xu P,et al.Lima:Less is more for alignment[J].arXiv preprint arXiv:2305.11206,2023.

④ Ouyang L,Wu J,Jiang X,et al.Training language models to follow instructions with human feedback[J].Advances in neural information processing systems,2022,35:27730-27744.

9.3 生成式人工智能在自然科学中的应用

9.3.1 多模态

生成式人工智能在各个领域和不同数据间蓬勃发展,除了针对文本、图像和语音的单模态生成式人工智能模型,还有一些同时处理文本和图像数据的多模态模型也在快速发展。

Suno 是一个音乐生成模型,它可以根据简单的提示词生成带有歌词和节拍的完整音乐。它通过学习大量的音乐作品来生成新的音乐片段或完整的曲目,支持用户自定义音乐的各个部分,如主歌和副歌等。Suno 的出现大大简化了音乐创作过程,使得没有专业音乐背景的用户也能快速创作音乐。它支持多种语言和音乐风格,提供了丰富的自定义选项,使得生成的音乐具有多样性和个性化。图 9.3 为 Suno 文本生成音乐应用界面。

图 9.3 Suno 文本生成音乐应用界面

(图片来源:https://suno.cn/)

Sora 是 OpenAI 推出的视频生成模型,它能够根据文本提示或现有的视频内容生成新的视频片段(图 9.4)。它结合了图像和视频处理技术,通过理解视频的动态变化和内容来生成连贯且具有吸引力的视频内容。Sora 展现了在视频内容创作方面的潜力,为用户提供了一种新的视频创作方式,使得一些想法和创意可以快速得到实现和展示。

图 9.4　Sora 文本生成视频示例

（图片来源：https://openai.com/sora）

9.3.2　智能体

　　生成式人工智能作为人工智能领域的一项突破性技术，除了日益强大的语言理解和多任务处理能力，正逐渐扩展到现实的物理世界中。生成式人工智能已逐渐成为推动智能体（Agent）发展的核心动力。智能体作为能够执行特定任务的自主实体，因为生成式 AI 的融入，它们与人类交互的自然性和效率得到显著提升。从个性化推荐系统到虚拟助理，再到自动化内容创作，智能体的自主性和适应性不断增强，为用户带来了更加丰富和个性化的体验。

　　"天工"机器人是由北京人形机器人创新中心自主研发的通用人形机器人母平台（图9.5）。它身高 163 厘米，体重 43 千克，配备有多个视觉感知传感器、每秒具备执行 550 万亿次操作的高算力、高精度的惯性测量单元（IMU）、3D 视觉传感器，以及高精度六维力传感器，为机器人提供精确的力量反馈①。这些特性使"天工"在运动控制方面表现出色，能够实现每小时 6 公里的稳定奔跑，并在盲视情况下平稳通过斜坡和楼梯，对磕绊、踏空等情况可以敏捷调整步态。

　　"天工"采用了独立自主研发的"基于状态记忆的预测型强化模仿学习"方法，这一技术突破性解决了强化学习中的定位精度问题和模型预测控制方法在非结构化环境中的适应性问题，实现了更稳健、更拟人化、更泛化的效果。此外，"天工"具备开源开放性和兼容扩展性，能够开放调用通信接口，灵活扩展软硬件功能模块，以满足不同应用场景的需求。

---

　　①　许梦哲，张春玲.全球首个！人形机器人"天工"以 6 公里时速奔向你［EB/OL］.（2024-04-27）［2024-07-24］.https://news.cnr.cn/native/gd/20240427/t20240427_526683699.shtml.

图 9.5 "天工"人形机器人平台

（图片来源：https://www.ithome.com/0/764/621.htm）

生成式人工智能在智能体领域展现出巨大的发展前景，在未来，相信会有越来越多的智能体机器人推出并得到应用，企业和研究机构也将共同探索"通用具身智能平台"，并基于"天工"平台构建人形机器人规模最大、信息最稠密、最通用的高质量具身智能数据集。通过平台与大模型的结合，智能体旨在实现长行程任务的规划能力及多场景、复杂任务的泛化能力。

9.3.3　生物医学

生成式人工智能在生物医学领域的应用正日益兴起，展现出其在医疗数据处理、疾病诊断、药物设计等多个方面的潜力。这种技术通过模拟和学习大量生物医学文本数据和诊疗记录，掌握特定疾病的发展规律和患者就医需求，可以为医疗人员提供强有力的辅助。在医学影像领域，生成式人工智能可以增强图像质量，将低分辨率的扫描图像转化为高分辨率图像，辅助医生进行更精确的疾病诊断。此外，它还利用患者数据检测和诊断疾病，如皮肤癌或阿尔茨海默病，通过分析医学影像和临床记录，辅助医生进行诊断，为医生提供更全面的疾病分析，减轻医生工作负担。此外，生成式人工智能在临床试验设计、个性化医疗方案的制定以及患者健康管理等方面也显示出巨大潜力。它具备快速处理和分析大量的非结构化医疗数据的能力，如临床笔记、病历和录音，为医疗机构和医生提供高效便捷的工具，提高医生的工作效率和医疗机构的生产力。

2023 年 9 月，百度正式发布国内首个"产业级"医疗大模型——灵医大模型（图 9.6）。该大模型聚焦智能健康管家、智能医生助手、智能企业服务三大方向，为患者、医院、企业等提供 AI 原生应用。灵医大模型能够结合自由文本秒级生成结构化病历，根据医患对话精准分析生成主诉、现病史等内容。在辅助诊疗方面，灵医大模型可实现通过多轮对话了解病人病情，实时辅助医生确诊疾病，推荐治疗方案，提升就诊全流程的效率和体验，并成为患者的 24 小时"健康管家",提供智能客服服务。此外,灵医大模型还能为药企提供多项赋能,包括专业培训、医药信息支持等[①]。

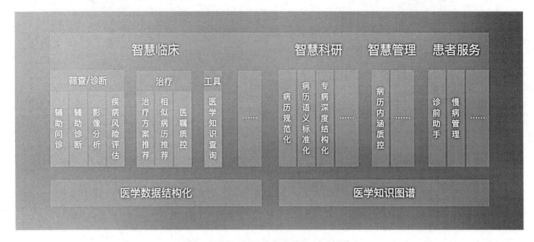

图 9.6 灵医大模型智惠技术平台

(图片来源:https://01.baidu.com/)

9.4 生成式人工智能的局限与未来

9.4.1 目前的局限

生成式人工智能虽然在多个领域和多类型数据间展现出巨大的潜力,但仍面临一系列挑战和局限:

(1)数据偏见问题。

生成式人工智能模型的性能在很大程度上依赖于训练数据的质量和多样性。如果训练数据中存在偏见,模型可能会学习并放大这些偏见,导致生成的内容不公平或不符合社会公德。此外,生成式人工智能模型在处理复杂任务时可能会产生"幻觉"现象,即一本正经地胡说八道,生成与输入文本不相关的内容。

(2)版权和法律问题。

生成式人工智能模型在训练阶段可能涉及受版权保护的数据,若未经授权,可能引发侵权纠纷。此外,生成内容的版权归属尚未明确,需要法律界和工业界共同探索解决方案。同时,模型可能无意中泄露用于训练的敏感数据,因此,如何有效地保护个人和企业的隐私数据也是亟须解决的问题。

---

① 国内首个"产业级"医疗大模型发布,百度灵医智惠破局 [EB/OL].(2023-09-21)[2024-06-15].https://new.qq.com/rain/a/20230921A05SC800.

（3）伦理和社会责任问题。

生成式人工智能引发的人类主体性危机需要在模型中加入伦理先行、透明公正等的基本理念，确保模型不会生成与人类价值观不符或对社会有危害的内容。企业在应用生成式人工智能时，也需要全面考虑其对社会的影响，确保不会造成传播错误信息和社会伦理问题。

（4）技术发展和应用的不平衡问题。

尽管生成式人工智能在通用领域取得了突破，但在金融、医疗等专业领域的表现仍有待提高，这一方面是生成式人工智能技术在不同行业的发展和应用水平不均衡导致，另一方面也与相关领域数据的难获取和封闭性等特点有关。

9.4.2　未来发展

随着生成式人工智能技术的不断进步和应用领域的迅速扩展，未来的技术发展蓝图正逐渐清晰。在这一变革性技术的推动下，可以预见它将重新塑造各行各业的发展面貌，并带来一系列新兴趋势和创新方向，同时，也会对社会产生深远影响。

检索增强生成[①]（retrieval augmented generation，RAG）和混合专家[②]（mixture of experts，MoE）技术是目前生成式人工智能的研究热点，也是未来发展的关键技术之一。检索增强生成技术的未来发展将更加注重垂直优化和多模态拓展。垂直优化将针对 RAG 当前面临的挑战进行深入研究，特别是如何提升长文本处理能力和改进窗口限制问题，以适应不断增长的上下文需求。此外，RAG 技术的多模态拓展将是一个重要方向，它将不仅限于文本，还将拓展到图片、音频、视频等其他模态的数据，实现更广泛的应用场景和更丰富的交互体验。混合专家模型作为人工智能领域的前沿技术，其未来展望将集中在规模扩展、性能提升和可扩展性增强。随着硬件技术的进步，MoE 模型将能够处理更大规模的数据集，同时保持高效的训练和推理速度。此外，MoE 模型的多模态结合能力将使其在自然语言处理、图像识别、语音识别等多个领域发挥更大的作用，形成更加全面和智能的模型。在技术创新方面，门控网络的设计优化、专家模型的选择策略以及 MoE 方法在复杂任务上的应用将是未来研究的重点。同时，MoE 模型在实际应用中面临的挑战，如计算资源的高需求、模型的复杂性以及安全性问题，也将推动基础建设的进一步创新和优化，以实现更广泛的应用和更绿色的发展。

在未来，生成式人工智能研究不仅探索多模态模型，集成文本、图像和音频等不同形式的数据。同时将开发更小、更高效的模型以减少资源需求，优化性能。使得大规模语言模型等生成式人工智能不应只存在于昂贵的服务器中，而是受惠于每个公民，让每个人都可以感受到技术发展带来的便利。同时，生成式人工智能的研究将更加重视道德伦理、隐私保护和社会责任，避免潜在的安全威胁和隐私泄露。企业组织和政府机构也将提高生成式人工智能的透明度，包括模型的可解释性和数据集的透明度。

---

① Lewis P，Perez E，Piktus A，et al.Retrieval-augmented generation for knowledge-intensive nlp tasks[J].Advances in Neural Information Processing Systems，2020，33：9459-9474.

② Masoudnia S，Ebrahimpour R.Mixture of experts：a literature survey[J].Artificial Intelligence Review，2014，42：275-293.

9.5　小结

　　本章深入探讨了生成式人工智能的革命性进展,从发展背景、基本概念、模型架构、构建流程和在自然科学中的应用,以及目前的局限和未来发展方向对生成式人工智能进行了全面详细的介绍。

　　生成式人工智能的核心在于创造新的数据实例,这些实例在结构和内容上与训练数据相似,但又具有独特性。本章首先介绍了生成式人工智能的发展历程,包括基础模型的构建、能力探索和突破发展三个阶段。接着介绍了生成式人工智能的定义,并根据数据类型将其分为面向文本、图像、语音的生成式人工智能模型。此外,还介绍了生成式人工智能模型的构建流程:预训练、有监督微调、奖励建模和强化学习。之后举例介绍了生成式人工智能在自然科学中的应用,包括多模态领域的音乐生成和视频生成模型、智能体领域的"天工"智能体机器人以及灵医大模型在智能健康管家、智能医生助手等生物医学领域中的应用。最后,本章分析了生成式人工智能面临的挑战,包括数据偏见、版权问题、伦理和社会责任,以及技术发展和应用的不平衡问题。同时,展望了未来的发展方向,包括多模态模型的探索、模型效率的优化、对道德伦理和社会责任的重视。

　　随着生成式人工智能技术的不断成熟和应用领域的扩展,在未来,生成式人工智能模型不仅将继续渗透到日常生活的方方面面,而且将在推动社会进步和科技创新中发挥更加关键的作用。

9.6　思考题

　　(1)大规模语言模型在人工智能的发展历程中扮演怎样的角色,它们如何改变传统的内容生成方式?

　　(2)生成式人工智能模型的构建流程包含几个阶段? 哪个部分可以优化或改进?

　　(3)讨论生成式人工智能在内容创作领域的潜在风险以及如何规避这些风险?

参考文献

[1]王万良.人工智能导论[M].4 版.北京:高等教育出版社,2017.

[2]刘知远,孙茂松,林衍凯,等.知识表示学习研究进展[J].计算机研究与发展,2016,53(2):247-261.

[3]李德毅.知识表示中的不确定性[J].中国工程科学,2000(10):73-79.

[4]年志刚,梁式,麻芳兰,等.知识表示方法研究与应用[J].计算机应用研究,2007(5):234-236,286.

[5]徐宝祥,叶培华.知识表示的方法研究[J].情报科学,2007(5):690-694.

[6]刘建炜,燕路峰.知识表示方法比较[J].计算机系统应用,2011,20(3):242-246.

[7]Brachman R J,Levesque H J. Knowledge Representation and Reasoning[M].San Francisco:Morgan Kaufmann,2004.

[8]Russell S,Norvig P. Artificial Intelligence:A Modern Approach (4th Edition)[M].Upper Saddle River:Pearson,2021.

[9]Baader F,Calvanese D,McGuinness D L,et al.The Description Logic Handbook:Theory,Implementation,and Applications[M].Cambridge:Cambridge University Press,2003.

[10]Newell A. The Knowledge Level[J].Artificial Intelligence,1982,18(1):87-127.

[11]Sowa J F.Knowledge Representation:Logical,Philosophical,and Computational Foundations[M].Pacific Grove:Brooks/Cole,2000.

[12]Wolpaw J R,Birbaumer N,Heetderks W J,et al.Brain-computer interface technology:a review of the first international meeting[J].IEEE transactions on rehabilitation engineering,2000,8(2):164-173.

[13]陆汝钤.机器学习及其应用[M].北京:清华大学出版社,2006.

[14]孙吉贵,刘杰,赵连宇.聚类算法研究[J].软件学报,2008,19(1):48-61.

[15]Ahmed M,Seraj R,Islam S M S.The K-Means algorithm:A comprehensive survey and performance evaluation[J].Electronics,2020,9(8):1295.

[16]尹宝才,王文通,王立春.深度学习研究综述[J].北京工业大学学报,2015,41(1):48-59.

[17]LeCun Y,Bengio Y,Hinton G.Deep learning[J].Nature,2015,521(7553):436-444.

[18]李航.统计学习方法[M].北京:清华大学出版社,2019.

[19]周志华.机器学习[M].北京:清华大学出版社,2016.

[20]李航.统计学习方法[M].2 版.北京:清华大学出版社,2019.

[21]邱锡鹏.神经网络与深度学习[M].北京:机械工业出版社,2018.